シリーズ《食品の科学》

砂糖の科学

橋本　仁
高田明和
編

朝倉書店

序

　燦燦と地球に降り注ぐ太陽の光．その光を取り込んだ植物は「糖」を作る．地球上で最初に作られるエネルギー，それが糖である．空気中の二酸化炭素と土中の水を吸収し，葉緑素を介して，植物は様々な糖質を生み出す．

　砂糖は有史以前から人類に貴重なエネルギーを与えてくれた．そして近年，砂糖は食品や甘味料としてだけではなく，地球環境に優しい有用な生物資源（バイオマス）として脚光を浴びている．特にサトウキビやサトウダイコンからのバイオエタノールは，石油に代わる自動車用燃料として実用化されている．

　本書は，砂糖の様々な歴史から，植物による光合成，原料糖の製造法，その精製法，化学構造特性，物理特性，利用特性，代謝，健康上の諸問題，食生活，味覚など，砂糖に関するすべてを包括している．あまりにも身近に存在する砂糖であるがゆえに，常日頃，砂糖について考えたことのない読者には，ぜひ本書より砂糖に対する多様な知識を得て砂糖を見直していただきたい．

　さらに，昨今，健康志向がますます盛んになり，食に対する関心が高まるにつれ，砂糖に対する間違った非科学的な誤解も巷にあふれている．本書が砂糖に対する正しい認識を深める一助になれば幸いである．

　執筆はそれぞれ斯界の第一人者にお願いした．執筆者各位はご多忙であるにもかかわらず，積極的にご協力いただいたことを，深く感謝申し上げる．また，それと共に，本書が「シリーズ〈食品の科学〉」の仲間入りができたのは朝倉書店編集部のご尽力によるものであり，合わせて厚く御礼申し上げる．

　2006年10月

橋　本　　　仁

執 筆 者 (執筆順)

内　田　　　豊	精糖工業会
佐　野　寿　和	精糖工業会
長　谷　川　功	日本大学生物資源科学部
斎　藤　祥　治	精糖工業会
近　藤　征　男	南西糖業（株）
藤　平　隆　喜	（財）日本文化用品安全試験所
清　水　　　誠	東京大学大学院農学生命科学研究科
高　田　明　和	浜松医科大学名誉教授
鈴　木　正　成	早稲田大学スポーツ科学学術院
畑　　　真　二	東北大学病院口腔育成系診療科
五　明　紀　春	女子栄養大学栄養学部
古　川　知　子	女子栄養大学生涯学習講師（料理研究家）
橋　本　　　仁	前（株）横浜国際バイオ研究所
藤　田　孝　輝	塩水港精糖（株）
和　田　　　正	フジ日本精糖（株）

目　　次

1. 砂糖の文化史 ……………………………………〔内田　　豊〕…… 1
   1.1 世界の砂糖史 ………………………………………………… 1
   1.2 日本の砂糖史 ………………………………………………… 5

2. 砂糖の生産 ……………………………………………………………12
   2.1 甘　　蔗 ………………………………………〔佐野寿和〕……12
   2.2 甜　　菜 …………………………………………………………16
   2.3 サトウカエデ，サトウヤシ ……………………………………19
   2.4 そ　の　他 ………………………………………………………22
   2.5 砂糖の光合成 …………………………………〔長谷川　功〕……22

3. 製　造　法
   3.1 甘蔗原料糖の製造法 …………………………〔斎藤祥治〕……33
   3.2 甜菜白糖の製造法 ………………………………………………45
   3.3 精　製　糖 ……………………………………〔近藤征男〕……55

4. 砂糖の種類 ………………………………………〔斎藤祥治〕……66
   4.1 原料作物からくる砂糖の名称 …………………………………66
   4.2 製造法に由来する砂糖の名称と種類 …………………………66
   4.3 分蜜糖と含蜜糖 …………………………………………………67
   4.4 精製糖の種類 ……………………………………………………70

5. 砂糖の特性 ………………………………………………………………76
   5.1 糖　の　基　礎 ………………………………〔斎藤祥治〕……76

5.2	砂糖の物理的特性 ………………………………………………………	85
5.3	砂糖の化学的特性 ………………………〔斎藤祥治・藤平隆喜〕……	95
5.4	食品加工および調理での利用特性 ……………………………………	99

6. 糖質の消化と吸収 ………………………………………〔清水　誠〕… 112

6.1	糖の消化 ………………………………………………………………	112
6.2	腸管上皮の糖吸収経路 ………………………………………………	114
6.3	グルコーストランスポーター ………………………………………	115
6.4	糖質の消化吸収を調節する食品 ……………………………………	117

7. 砂糖と健康 ……………………………………………………………… 120

7.1	砂糖の誤解 ………………………………………〔高田明和〕…	120
7.2	砂糖が脳と心に及ぼす影響 …………………………………………	127
7.3	砂糖が筋肉に及ぼす影響 ………………………〔鈴木正成〕…	137
7.4	砂糖と虫歯 ………………………………………〔畑　真二〕…	147

8. 味覚について ………………………………………………………… 154

8.1	甘味度 ……………………………………………〔斎藤祥治〕…	154
8.2	甘味と化学構造 ………………………………………………………	156
8.3	甘味の嗜好性 ……………………………………〔高田明和〕…	159

9. 砂糖から見た日本人の食生活 ……………〔五明紀春・古川知子〕… 168

9.1	進む砂糖消費の外部化 ………………………………………………	168
9.2	高齢者ほど砂糖摂取量は多い ………………………………………	169
9.3	砂糖は日本型食材と補完する ………………………………………	170
9.4	砂糖摂取量推移が示す食生活の転換点 ……………………………	171
9.5	砂糖摂取量は洋風食材と競合する …………………………………	172
9.6	砂糖は嗜好における「洋風度」「和風度」の目安 ………………	173
9.7	和風料理における砂糖の利用 ………………………………………	174

9.8	料理文化と砂糖の使い方 ……………………………………	176
9.9	おわりに—砂糖からのメッセージ …………………………	178

10. 原材料としての砂糖の利用 ……………………………………… 180

10.1	バイオエタノール …………………………	〔橋本　仁〕…	181
10.2	オリゴ糖 ……………………………………	〔藤田孝輝〕…	183
10.3	デキストラン ………………………………	〔橋本　仁〕…	200
10.4	シュガーエステル …………………………………………		201
10.5	カラメル ……………………………………………………		203
10.6	イヌリン ……………………………………	〔和田　正〕…	205

11. その他の甘味料 ……………………………………〔斎藤祥治〕… 214

11.1	概　　略 ……………………………………………………	214
11.2	糖質系甘味料 ………………………………………………	215
11.3	非糖質系甘味料 ……………………………………………	222

索　　引……………………………………………………………………… 227

1. 砂糖の文化史

1.1 世界の砂糖史

a. 砂糖の起源

Sugar（砂糖）の語源は，古代インドのサンスクリット語の Sarkara（サルカラ）だといわれている．甘蔗（サトウキビ）の記述が具体的に現れるのは，紀元前 330 年前後，当時のマケドニア王国のアレキサンダー大王のインド遠征の記録である．そこには「インドには蜂蜜のように甘い汁のとれる葦（あし）がある」と書かれていた．その後，紀元前後の記録に「甘い蜜」，「蜜の固まり」との記述があることから，この頃に黒砂糖のようなものがあったのではないかと思われる．

b. 世界への広がり

紀元後 5 世紀以降になると，インドを拠点に，西はペルシャ（現イラン）やエジプト，東は中国に砂糖やその製法が伝えられた．6 世紀頃，中国で砂糖が製造されたとの記述がある．一方，西側では，メソポタミア地域やエジプトで 8 世紀はじめに砂糖の精製が行われていたとの記録がある．

その後，砂糖をヨーロッパに伝播する大きな役割を果たしたのが「十字軍」である．十字軍は 11 世紀〜13 世紀にかけて，エルサレムを奪還すべく送られたキリスト教国家の軍隊であるが，その帰路，コーヒーなどとともに甘蔗を持ち帰った（図 1.1）．その後，甘蔗は気候の温暖な地中海沿岸を中心に栽培され，砂糖の製造も行われたとされる．ただ，当時砂糖は薬品として扱われ，まだ身近な存在とはいいがたいものであった（図 1.2）．

また，東方については，イタリアの商人マルコ・ポーロが 13 世紀に中国を訪ねた際の記録『東方見聞録』に，砂糖の生産が非常に盛んであること，そして当時の元国皇帝フビライ・ハンがアラビア人の技術者を招いて砂糖の精製に取り組

図1.1 十字軍とその帰国を迎える人々
驢馬が引く荷車に甘蔗が積まれている[1].

図1.2 15世紀フランスの写本の装飾画の一部
小さな町の市場が描かれており，右側の看板は「薬剤師」を意味する．カウンターの上に白い棒状の砂糖が見える[1].

み，大きな成果を挙げたことなどが記されている．

c. アメリカ大陸への伝来

アメリカ大陸への砂糖の伝来は15世紀末である．この役割を果たしたのが，まさにこの新大陸「発見」で歴史上名高いコロンブスである．

1492年，アメリカ大陸を発見したコロンブスは，翌年，2度目の航海に出る．その際，甘蔗を持ち出し，西インド諸島に移植したとの説が有力である．その後，ヨーロッパ各国は競うように新大陸へ渡って植民地を築いていくが，その際に甘蔗を持ち出し，砂糖生産に取り組んだ．その結果，北米南部・中南米へと砂糖のプランテーションは急速に広まっていったのである．

d. 新大陸での砂糖プランテーションの増大

コロンブスによる新大陸発見以後は，各国は競って植民地政策をとって砂糖製

 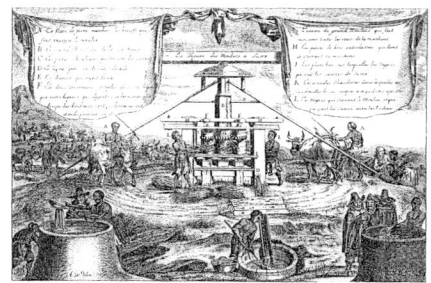

図 1.3 16 世紀後半シチリア島の砂糖作りの様子
収穫された甘蔗は小さく切られ,水車でつぶす.
ねじの圧搾機で絞った汁を大桶に流し込み,煮詰
める.その汁を型に入れて結晶させ,型から出し
て並べて乾燥させる[1].

図 1.4 17 世紀ジャマイカの砂糖作りの様子
牛を使って甘蔗を絞っている.多くの奴隷が労働
しているのがわかる[1].

造のプランテーションを確立し,安い労働力で砂糖生産は急増して,一気に日常生活に浸透することとなる(図 1.3).

ただ,ここには,植民地政策ゆえの悲惨な歴史がある.過酷な労働である甘蔗栽培と製糖には,現地の住民が強制労働の形で駆り出された.そして,植民地政策によって現地の住民の人口が減少した後は,アフリカ諸国から人員を動員して,彼らに生産を行わせたのである.新大陸での砂糖生産の急速な広がりが,ヨーロッパ諸国での砂糖の浸透に大いに役立ったことは明らかであるが,それは,彼らの犠牲の上に成り立ったといっても過言ではない(図 1.4).

当時の貿易は,奴隷の労働力を介して砂糖と他の産品がやり取りされる「三角貿易」といわれる大陸横断の体制となり,砂糖は最も実入りの良い製品として重要視された.砂糖プランテーションはブラジルでいち早く発達し,その他ジャマイカやプエルトリコ,キューバなど中南米諸国に広がった.アメリカではルイジアナ州を中心に 19 世紀前〜中期に多くの製糖所が建設されたが,南北戦争による奴隷解放で大きな打撃を被った.

e. 甜菜からの製糖技術の出現

18 世紀になると,砂糖のもう一つの主原料である甜菜(サトウダイコン / ビート)からの製糖が確立する.

甜菜はもともと飼料として昔から利用されており，そのものに砂糖分が含まれていることは知られていた．甜菜から砂糖分を分離することに初めて成功したのはドイツの化学者マルクグラーフで，1747年のことであった．その後，その弟子であるアハルドによって砂糖製造の実用化がなされ，19世紀はじめに初めての甜菜糖工場が建設された．

そして，甜菜糖製造の増加に大きな役割を果たしたのが，かのナポレオンである．19世紀はじめ，ヨーロッパの大部分を支配していた彼にとって，最後に残った敵がイギリスであった．そこで，1806年，ヨーロッパ諸国にイギリスとの貿易を禁じる令を発した（大陸封鎖令）．このため，西インド諸島から輸入していた砂糖が，ヨーロッパ大陸にはほとんど入らなくなり，砂糖価格は暴騰した．

そこで，ヨーロッパ各国は，実用化に成功したばかりの甜菜糖に注目し，ナポレオンもその産業化を強力に推し進め，砂糖危機を何とか乗り切ったのであった．

f. 20世紀から現代へ

19世紀に入って生産の始まった甜菜糖は，ドイツとフランスを中心にヨーロッパ諸国の広範囲で発展し，20世紀はじめ，第一次世界大戦直前には約800万トンの生産量となった．一方，甘蔗糖の生産量も19世紀以降，技術の向上もあって世界的に激増し，19世紀半ばに約120万トン程度であった世界の砂糖生産量は，20世紀のはじめには1,000万トンを超えた．第一次世界大戦でドイツとフランスが戦場となったため，一時甜菜糖が壊滅状態となったものの，キューバ糖の台頭もあって供給過剰の状態が続いた．

そこへ，1929年に世界恐慌が起こり，砂糖の国際相場も低迷状態が続いたため，ヨーロッパ諸国とキューバが輸出制限の協定を締結し，生産調整を図った（チャドボーン協定）．

その後，砂糖の世界的な需要は堅調に推移している．かつての大産糖国キューバは，20世紀終わりの社会主義の崩壊により取引形態が大きく変化し，天候不順も重なり，現在では最盛期の4分の1程度の生産にとどまっている．

現在の主要生産国は，ブラジルとインドを筆頭に，EU・中国・アメリカ・オーストラリア・タイなどである．中でもブラジルでは，21世紀に入っての世界的

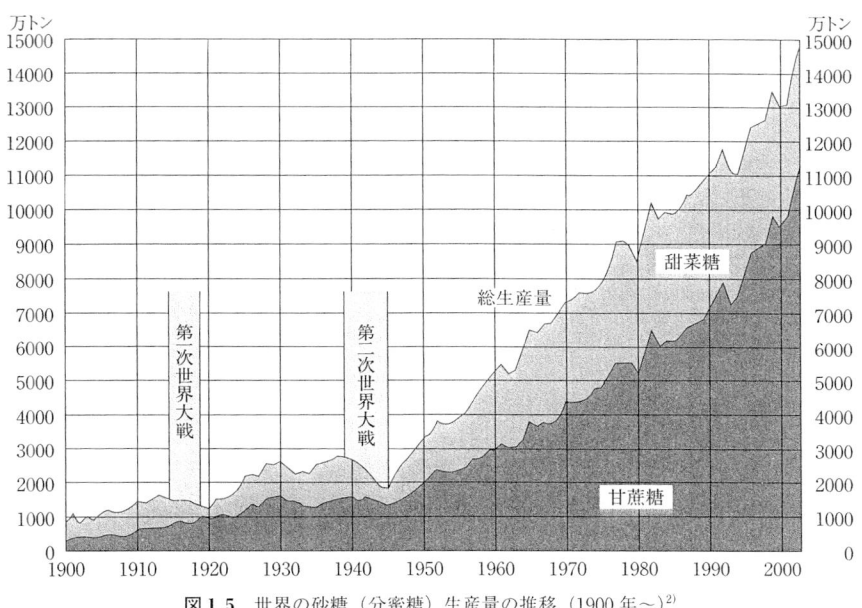

図1.5 世界の砂糖(分蜜糖)生産量の推移(1900年〜)[2]

な環境政策の中,エネルギー転換の取り組みの一環として甘蔗からのエタノール生産が本格化している.また,貿易自由化の流れが加速する中,各国の砂糖政策も転換期を迎えており,今後の砂糖需給に影響を及ぼすものと思われる(図1.5).

1.2 日本の砂糖史

a. 日本への砂糖の伝来

日本への砂糖の伝来は奈良時代と考えられている.一般には唐招提寺の開祖者,鑑真僧侶が中国から日本に持ち込んだとされているが,真実は定かではない.ただ,当時,頻繁に行き来していた遣唐使や僧侶が持ち帰ったことはほぼ間違いない.8世紀半ば,奈良の大仏に献上された薬の目録『種々薬帖』には,砂糖という意味の「蔗糖」という記述があり,当時,薬品として扱われていたことがうかがわれる(図1.6).

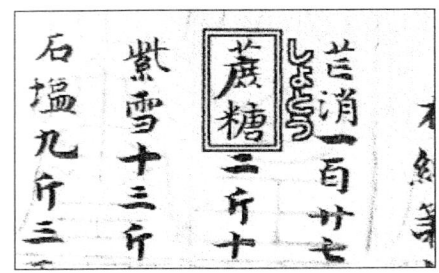

図1.6 大仏に献上された薬の目録『種々薬帖』の一部（正倉院保存）
「蔗糖」が砂糖を指す[3]．

b. 平安〜鎌倉時代

　平安時代から鎌倉時代の初期において，砂糖についての史料はほとんどない．この時代も，中国大陸から持ち帰られたと思われるが，その量は僅少で貴重であり，ごく一部の上流階級のみ知るところであったと考えられる．当時，日本国内で砂糖を作る技術はなく，この時期に砂糖の広まりはほとんどなかったと思われる．

　鎌倉時代末になると，中国大陸との貿易も徐々に盛んとなり，砂糖の流通にも動きが見え始めた．当時も砂糖は薬品としての輸入が主であったが，京都の高級貴族や地方の富裕層の間では調味料として使われていたともいわれる．また，この時期から流行し始めた茶の湯の影響も大きく，当時の史料にも「砂糖饅頭」，「砂糖羊かん」の記述が残されている．しかし，一般市民の間で「甘み」といえば甘葛（あまづら）や果物の甘さであり，砂糖を口にすることはほとんどなかった．

c. 室町時代

　室町時代になると，3代将軍足利義満によって当時の中国（明朝）との貿易が盛んになり，当然，砂糖の輸入も行われた．

　この時期になると，茶の湯がさらに発達し，15世紀半ば，8代将軍足利義政が禅僧をもてなすときに羊羹を出したとの記述があり，義政自身も羊羹が大好物だったようである．当時の生活をうかがい知ることのできる絵巻物『七十一番職人歌合』には，砂糖饅頭を市で売る者が描かれている．まだまだ貴重品であった砂糖だが，この頃から一般の市場で砂糖菓子が少しづつ流通し始めたことがわかる．

d. 室町末期〜戦国時代：南蛮貿易の開始

　1543年，ポルトガル人が種子島に来航し，鉄砲を伝えたのは有名な話であるが，その後のスペイン人の来航と相まって開始された南蛮貿易は，日本での砂糖なら

びに菓子の伝播に大きな影響を与えることとなる．当時のキリスト教関係の史料には，現在も存在するカステラ，ボーロ，コンペイトウ，ビスケットなどの菓子の名称が記述されている．戦国武将の織田信長は，日本を訪れていた宣教師ルイス・フロイスからコンペイトウを贈られたといわれている．当時の宣教師は，布教の手段として菓子を与えたのではないだろうか．

e． 江戸時代初期

江戸時代の砂糖の伝播は，鎖国体制＝出島貿易抜きには語れない．

東洋に注目したオランダは1609年に長崎に来航し，平戸に商館を設けた．続いて，イギリスも通商の許可を得た．しかしながら，幕府は通商と同時に布教されるキリスト教に大きな嫌悪感を示し，1639年の鎖国令によって，中国・オランダ以外の国との通商を禁じ，その拠点は長崎の出島のみに限られた．そのため，輸入される砂糖については，この後生産が始まる国産の砂糖（後述）と区別するため，「出島砂糖」と呼ばれた．当時のオランダ側の史料による研究によれば，1650年前後の砂糖の輸入量は，現在の単位でいえば3,000～4,000トンくらいであったとされており，この時期になるとかなりの量の砂糖が取引されていたことがうかがえる．

f． 江戸時代中・後期：国産砂糖の奨励

海外から砂糖を輸入する際には，国内からは銀・銅などの鉱産物が輸出されていたが，砂糖の価格が高かったため，その輸出は相当な量に達した．1600年代の終わりになると，その産出高が減少し始めたため，幕府は省資源を打ち出すとともに，国内での砂糖生産を模索し始めた．

日本で初めて甘蔗が栽培されたのは，薩摩国大島郡（現奄美大島）とされている．同国の直川智という人物が中国で甘蔗栽培と黒砂糖の製法を学び，帰国後の1610年頃に黒砂糖の製造に成功したといわれている．琉球（現沖縄県）については諸説あるが，1623年に儀間真常という人物が中国福建省で製糖法を学び，黒砂糖を製造したとの説が有力である．その後，17世紀後半になると，奄美・琉球での砂糖の生産が本格的になり，大名も価格の高い砂糖を戦略物資の一つと

して考えていたとみられる．

　一方，18世紀に入ると，幕府も国産砂糖の製造を奨励した．8代将軍徳川吉宗は，自ら薩摩藩の家臣から黒砂糖の製法を聞きつけ，江戸城内で甘蔗栽培を行ったといわれている．また，砂糖が大きな利益をもたらすことを知った各藩は，特に気候の温暖な西日本を中心に砂糖の生産に乗り出した．現在の和三盆糖の生産も，当時の讃岐・阿波地方でこの時期に確立したものと考えられる．

　江戸後期になると，当時の商業の中心地である大阪には砂糖を扱う問屋が数多く存在し，全国の消費地に送られるようになった．ただ，一般庶民にとってはまだまだ高級な存在であり，広く普及するのは明治以降を待つことになる．

g.　明治時代～昭和初期

　明治時代に入ると，価格の安い海外の砂糖が大量に輸入され始めたため，国産の砂糖は，奄美・琉球の黒砂糖を除き一時壊滅状態になるが，この状況を救ったのが日清戦争での勝利による台湾領有であった．明治34年，台湾総督府に赴任した新渡戸稲造の意見書をもとに，台湾の経済基盤の中心に製糖業が据えられ，20世紀に入ると，近代的設備を備えた大規模な製糖工場が次々と建設された．

　その後，大正時代になると，製糖技術が向上するとともに，原料である甘蔗の作付面積の拡大，収量の増加もあって砂糖生産量は大幅に増加した．昭和に入ると国内需要についてはほぼ自給できるようになり，昭和10年代はじめには，年間100万トン前後の生産を上げるようになった．

　一方，19世紀前半に製糖方法が確立した甜菜糖については，明治時代のはじめ，時の内務大臣松方正義がヨーロッパを視察した際に注目し，北海道でその製造を試みたが失敗に終わった．その後も紆余曲折が繰り返され，昭和に入ってようやく定着し，昭和10年代には4万トン台の生産量を上げるに至った．

h.　第二次世界大戦：日本糖業の崩壊

　昭和10年代前半には一人当たりの砂糖消費量は年間17 kg近くまでになったが，日中戦争から第二次世界大戦へとつながる戦時体制下，生活必需品の一つとして，1940（昭和15）年から配給制となった．そして，戦時下で台湾からの砂

糖輸送が困難になったこともあって国内流通量は激減し，1944（昭和19）年の一人当たりの消費量は年間 2.9 kg，終戦の 1945（昭和20）年には 0.6 kg まで落ち込み，一般国民の口にはほとんど入らなかった（表 1.1）．

敗戦により，日本は糖業の中心であった台湾を失ったため，砂糖産業は壊滅状態になった．当然，国内の砂糖は，わずかな軍の貯蔵品以外はほとんど底をついた．

昭和 22 年ごろになると，キューバ糖が配給されたが，今でいう原料糖であり，その量も限られていた．そのため，ズルチン，サッカリンといった人工甘味料が代替品として使われた．昭和 22 年の砂糖の一人当たり消費量が 0.36 kg だったのに対し，同年の人工甘味料のそれは 2.9 kg となっている．

表 1.1　第二次世界大戦前後の日本の一人当たり砂糖消費量[5]

年	一人当たり消費量（kg）
1935（昭和10）	14.30
1936（昭和11）	14.72
1937（昭和12）	14.29
1938（昭和13）	15.31
1939（昭和14）	16.28
1940（昭和15）	13.73
1941（昭和16）	10.89
1942（昭和17）	10.20
1943（昭和18）	7.15
1944（昭和19）	2.90
1945（昭和20）	0.64
1946（昭和21）	0.20
1947（昭和22）	0.36
1948（昭和23）	1.68
1949（昭和24）	2.91
(参考)	
1973（昭和48）	29.29
2004（平成16）	18.90

i. 第二次世界大戦後：日本糖業の復興

敗戦で壊滅した日本の糖業だが，当時輸入された原料糖のうち荷受からこぼれたもの（荷粉糖）をもとに，細々とした製糖業は始まっていた．その後，1952（昭和27）年に配給制が終了してからは各製糖会社が再び設立され，原料糖からの精製糖製造が本格的に再開された．

このとき，砂糖業界にとって「追い風」となったのが「外貨割当制」である．当時は貿易が自由化されておらず，国内の外貨保持高に制限があったため，輸入産業については，その設備状況や実績により使用できる外貨が割り当てられた．

そのため，輸入原料糖による国内の精製糖は品不足状態が続き，価格も高めに維持されて，製糖会社は大きな利潤を得た．昭和 30 年代前半，砂糖・セメント・硫安が，その製品の色から「三白景気」といわれた時代である．

j. 原料糖輸入自由化から糖価安定法の時代へ

しかし，栄華を極めた時代は長くは続かなかった．その契機が 1963（昭和 38）年の原料糖輸入自由化である．

それまでの外貨割当制度では，輸入実績が外貨割当に大きく影響したことから，各砂糖会社はこぞって設備投資を行っていたが，自由化開始当時は国際相場が高騰していたため，この流れが続いていた．しかし，翌 1964（昭和 39）年になると，国際相場が急落して状況は一転，供給過剰となって国内市価も急落し，各社とも赤字決算に転落，国内産糖に対する保護政策も行き詰まった．

そのため，政府は恒久的な砂糖産業の安定を図る目的で，1965（昭和 40）年，「砂糖の価格安定に関する法律」（糖価安定法）を制定した．これは，輸入原料糖の価格調整を通じて，国際糖価の変動による影響を軽減するとともに，原料糖の輸入時に課徴金を徴収し，これを国内産糖の保護財源にすることで国内産糖・輸入糖双方の安定した供給を意図したものである．

この糖価安定制度は 30 年近く続くことになるが，いくつかの紆余曲折があった．その中で最大のものは，1974（昭和 49）年のオーストラリアとの原料糖長期輸入契約問題であろう．

1973（昭和 48）年の第一次石油ショックをきっかけに，同年末より国際糖価が高騰し，トイレットペーパーなどとともに，砂糖が店頭からなくなる事態が発生した．そこで国内の主たる精糖会社は，輸入原料糖の安定確保を目的に，1974（昭和 49）年 12 月，オーストラリアの製糖会社 CSR 社と，その時点での相場より有利な価格での原料糖輸入の長期契約を締結した．

しかし，その後国際相場が急落し，契約価格の半分以下となったため，各精糖会社は大きな赤字を抱え，業界は深刻な状況となった．そのため，政府は時限立法により国内の需給調整を行うことで，価格支持と供給の安定を図った．

k. 現状と今後の課題

前述の通り，第二次世界大戦後，壊滅状態となった日本の砂糖産業は急速な復興を遂げ，国内の砂糖供給量も急速に回復した．1950（昭和 25）年に 40 万トンあまりであった砂糖消費量は，1953（昭和 28）年には 100 万トンを，1967（昭

和42)年には200万トンを超え，1973（昭和48）年には約320万トンを記録し，そのピークを迎えた．

しかしながら，「糖価安定法」の名の通り，原料糖に対する輸入関税や課徴金（調整金）の徴収がなされ，価格が一定の水準に維持されていたことから，砂糖を使用するユーザーはより安価な甘味原料を求めるようになり，昭和50年代より生産・供給されるようになった，とうもろこしや芋などのデンプンを原料とする「異性化糖」や，海外で砂糖とソルビトール・小豆・乳製品といった材料を混合し輸入される「加糖調製品」と呼ばれる調合原料に徐々にシフトするようになった．

その結果，砂糖消費量は大きく落ち込み，砂糖と他の甘味料との価格差是正の必要性が生じたことから，2000（平成12）年，それまでの糖価安定法に市場原理の考え方を一部導入し，砂糖価格の引き下げによる需要増加を目的とした「砂糖の価格調整に関する法律」（糖価調整法）が新たに制定され，現在に至っている．

しかし，世界的な貿易自由化の流れが大きく加速し，これまでのような国内産糖保護政策を基本にした砂糖政策も転換期を迎えている． 〔内田　豊〕

文　献

1) ベルギー教育省（1973）．CHANTIER D'HISTOIRE VIVANTE.
2) 精糖工業会，ポケット砂糖統計．
3) 精糖工業会（1995）．アニメ　砂糖の歴史．
4) 精糖工業会，砂糖統計年鑑．
5) 科学技術教育協会出版部編（1984）．砂糖の科学，pp.24-26.
6) 川北　稔（1996）．砂糖の世界史，岩波書店．
7) 明坂英二（2002）．シュガーロード―砂糖が出島にやってきた，長崎新聞社．
8) 精糖工業会（1999）．季刊糖業資報　精糖工業会創立50周年記念「転回点からの証言と回想」．
9) 日本食糧新聞社（2003）．食品産業事典，pp.550-553.
10) 平沢正夫（1980）．砂糖，平凡社．
11) 樋口　弘（1956）．日本糖業史，内外経済社．

2. 砂糖の生産

　砂糖は砂糖作物として栽培される植物から工業的に精製される．代表的な砂糖作物としては，甘蔗（サトウキビ），甜菜（サトウダイコン／ビート），サトウカエデ，サトウヤシがある．私たちが普段食べる砂糖は，ほとんどが甘蔗由来の甘蔗糖か甜菜由来の甜菜糖である．その他サトウカエデ由来のカエデ糖（メープルシュガー）やサトウヤシ由来のヤシ糖があるが，日本ではほとんど作られていない．甘蔗と甜菜は，栽培適地が広く大量生産できること，また，砂糖の主成分であるショ糖を効率的に抽出できることなどから，砂糖の原料作物として一般的であり，その他の植物は栽培地域が限定されたり，ショ糖を回収するには非効率であるため，生産量はごくわずかである．以下，甘蔗や甜菜を中心に，その特徴や世界と日本の生産量について紹介する．

2.1 甘　　　蔗

　甘蔗は甘しゃとも呼ばれ，イネ科甘蔗属の多年生植物で，原産地はインドである．種子あるいは蔗苗から発芽し，成熟した茎には 14～19% のショ糖が含まれている．

　甘蔗は，とうもろこしによく似た植物で，茎の太さは 2.5～5 cm，高さは 3 m 以上にもなる．甘蔗を搾った汁は，製糖以外にも利用され，その他の食品化学工業や工業用エチルアルコール（エタノール）製造用の原料になる．

a. 甘蔗の特質と栽培

　甘蔗は，高温多湿を好む熱帯性植物で，北回帰線のやや北から，南回帰線あたりまでの熱帯や亜熱帯の範囲に主産地があり，年平均気温が 20℃ 以上の暖かい地域で生育する．日本では，主に沖縄県と鹿児島県の一部（種子島以南の離島地域）で栽培されている．

生育には多量の水を必要とし，年間雨量が1,200〜2,000 mm程度必要であるが，灌漑設備があれば雨量の少ない地域でも十分栽培が可能である．茎は竹のように木化し，節がある．節の間の茎の中心は竹のように空洞ではなく，髄になっており，糖分を含む．

甘蔗が成熟するまでの期間は，品種が早熟性であるか晩熟性であるかによって異なる．また，生育する場所や自然条件によっても違ってくる．赤道に近いインドネシアや南アメリカのガイアナなどでは約13ヵ月で成熟するが，熱帯から亜熱帯に向かうにつれて生育期間が長くなって，18〜24ヵ月かかる．品種改良や栽培技術の向上により，亜熱帯の高緯度でも栽培されるが，中国の四川省やアメリカのルイジアナ州のような降霜地帯では，12ヵ月未満の未熟な甘蔗を収穫しなければならないことがある．収穫期は北半球で11〜12月，南半球では6〜7月から始まる．

作型には茎を2〜3節の長さに切り取ったものを苗として植え付ける新植栽倍と，収穫後の古株から再び出る芽から栽培し収穫する株出し栽培がある．前者は，苗の植え付け時期により，春に植えてその年の冬に収穫する春植え栽培と，夏に植えて翌年の冬に収穫する夏植え栽培に分かれる．株出しは，甘蔗が多年生であることを利用した栽培法であり，労力が少なくて済み，生育期間も短縮することができるメリットがある反面，栽培を繰り返すごとにショ糖の含有量が落ちてくるので新しく植え換えることが必要になる．収量で見ると，夏植えが最も多く，株出し，春植えの順になる．

b. 甘蔗の生産

大まかにいって，甘蔗の栽培地域は，アジア，アフリカ，オーストラリア，中南米の発展途上国が多く，2004年の世界全体の生産量は，13億2,400万トンに及ぶ（小麦は同年6億2,700万トン）．最大の甘蔗生産国はブラジル（31.0%）で，次いでインド（18.5%），中国（6.8%）の順であるが，地域別に見るとアジア州（41.6%），南アメリカ州（37.9%），中央アメリカ・カリブ海諸国（9.0%）の順となる．

ブラジルでは，1980年代から自動車用燃料などのエタノールへの転換が政府

表 2.1 甘蔗の収量と産糖量 (2004/05 年度)

産糖国	単収 (トン/ha)	産糖量 (kg/トン-甘蔗)
南ア連邦	58.4	126
エジプト	87.3	113
キューバ	32.5	117
メキシコ	83.4	119
コロンビア	127.0	124
アメリカ	68.1	121
ブラジル	100.3	121
日　本	56.3	119
タ　イ	38.4	115
中　国	62.0	104
インド	61.8	107
オーストラリア	91.7	147

主導で進められており，燃料用の甘蔗を政府が一定価格で買い上げていることや，近年では二酸化炭素（CO_2）排出削減へ向けた国際世論の高まりもあり，甘蔗のバイオエネルギー（植物由来の原料）としての関心の高まりを背景として，それまで栽培されなかった地域でも栽培が増えている（10.1 節参照）．

一方，日本の甘蔗生産量は，2004/05 年度において，沖縄県が 67 万 9,000 トン，鹿児島県が 50 万 7,000 トンの，合計 118 万 6,000 トンとなっている．

c. 甘蔗の収量

主要な産糖国の甘蔗の単収と甘蔗 1 トン当たりの産糖量について，表 2.1 に示した．単収は生育期間により大きな差があり，約 1 年の生育期間をもつコロンビアは 127.0 トン/ha，同じく 13 ヵ月のエジプトは 87.3 トン/ha であるのに対し，生育期間が短い地域，たとえば，7 ヵ月の中国は 62.0 トン/ha，同じく 7 カ月のオーストラリアは，91.7 トン/ha である．そのほかに，収量を決める要因としては，気候の違いや肥培管理の違いがあり，たとえば，表 2.1 に示したように，生育期間が似通っていても産糖国により収量に大きな差があることが，この裏づけとなっている．

次に，甘蔗 1 トン当たりの産糖量は，ほとんどの産糖国で 104 ～ 147 kg/トン-甘蔗であるが，この数字も工場の管理や甘蔗の収穫の適正化，収穫甘蔗の搬入時間の短縮などにより，違いが表れている．

表 2.2 主要国の甘蔗糖生産量の推移

単位：1,000 トン

	2000/01	2001/02	2002/03	2003/04	2004/05
アメリカ	3,710	3,621	3,595	3,590	3,018
キューバ	3,592	3,706	2,251	2,520	1,300
メキシコ	5,236	5,172	5,345	5,359	6,183
オーストラリア	4,368	4,778	5,609	5,314	5,530
南ア連邦	2,813	2,290	2,751	2,297	2,235
ブラジル	17,036	20,322	23,652	26,359	28,266
インド	20,121	20,139	21,897	14,736	13,700
中国	5,945	8,177	10,217	10,256	9,216
タイ	5,439	6,494	7,670	7,281	5,425
パキスタン	3,194	3,508	3,973	4,344	3,176
世界計	94,840	102,925	112,134	107,962	104,287

d. 甘蔗糖の生産量

甘蔗から作られる甘蔗糖は，ふつう生産地で原料糖（粗糖ともいう）の形に作られる．原料糖は糖度が 96～98 度とやや低く，黄褐色をしており，消費地に運ばれて精製され，グラニュ糖や上白糖などの精製糖になる．

原料糖は近代的な製糖工場で一般的に作られるが，このほかに原産地の小規模工場で甘蔗から搾った汁をそのまま煮詰めて作る含蜜糖と呼ばれる砂糖もあり，日本の黒砂糖（黒糖）やフィリピン，西インド諸島，ブラジルなどのマスコバド，インドのグルーまたはジャガリーがこれに当たる．

2004/05 年度における甘蔗糖の生産量は，世界全体で 1 億トンを上回り，甜菜糖を合わせた砂糖の総生産量の約 75％を占めている．主な産糖国は，ブラジル，インド，中国，タイ，メキシコ，オーストラリアである（表 2.2）．世界最大の甘蔗糖生産国は，2,800 万トンの生産量を誇るブラジルで，全体の 4 分の 1 以上を占めている（図 2.1）．過去 5 年間で見ると，1,000 万トン以上も生産量が増えている．

また，エタノールに向けられる甘蔗の割合が高まるにつれ，甘蔗糖の生産

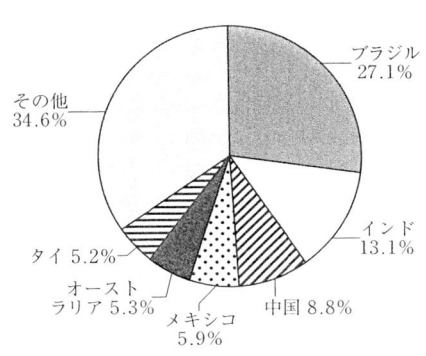

図 2.1 甘蔗糖の国別生産割合（2004 年）

表 2.3 日本の甘蔗糖生産量

砂糖年度 (10～9月)		甘蔗 収穫面積 (ha)	砂糖生産量（トン）		
			分蜜糖	含蜜糖	計
2000/01 年度	鹿児島	9,468	70,890	530	71,420
	沖縄	13,542	88,904	7,973	96,877
	計	23,010	159,794	8,503	168,297
2001/02 年度	鹿児島	9,376	76,146	535	76,681
	沖縄	13,393	101,439	7,018	108,457
	計	22,769	177,585	7,553	185,138
2002/03 年度	鹿児島	9,876	61,554	442	61,996
	沖縄	13,894	87,560	10,288	97,848
	計	23,770	149,114	10,730	159,844
2003/04 年度	鹿児島	9,885	68,491	500	68,991
	沖縄	13,959	91,903	7,309	99,212
	計	23,844	160,394	7,809	168,203
2004/05 年度	鹿児島	9,547	55,446	723	56,169
	沖縄	13,611	71,047	6,229	77,276
	計	23,158	126,493	6,952	133,445

量も減少するため，その需要動向は世界市場にも大きく影響を与えている．

アジアは生産の伸びが最も著しく，1965年の約1,000万トンから，2004年には4,000万トンを超えている．インド，中国のほかにタイやパキスタン，フィリピンなどが産糖国である．以前，産糖国の中でも中心的存在であったキューバは，経済状況の悪化により砂糖産業が衰退し，表2.2で見ても明らかなように近年は大幅な減産となっている．

日本の甘蔗（分蜜糖）生産量は，2004/05年度において，沖縄で7万1,000トン，鹿児島で5万5,000トンの，合計12万6,000トンとなっている．干ばつや台風による潮害・折損などの被害の度合いにより，原料甘蔗の品質が左右され，甘蔗糖の生産量も影響を受けやすい（表2.3）．また，含蜜糖（黒糖）も沖縄で6,200トン，鹿児島で700トン生産されている．

2.2 甜　　　　　菜

砂糖のもう一つの主要原料である甜菜は，ビートとも呼ばれ，形はダイコンに似ているが，植物学上ではホウレンソウと同じアカザ科に属する二年生の植物である．甘蔗が熱帯産の糖料作物であるのに対し，甜菜は甘蔗が育たない冷涼地の

糖料作物として，中緯度から高緯度地域で栽培されている．原産地は西アジア地域とされているが，現在では温帯から亜寒帯を中心に栽培地域が広がっており，日本ではもっぱら北海道で栽培されている．

a. 甜菜の特質と栽培

根茎の直径は7〜12 cm，長さが15〜20 cmで，重さは0.5〜1 kgである．製糖用の原料となる根茎の部分には10〜16%のショ糖を蓄えている．生育期間は6ヵ月で，ふつう春先（3月中旬〜5月初旬）に植え付けられ，秋（10月上旬〜11月中旬）に収穫される．

また，砂糖を抽出したかすはビートパルプと呼び，通常廃糖蜜と混ぜて家畜の飼料として利用されるほか，収穫時に切り捨てられた葉や茎は有機質肥料としても優れた性質をもっている．廃糖蜜はそのほかにアルコール原料やイースト原料にされる．

植え付けは，直蒔きと苗移植（ペーパーポット）の二つの方法があるが，日本ではペーパーポットの移植栽培がほとんどとなっている．これは育苗ハウスでペーパーポットに種子を蒔き，木葉が2〜4葉になるまで育て，これを移植機で圃場に植え付ける栽培方法である．

発芽に要する温度は，最低4〜5℃，最高28〜30℃，最適温度25℃とされる．ただし，低温の場合には高温の場合よりも積算温度（種を蒔いてから収穫までの毎日の平均気温の合計）が多く必要となる．170〜200日の生育期間中に積算温度が2,400〜3,000℃，平均気温が12.3〜16.4℃を要するが，ペーパーポットによる移植栽培は，この積算温度を300〜400℃押し上げる効果があるとされる．

根の生育には生育期間を通じて，日中25℃，夜間20℃程度の温和な条件が適するとされ，その後期においては，冷涼な気温が根中糖分を上昇させる．特に夜間は10℃以下が好ましいとされる．

降水量は年間600 mmが理想的といわれているが，総雨量よりもその配分が重要である．特に収穫期前2ヵ月（9月中旬以降）の降雨は，根を増加させる一方で糖分や純糖率の低下をもたらす．甜菜は連作がきかないので3〜7年の輪作を行うが，根が良く張るので後の作物の生育が良くなるという副次的な効果もある．

表 2.4　甜菜の収量と産糖量（2004/05 年度）

産糖国	単収（トン/ha）	産糖量（kg/トン-甜菜）
ドイツ	63.4	169
フランス	78.2	181
オランダ	69.5	164
ベルギー	71.2	166
イギリス	65.1	172
ロシア	25.5	113
ウクライナ	23.6	118
アメリカ	51.4	154
日本	68.5	164
中国	30.8	112

b. 甜菜の収量

　主要な産糖国の甜菜の単収と甜菜1トン当たりの産糖量について，表2.4に示した．主要国の甜菜の単収は，ロシア，ウクライナ，中国のような社会主義体制をとっていた国や現にとっている国を除き，50〜78トン/haであり，産糖量も同様に154〜181 kg/トン-甜菜である．中でもフランスは，単収で78.2トン/ha，産糖量 181 kg/トン-甜菜であり，単位面積当たりの産糖量も 14.1トン/haと主要国の中では最高である．

　日本は北海道で栽培され，甜菜糖が生産されているが，表2.4に示した通り，単収は他の主要国並であるが，産糖量は 164 kg/トン-甜菜と主要国の中でも高い水準にあり，単位面積当たりの産糖量も 11.2トン/haとフランスに次いで多い状況にある．

c. 甜菜および甜菜糖の生産量

　甜菜の世界全体での生産量は，2004年において約2億5,000万トンに及ぶ．甜菜の最大の生産国はフランス（12%）であり，次いでアメリカとドイツ（10.8%）で，その後ロシア（8.7%）が続く．

　地域別に見ると，ヨーロッパ（71%），アジア（13.4%），北米・中米（11.2%）の順で，ヨーロッパの割合が圧倒的に大きい．

　一方，日本の甜菜の生産量は，作付面積はほぼ変わらないが，品種改良や栽培技術の進展により単収が大幅に向上し，飛躍的な伸びを見せている．

　この甜菜から作られる甜菜糖は，甘蔗糖の場合と違って，原料糖を作らず，甜菜からそのまま白糖として作られる耕地白糖が一般的である．図2.2に示すように，主な産糖国はドイツ，フランス，アメリカ，ロシア，ポーランドなどで，世界全体では3,700万トン強に達し，総生産量の約25%を占める．このうち，ヨーロッパは約3,000万トンと8割近くを占め，次いで北アメリカ，アジアと続く．

表2.5に主な甜菜糖生産国の過去5年間の産糖量を示す．

日本では，甜菜の生産増加に加えて，歩留まりが高水準で推移しており，甜菜糖の生産量が増加傾向にある（表2.6）．これには制度的側面として，政府が1986年産から原料甜菜の取引について，糖分取引制度を導入し，生産農家の向上意欲を高揚させたことも起因となっている．

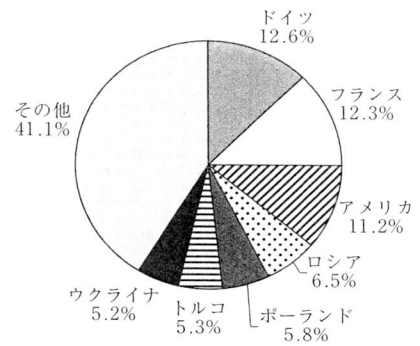

図 2.2 甜菜糖の国別生産割合（2004年）

表 2.5 主要国の甜菜糖生産量の推移

単位：1,000トン

	2000/01	2001/02	2002/03	2003/04	2004/05
ドイツ	3,764	4,066	4,394	4,120	4,729
フランス	4,601	3,962	5,104	4,275	4,613
イギリス	1,440	1,329	1,554	1,489	1,511
ロシア	1,667	1,737	1,755	2,093	2,430
ポーランド	2,188	1,674	2,193	2,076	2,176
トルコ	2,755	1,796	2,345	1,989	2,003
ウクライナ	1,686	1,803	1,557	1,687	1,946
アメリカ	4,246	3,551	4,006	4,257	4,194
世界計	36,590	33,029	37,292	34,498	37,496

表 2.6 日本の甜菜糖の生産量

砂糖年度	作付面積 (ha)	収量 (トン/ha)	総生産量 (トン)	歩留まり (％)	産糖量 (トン)
2000	69,109	53.15	3,673,429	15.50	569,200
2001	65,874	57.62	3,795,693	17.49	664,028
2002	66,531	61.60	4,098,038	17.63	722,589
2003	67,882	61.30	4,160,931	17.89	744,436
2004	67,986	68.48	4,655,940	16.87	785,510

2.3　サトウカエデ，サトウヤシ

a.　サトウカエデ

サトウカエデはカエデ科の落葉高木で，アメリカ北東部からカナダ南西部にか

けて森林を形成し，街路樹や庭園に植えられている．カナダのケベック州やアメリカのニューイングランド地方などでよく見られ，樹高が 40 m にもなる．葉の大きさは 9 ～ 15 cm，春先に新葉になるとともに黄色い花が咲き，秋になると実をつけ，葉は黄色に変わる．

成長期に幹にデンプンを蓄えたサトウカエデは，冬眠状態から新葉を出す春の雪解けの頃になると，このデンプンを根から吸い上げた水と混ぜ，酵素の力によって甘味を帯びた樹液に変えていく．この時期に幹に 3 ～ 6 cm の穴を開け，管を差し入れて樹液を採集する．この樹液は無色透明で，水分が約 97％，残りの大半がショ糖で構成され，ミネラルや有機酸などが若干含まれている．ショ糖分を約 2 ～ 5％含んだ樹液は，3 月初旬から 4 月初旬までの約 3 ～ 6 週間にわたって採取可能で，これを煮詰めてシロップやメープルシュガーが作られる．1 シーズンのうち，平均的なサトウカエデ 1 本から採取可能な樹液は 35 ～ 50 l で，その樹液から 1 ～ 1.5 l のメープルシロップを作ることができる．このメープルシロップを結晶化したものがメープルシュガーである．

b. メープルシロップの生産量

世界のメープルシロップの生産は，カナダとアメリカにほぼ限られ，2004 年のカナダの生産量は 7,043 US ガロン（26,658 l）と全体の 8 割以上を占めている（表 2.7）．このうち，ケベック州が 93％を占めており，メープルシロップの大生産地域となっている．また，カナダは，生産量のうち 9 割近くをアメリカやヨーロッパ向けに輸出しており，自国での消費量は 1 割程度にすぎない．

表 2.7　世界のメープルシロップ生産量の推移

単位：US ガロン（約 3.785 l）

	1997	1998	1999	2000	2001	2002	2003	2004
アメリカ	1,298	1,159	1,188	1,231	1,049	1,475	1,260	1,507
カナダ	5,688	5,544	6,669	8,790	6,016	6,111	7,305	7,043
オンタリオ州	274	210	279	446	267	275	262	262
ケベック州	5,262	5,152	6,231	8,255	5,654	5,659	6,816	6,544
その他	152	182	159	90	95	177	227	237
計	6,986	6,703	7,857	10,021	7,065	7,586	8,565	8,550

c. イタヤカエデ

イタヤカエデは，サトウカエデと同じように樹液がとれるカエデ科植物で，ツタモミジあるいはトキワカエデとも呼ばれる．南千島，樺太（サハリン），朝鮮半島，中国大陸に自生し，日本でも北海道から九州まで広く見かけることができる．直径1 m，高さ20 mにも成長する落葉樹で，樹液に含まれるショ糖分は1.3〜1.8%と低いが，煮詰めてシロップや砂糖にする．

日本では，戦後の砂糖不足のときに東北や北海道で生産が試みられたが，ごくわずかな量で，現在では生産されていない．

d. サトウヤシ

サトウヤシはヤシ科の常緑高木で，マレーシア，インドネシアなど広く東南アジアで植栽されている．マレー半島が原産で熱帯雨林に生え，高さが12〜17 m，葉は大きな羽状複葉で6〜7 mほどになり，四方に広がっている．砂糖をとるために植えられ，大きくなると一生にただ一回開花し結実して枯死する．葉腋から円錐花序を出し，花の咲く前にこの先端を切除して樹液を集め，煮詰めて砂糖を作る．

花柄から砂糖を採取する方法は，まず未熟の花柄を2週間ほどの間毎日叩いて汁液の流れを刺激し，開花直後に花柄の付け根を切り，流れ出る汁液を集める．汁液が出なくなるまでの約7週間，1日に約2 lの採取が可能で，汁液には15〜16%のショ糖分が含まれる．熱帯性の気候から汁液が発酵しやすいため，採取後はすぐに煮詰めて濃い褐色の砂糖を作る．

この汁液を煮詰めて作られる砂糖は，ヤシ糖あるいは椀糖と呼ばれ，東南アジアで自家用に消費される．生産量のデータは詳らかでないが，カンボジアでは年間5万トンにも及ぶという統計がある．

このヤシ糖がとれるヤシ科植物には，サトウヤシ以外にオウギヤシ，クジャクヤシ，ココヤシ，ナツメヤシ，サトウナツメヤシなどがある．このうち，クジャクヤシはインド原産で，花柄からとれる汁液にはショ糖を15〜16%含み，濃縮してできる黒砂糖はジャガリーと呼ばれている．

2.4 その他

　砂糖がとれる植物は，そのほかに日本古代の甘味料作物として知られるブドウ科のアマズルやツタ，クロウメモドキ科のケンポナシ，イネ科植物のスイートソルガムなどがある．ツタは甘い蔓という意味で，別名アマズラともいい，古代にはこの蔓の根元を切って，甘い液を採取し濃縮して砂糖を抽出した．

　また，スイートソルガムはサトウモロコシあるいは蘆粟（ロゾク）とも呼ばれ，モロコシの一変種である．茎を圧搾して取り出した汁液には，8～14%のショ糖を含むが，還元糖やタンパク質などが多く，砂糖を結晶として取り出すのが困難である．ショ糖分を比較的多く含むのにもかかわらず，結晶として砂糖をとるときには甘蔗の半分程度しか歩留まりがない．甘蔗より寒いやせ地，湿地でもよく育つ作物であることから，一時はアメリカなどでも盛んに栽培されたが，砂糖の原料として広がらないのはこれが原因である．
〔佐野寿和〕

文　献

1) 平沢正夫 (1980). 砂糖, 平凡社.
2) 科学技術教育協会出版部編 (1984). 生活の科学シリーズ 19　砂糖の科学.
3) 高田明和ほか監修 (2003). 砂糖百科, 糖業協会.
4) 農畜産業振興機構 (2005). 砂糖類情報.
5) 精糖工業会 (2005). 砂糖.
6) 日本甘蔗糖工業会 (2004). 日本甘蔗糖工業会年報第 39 号.
7) 日本ビート糖業協会 (2005). てん菜およびてん菜糖に関する年報.
8) F. O. LICHT (2005). *International sugar & sweetener report*.
9) USDA (2005). *Sugar and sweetener outlook*.
10) *FAO statistical databases*, FAO.

2.5　砂糖の光合成

　地球の歴史は約 46 億年といわれている．誕生時の地球の温度は非常に高くマグマの状態で，大気は窒素を主体として，それに大量の水蒸気と 30% 以上の二酸化炭素（炭酸ガス）を含んでいた．約 40 億年前，地球を取り巻く厚い雲が熱を遮断することで地球の温度が低下し，水蒸気が大量の雨となって降り注ぎ，地球の表層に広大な海が出現した．大量に存在した二酸化炭素はしだいに海の水に

吸収され，カルシウムと結合して石灰岩として沈着し，大気中の二酸化炭素濃度が減少した．

地球の初期の大気には酸素が存在しなかったために，まだ大気圏のオゾン層が生成されておらず紫外線を遮断することができなかった．そのため地球の表面には強力な紫外線が到達し，水と炭素と窒素，さらに，後に増加・蓄積する酸素などの無生物的な化学反応によって作られた有機物は，常に紫外線によって変化を起こしていた．このような環境の中で，紫外線から保護されている海に，35億年前にまず嫌気性菌が発生し，34億年前には光合成を行う微生物が誕生したといわれている．光合成を行う生物が誕生したことによって，しだいに二酸化炭素が減少し，酸素が増加した．その後，25億年前頃になると，酸素の増加が顕著となり，地球は好気的な環境へと変化を始めた．5億9000万年前には，海に多細胞藻類が発達して光合成が効率化した．酸素の増加は嫌気性生物から好気性生物への変化を促進させ，乾燥に強い陸上生物を出現させた．しかも，大気に酸素が増加したことによって成層圏にオゾン層が形成され，これが太陽からの紫外線を吸収・遮断する作用をもつようになり，陸上生物の生存と繁殖を可能にした．

こうした地球環境の変化は生物の発達を多様化し，さらに生物圏を安定化させることになった．4億3800万年前に最初の高等植物として，茎をもつ植物すなわち原始的な維管束植物が出現した．茎は維管束の集合体であり，水を運ぶ通導組織と栄養を運ぶ師部組織が束になっており，維管束の中を水や養分が移動するため，植物体内の物質の運搬を容易にした．特に，光合成産物と水の移動が効率的になった．この高等植物の出現によって，光合成生産物が大量に，しかも効率的に生産されて貯蔵されることになった．

地球の表面積約5,000億平方メートルには，太陽から約9.063×10^{25} cal/秒という膨大な輻射エネルギーが到達し，そこに生息する約63億の人間を含む動植物により，その生命活動を維持するのに使われている．太陽からの光のエネルギーは化学のエネルギーに変換されてはじめて多くの生物が利用できるようになる．この変換過程が光合成であり，変換された化学エネルギーの貯蔵形態が「糖」である．光エネルギーを化学エネルギーに変換する生物器官「葉緑体」をもっている生物が植物であり，植物は，空気中の二酸化炭素（炭酸ガス）と根から吸収

した水から光エネルギーを利用して様々な有機物を自ら合成している独立栄養（autotroph）の生物である．われわれ人間をはじめとする動物は，その運動性のゆえに多大なエネルギーを要するためこの能力をもたず，もっぱら栄養源として植物が合成した有機物を摂取して生きる，すなわち究極的には植物に依存して生きている従属栄養（heterotroph）の生物である．つまり，植物による糖の生成がなければ，heterotrophicな動物は生存しえないのである．

近年，炭酸ガス濃度の上昇に伴う地球の温暖化が大きな社会問題となっているが，植物による光合成は，この温暖化ガスである炭酸ガスの唯一の消費（化学エネルギーに変換貯蔵）とともに，生物の呼吸に必要な酸素の供給も行うものであり，その過程に介在する物質が「糖」であるといえよう．

糖は単糖，少糖（オリゴ糖），多糖に分けられる．この中で代表的な少糖がショ糖で，砂糖あるいはスクロースともいう．ショ糖（砂糖）は，グルコースとフルクトースからなる二糖で，β-D-フルクトシル-$(1 \rightarrow 2)$-α-D-グルコピラノースである．一般的には，植物において葉から他の器官へ輸送される主な糖の形であるが，イネ科サトウキビ（甘蔗：英名 Sugarcane，学名 *Saccharum officinarum* L.），アカザ科サトウダイコン（ビート，甜菜：英名 Sugar beet，学名 *Beta vulgaris* L. var. *saccharifera* Alef.），カエデ科サトウカエデ，サトウヤシなどのように貯蔵糖として利用している植物があり，これらの植物の貯蔵糖を精製したのが砂糖である．

a．光合成

植物，藻類，シアノバクテリアおよび光合成細菌などが光合成（photosynthesis）を営む．一般的な植物はC_3植物と呼ばれ，糖科植物としてのアカザ科サトウダイコンは，この光合成方式によって「砂糖」を生合成している．

光合成とは，二酸化炭素（炭酸ガス＝CO_2）と水（H_2O）から有機物（糖）を生産する一連の反応をいう．

$$6CO_2 + 12H_2O + 光エネルギー \rightarrow C_6H_{12}O_6 + 6H_2O + 6O_2$$

この反応を機能的に分けると次の4段階となる．

Step1：光エネルギーを葉緑素（chlorophyll）などの色素分子が吸収し，その

エネルギーによって酸化還元反応を引き起こす（集光・光化学反応）．

Step2：酸化還元反応によって放出された電子は，電子伝達系へ伝達され，その過程で高エネルギーリン酸化合物であるアデノシン-三-リン酸（ATP）と還元物質であるニコチン酸アミド・アデニン・ジヌクレオチド-リン酸還元型（NADPH）が生産される．このときの酸化還元反応によって水（H_2O）が分解されて酸素（O_2）が放出される（光リン酸化反応）．

Step3：Step2で生産されたATPとNADPHを利用して二酸化炭素（CO_2）の受容体を生産し，葉緑体に拡散してきたCO_2を固定する（炭酸同化反応）．

Step4：CO_2を固定した有機物の一部の代謝産物から，ショ糖やデンプンを生成する（最終産物反応）．

以上の4つが基本的な光合成過程で，Step1およびStep2が明反応と呼ばれ，太陽エネルギーに直接依存する．Step3は暗反応と呼ばれている．植物種の違いにかかわらず，基本的にはこの過程で光合成が行われるが，炭酸同化の過程に異なる機構を付加的にもっている特殊な植物もある．

1) 明 反 応

太陽の光エネルギーの吸収は，光合成色素＝葉緑素（クロロフィル）で行われる．葉緑素は光捕集機能だけをもつ集光性色素タンパク質（LHC ⅠとLHC Ⅱ），光化学系Ⅰ(PS Ⅰ)のアンテナとその反応を行ういくつかの色素タンパク質複合体，光化学系Ⅱ（PS Ⅱ）のアンテナとその反応を行ういくつかの色素タンパク質複合体の3種からなり，LHC ⅠはPS Ⅰへ，LHC ⅡはPS Ⅱへの光エネルギーの捕集を担っている．

光合成色素としてのクロロフィルにはa，b，cの3種があり，高等植物にはaとbが存在し，一般に両者の比は約3：1である．このほか光合成色素としてカロチノイドとフィコビリンがあり，カロチノイドは広く植物界に認められる光捕集色素である．PS ⅠとPS Ⅱを行う色素タンパク質複合体のクロロフィル分子はすべてaで，100分子から400分子に1つの割合でそれぞれの反応中心にクロロフィルaが存在する．一方，クロロフィルbは，すべてのLHC ⅠとⅡに結合して存在するが，中でもLHC Ⅱにはその90%以上が結合している．

光エネルギーを吸収したクロロフィル分子やカロチノイド分子は励起状態とな

り，その励起エネルギーは色素分子間で共鳴移動しながら，効率良く反応中心クロロフィルへ伝達される．励起されたクロロフィル分子では電荷の分離が起こり電子が放出される．その電子は，それにつながる電子伝達系に渡されるが，この系の受容能力を超える光エネルギーが色素分子で吸収された場合は，過剰となった励起エネルギーの多くはカロチノイド分子に移行し，熱に変換して放出される．反応中心となるクロロフィルは2種類あり，PS I の反応中心クロロフィルは P700 と呼ばれ，PS II のそれは P680 と呼ばれる．

　PS II 複合体は，P680 と PS II 色素タンパク質，D1/D2 タンパク質，LHC II および水分解系タンパク質などで構成され，内部にいくつかの電子伝達系をもつ．P680 の光化学反応により放出された電子は，この複合体中の電子伝達成分を経て，膜内に遊離の状態で存在するプラストキノン（plastquinone）に渡され，さらにシトクロム（cytochrome）b_6/f 複合体へと伝達する．酸素発生（水の分解）系タンパク質はチラコイド内腔側にあり，PS II 反応中心の供給する強力な酸化力を利用して水を分解し O_2 を発生し，H^+ を放出する．

　一方，シトクロム b_6/f 複合体に渡された電子は，プラスシアニン，PS I 複合体（P700 を含む色素タンパク質，光捕集タンパク質 LHC I および一連の電子伝達系とそれに附随するフェレドキシンタンパク質と NADP 還元酵素により構成）を経て，最終的には $NADP^+$ に渡され，$NADP^+$ は NADPH となる．

　こうしたチラコイド膜での電子の流れが，ストロマからチラコイド内腔への H^+ の輸送と共役している．生じた H^+ 濃度差は，チラコイド膜内外に電気化学的ポテンシャルを生む．それによって，チラコイド膜内腔から再びストロマへ H^+ が流出するエネルギーを利用して，ATP 合成酵素が ADP とリン酸から ATP を合成する．以上の反応を式で記載すると次のようになる．

(1) $H_2O \rightarrow (2H^+ + 2e^-) + 1/2\ O_2$

(2) $NADP^+ + 2H^+ + 2e^- \rightarrow NADPH + H^+$

(3) $ADP + Pi \rightarrow ATP$

2）暗反応

明反応で作られた ATP と NADPH が，それぞれエネルギー源，還元剤として働いて CO_2 から炭水化物を生成する反応を暗反応という．

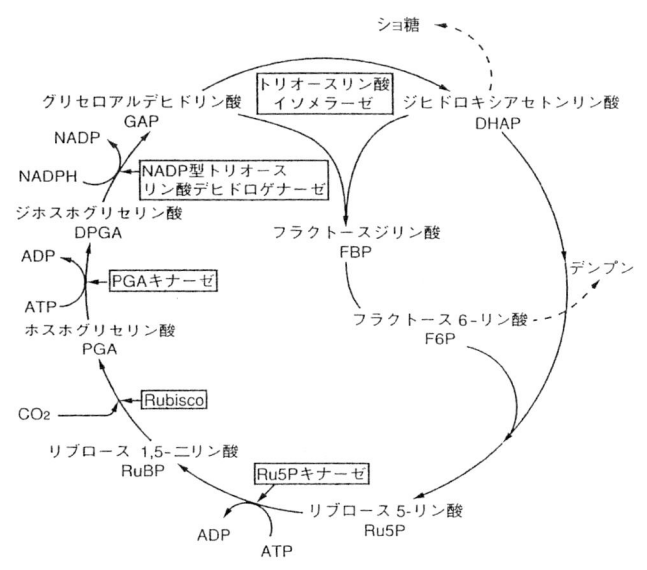

図2.3 カルビン・ベンソン回路（炭素還元回路・還元型ペントースリン酸回路）

i) **カルビン・ベンソン回路** 電子伝達・光リン酸化反応で生産されるATPのエネルギーとNADPHの還元力を使い，葉緑体でCO_2から有機物が生産される（炭酸同化作用）．このCO_2の固定とCO_2受容体を生産する回路を研究者の名をとってカルビン・ベンソン回路（Calvin-Benson回路）という（図2.3）．この回路は，10種類の酵素による13の反応による代謝で，機能の面からCO_2固定反応とCO_2の受容体であるリブロース1,5-二リン酸（ribulose 1,5-bisphosphate, RuBP）の再生産反応に分けられる．

炭酸固定は，CO_2 1分子が五炭糖二リン酸（C_5）1分子，RuBPに付加され，2分子の三炭素化合物（C_3）であるホスホグリセリン酸（phosphoglyceric acid, PGA）が生産される反応をいう．この反応は酵素RuBPカルボキシラーゼ/オキシゲナーゼ（RuBPcarboxylase/oxygenase, Rubisco）によって行われる．Rubiscoは分子量52 Kdaの大サブユニット8個と，分子量14～18 Kdaの小サブユニット8個で構成される巨大タンパク質で，単一タンパク質として葉緑体全タンパク質の25～35％を占める．CO_2は外気から気孔を通してストロマまで単純拡散された溶存CO_2（HCO_3^-ではない）が基質となる．Rubiscoの活性制御は，

酵素 Rubisco activase が関与し、さらにその活性にはストロマ内の ATP や還元物質が関与しており、Rubisco の活性と電子伝達系の活性のバランスを維持するのに重要な役割を果たしている.

RuBP の再生産反応は、PGA から CO_2 受容体 RuBP が再生産される過程をいい、光化学系・電子伝達反応で生産された ATP と NADPH が消費される. 中間代謝産物である三炭糖リン酸（C_3）、ジヒドロキシアセトンリン酸（dihydroxyacetone phosphate, DHAP）において、最大で6分子に1分子の割合でカルビン・ベンソン回路から外れ、細胞質でのショ糖合成に利用される. また、ストロマ内では、フラクトース6-リン酸から回路を外れ、デンプンが合成される経路がある.

ⅱ) **光呼吸**　酵素 Rubisco は CO_2 を固定する酵素であるが、同時にオキシゲナーゼ活性も有し、酸素分子も基質とする. この基質 O_2 分子は、CO_2 分子と Rubisco の同一触媒部位に拮抗的に結合するため、両活性の比率は CO_2 と O_2 の分圧比で決まり、現在の大気圧条件下での両活性の速度比は、ほぼ 4:1 である.

Rubisco は O_2 分子と RuBP から1分子の PGA と1分子のホスホグリコール酸を生成する. PGA はカルビン・ベンソン回路へ、ホスホグリコール酸は葉緑体中でグリコール酸となってパーオキシゾームに運ばれ、アミノ化されてグリシンとなる. グリシンは、ミトコンドリアに移行して脱炭酸（CO_2 放出）と脱アミノ化（NH_4^+ 放出）されてセリンになる. これが再びパーオキシゾームに運ばれて脱アミノ化と還元を受けてグリセリン酸となる. このグリセリン酸は葉緑体へ戻りリン酸化されて PGA となり、カルビン・ベンソン回路で使われる. ミトコンドリアで脱炭酸されて生じた CO_2 分子は、通常の大気圧条件下では Rubisco で再固定される. 脱アミノ化によって生じた NH_4^+ は葉緑体で再同化される. この過程が光呼吸（photorespiration）で、代謝は完全に光合成の炭酸同化反応と同時進行することから、光合成の一部とみなすべきであろう（図 2.4）.

ⅲ) **C_4 光合成とハッチ・スラック回路**　サトウキビ、トウモロコシ、ソルゴーなど熱帯系の植物、中でも糖料植物としてのイネ科サトウキビ（甘蔗）は、前述した Step1 から Step4 の反応のほかに、独自の CO_2 濃縮機構をもち、強光、高温などの熱帯性気候に適した光合成を行っている. これらの植物は、葉肉細胞だけでなく維管束鞘細胞にも発達した葉緑体をもち、光合成の炭酸同化を両細胞

2.5 砂糖の光合成

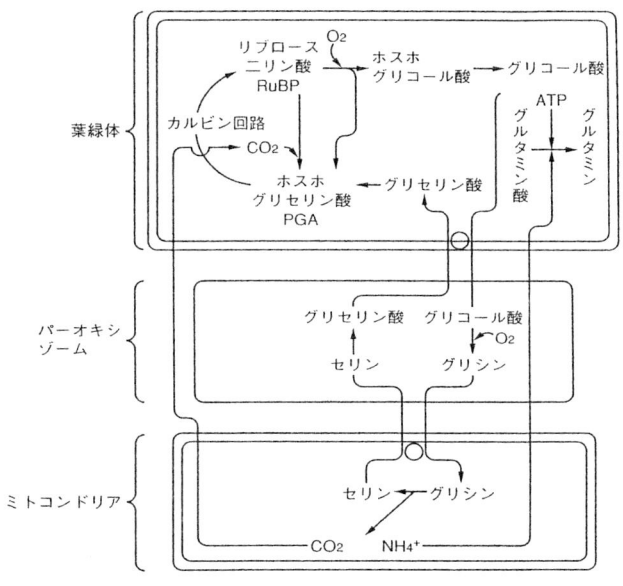

図 2.4 光呼吸（グリコール酸経路）

で高度に分業して行っている．

　これらの植物では，葉肉細胞の細胞質に溶け込んだ HCO_3^-（CO_2 ではない）をホスホエノールピルビン酸カルボキシラーゼ（phosphoenolpyruvate carboxylase, PEPC）が最初に炭酸固定する．HCO_3^- の受容体は，ホスホエノールピルビン酸で初期産物はオキザロ酢酸である．オキザロ酢酸は速やかにリンゴ酸，アスパラギン酸などに代謝されてから，維管束鞘細胞に移され，脱炭酸されてピルビン酸になる．この脱炭酸によって生じた CO_2 は，効率良く維管束鞘細胞の葉緑体に局在する Rubisco によって再同化され，通常の光合成と同じカルビン・ベンソン回路へ取り込まれる．このとき，Rubisco の炭酸固定活性に対して PEPC の炭酸固定活性は有意に高いため，維管束鞘細胞内での CO_2 濃度は非常に高濃度になる．脱炭酸されて生じたピルビン酸は葉肉細胞の葉緑体に戻され，そこに局在するピルビン酸リン酸ジキナーゼ（pyruvate phosphate dikinase, PPDK）によって ATP のエネルギーを利用してリン酸化し，ホスホエノールピルビン酸に変換して CO_2 の受容体として細胞質に移送される（図 2.5）．

(a) C₃植物の葉組織とC₃光合成

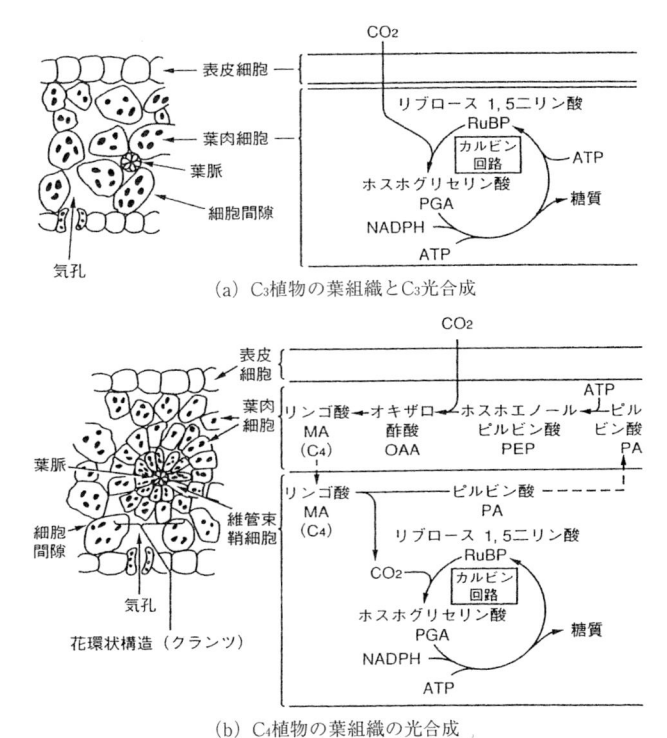

(b) C₄植物の葉組織の光合成

図 2.5 C₃植物およびC₄植物の葉組織とC₃光合成およびC₄光合成

　この光合成は，炭酸固定の初期産物オキザロ酢酸が四炭素化合物であることからC₄光合成と呼ばれるが，この経路の基礎研究を行った研究者（ハッチとスラック）の名前をとってハッチ・スラック回路（Hatch-Slack回路）ともいう．そして，このC₄光合成を営む植物をC₄植物という．前述した一般の植物が営む光合成は，初期産物がホスホグリセリン酸（三炭素化合物）であることからC₃光合成と呼ばれ，それを行う植物をC₃植物という．

　C₄光合成では，維管束鞘細胞内のCO_2濃度が大気条件の3〜15倍程度濃縮されているので，結果としてRubiscoのオキシゲナーゼ活性が著しく抑制され，光呼吸はほとんど行われない．したがって，その分だけ光合成効率が高い．しかし，CO_2濃縮を行う過程で余分にATPを消費するので，CO_2固定に対するエネルギー効率が悪く，光が十分でない環境下では不利な光合成といえよう．

b. ショ糖の合成

光合成の最終産物がショ糖とデンプンである．ショ糖は細胞質で，デンプンは葉緑体内で合成される．ショ糖の合成経路は，三炭糖リン酸（C_3），DHAP を起点にカルビン・ベンソン回路から分岐し，デンプン合成経路はフラクトース 6-リン酸から分岐している（図 2.6）．

カルビン・ベンソン回路の分子 DHAP が細胞質へ輸送される際，1分子の無機リン酸が葉緑体へ交換輸送される．そして，葉緑体へ取り込まれたリン酸は電

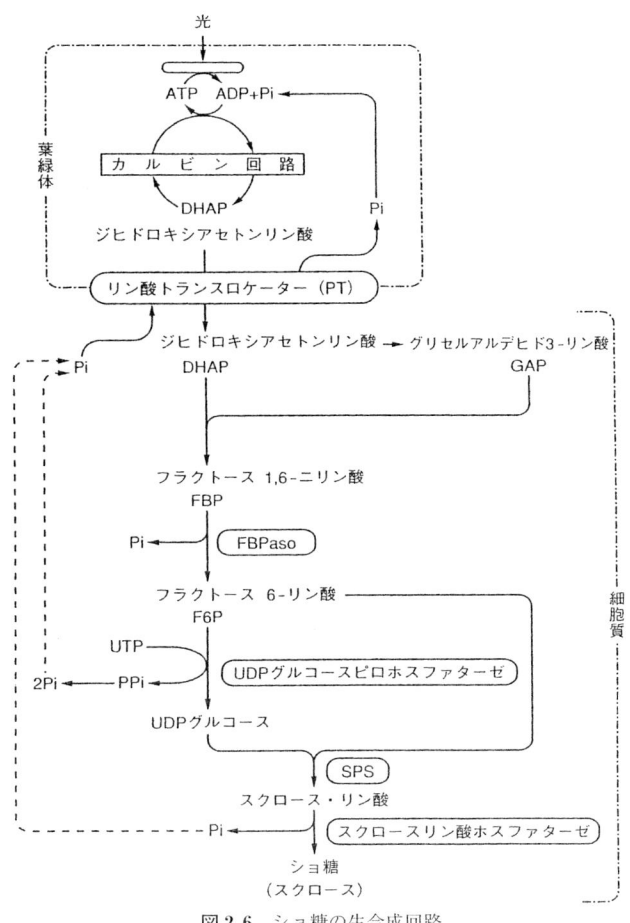

図 2.6 ショ糖の生合成回路

子伝達・光リン酸化反応でのATP生産のためのリン酸源として循環再利用される．このDHAPとリン酸の交換輸送を行っているのがリン酸トランスロケーターと呼ばれるタンパク質で，葉緑体包膜に存在する．細胞質でのショ糖合成は，フラクトース1,6-ビスホスファターゼ（FBPase），UDPグルコースピロホスファターゼ，スクロースリン酸合成酵素（SPS）の3酵素の反応箇所で脱リン酸化される段階があり，リン酸トランスロケーターを経て葉緑体に循環されている．

細胞質でのショ糖合成は，葉緑体側からのDHAPの供給速度と細胞質のフラクトース1,6-ビスホスファターゼ（FBPase）とスクロースリン酸合成酵素（SPS）の酵素活性の調節により制御されていると考えられている．

FBPase活性は，基質，Mg^{2+}やK^+などの無機イオンといくつかの代謝産物などによって制御されている．特に，フラクトース1,6-二リン酸の細胞内での合成と分解を通じて活性発現が巧妙に調節されている．また，SPSは光合成の最終産物であるショ糖とデンプンへの分配に関与していることが指摘されており，葉のショ糖含量とSPS活性との間には負の相関があることから，SPS活性が光合成産物の炭素分配に重要な役割を果たしていると考えられている．〔長谷川　功〕

文　　献

1) 牧野　周（2002）．光合成．植物栄養・肥料の事典（植物栄養・肥料の事典委員会編），pp.209-233，朝倉書店．
2) 網field真一，駒嶺　穆（1999）．葉緑体の機能：光合成．植物生理学（H. Mohr, and P. Schopfer 共著，網field真一，駒嶺　穆監訳），pp.147-182，シュプリンガー・フェアラーク東京．
3) 佐伯敏郎（1999）．炭素の利用と物質生産．植物生態生理学（W. Larcher 著，佐伯敏郎監訳），pp.43-97，シュプリンガー・フェアラーク東京．
4) 牧野　周（2001）．光合成のメカニズム．植物栄養学（森　敏，前　忠彦，米山忠克編），pp.67-89，文永堂出版．
5) 横田明穂（2003）．光合成と生産．農芸化学の事典（鈴木昭憲，荒井綜一編），pp.612-616，朝倉書店．
6) 石井龍一ほか（2004）．光合成と呼吸．新編農学大事典（山崎耕宇ほか監修），pp.736-767，養賢堂．
7) 田中征勝，永富成紀（2004）．糖科作物．新編農学大事典（山崎耕宇ほか監修），pp.619-621，養賢堂．
8) 横田明穂（1999）．光合成．植物分子生理学入門（横田明穂編），pp.81-99，学会出版センター．
9) 桜井直樹ほか（1991）．植物細胞壁と多糖類．pp.73-105，培風館．

3. 製造法

3.1 甘蔗原料糖の製造法[1~7]

a. 原料甘蔗の特徴

甘蔗（サトウキビ）は，イネ科の多年草植物（図3.1）で，茎には10～20 cmおきに節があり，節から長さ1 m以上の葉がつく．秋になると長さが50 cmにもなる穂がつくものもある[3]．ショ糖は甘蔗の茎にほとんどが含まれている．表3.1に示したように，ショ糖は，甘蔗を搾った汁（甘蔗汁）中に固形分当たり70～88%含まれている．

図3.1 甘 蔗

b. 原料甘蔗の栽培と収穫[2]

1) 生育条件

甘蔗は，高温を伴う雨期に盛んに生育し，乾期に登熱する．赤道を中心とした南北緯35°の間に栽培され，最低気温は15℃で，20℃以上で成育が旺盛になる．現在では，最低月平均気温が20℃を下らず，最高月平均気温と最低月平均気温との差が2～5℃のインド，フィリピンなどの熱帯地域や，年平均気温が20℃前後で最高月平均気温と最低月平均気温の差が10～15℃であるアメリカ南部，アルゼンチンなどの亜熱帯地域で栽培されている．

さらに甘蔗は，年間降雨量が1,500～2,500 mmの地域が良く，現在は年間雨量が1,000～2,500 mmの地域が約4分の3を占めている．乾期と雨期が明確な

表 3.1　甘蔗の成分組成と甘蔗汁中の固形分 [4]

組　成	組成比（％）
甘　蔗	甘蔗当たり
水　　分	73 〜 76
固　形　分	24 〜 27
可溶性固形分	10 〜 16
繊　維　分	11 〜 16
甘蔗汁	固形分当たり
糖　　分	75 〜 92
ショ糖（スクロース）	70 〜 88
ブドウ糖（グルコース）	2 〜 4
果糖（フラクトース）	2 〜 4
塩　　類	3.0 〜 4.5
無機塩類	1.5 〜 4.5
有機酸塩類	1.5 〜 5.5
有機酸	1.5 〜 3.0
カルボン酸	1.1 〜 3.0
アミノ酸	0.5 〜 2.5
タンパク質	0.5 〜 0.6
デンプン	0.001 〜 0.100
ガ　ム　質	0.30 〜 0.60
ワックス，脂肪，リン酸化合物	0.05 〜 0.15
そ　の　他	3.0 〜 5.0

地域では，降雨量が雨期で月 300 mm を超えず，乾期で月平均 50 〜 100 mm が必要である．通常，降雨量が 1,200 〜 2,000 mm 以下の場合には，灌漑する必要がある．また，灌漑は甘蔗の登熟時期を調整することができ，これにより甘蔗収量を増加させることが可能である．オーストラリアの例では，収量が非灌漑地区で 80 トン /ha 前後であったのに対し，灌漑地区では 120 〜 140 トン /ha となり，灌漑の効果が明らかである．

2）　栽培管理

甘蔗を植え付ける方法には，無性繁殖法である「新植法」と「株出法」とがある．新植法は，甘蔗の茎の一部（2 〜 3 節，平均 2 節）を浅く土中に埋め込み，その節より出る芽を発育させる方法である．株出法は，甘蔗を刈り取って収穫した後，残された根株の新芽を発育させる方法である．

株出は新植に比べ，収穫量が 10 〜 20％減少するので，通常 3 年程度の間隔で新植を行う．新植の植え付け期間は，緯度や地域で異なり，沖縄県では翌春 2 〜 4 月に収穫する春植（3 月頃）と翌年 12 月から翌々年 1 〜 4 月にかけて収穫する

夏植（8月頃）がある．成長期間は，品種や気温で異なるが，アメリカのルイジアナでは8～9ヵ月，南アフリカでは18～24ヵ月，東南アジアや沖縄県では12～13ヵ月である．

甘蔗の生育には，窒素，リン酸，カリウムが必要で，たとえば甘蔗50トン当たり窒素35 kg，リン酸25 kg，カリウム60 kgとなっている．一般に，窒素過多は増収となるが，登熟の遅れでショ糖含量が低下し，砂糖歩留まりが低下する．リン酸の不足は，製糖工程で糖汁の清浄効果を低下させる．

病害は，栽培地域や栽培品種の違いにより異なる．沖縄県を例に見ると，黒穂病やモザイク病など，主要な病害として13種ほど確認されている．害虫も同様で，沖縄では，バッタ・イナゴ類，カンシャコバネナガカメムシなど11種，ほかにも野ネズミやシロアリなどである．対策としては，病害に対しては耐病品種の育成，健苗の選抜，蔗苗の消毒，植え付け時期の選択，株出し栽培の抑制など，害虫では，雑草の除去，捕殺や焼殺，殺虫剤の散布，天敵の利用などである．

3) 収　　穫

甘蔗の収穫時期，すなわち製糖期間は，乾期・雨期の到来時期とも関係があり，おおむね，北半球では12月～翌年4月，南半球では4月～10月または7月～翌年1月である．

収穫には，甘蔗を収穫する前に立ったままの甘蔗に火をつけ，下葉を焼き払った後に機械で刈り取る焼き甘蔗として収穫する方法と，甘蔗を焼かないで下葉や夾雑物を取り除いた上で収穫する焼かない甘蔗として収穫する方法がある．甘蔗焼きは，病害虫を焼去する効果もあるが，品質の低下速度がきわめて大きい上，火の粉による粉塵公害など環境汚染が問題である．一方，焼かない甘蔗は，環境に対する影響や品質低下などが焼き甘蔗より改善される．甘蔗を刈り取る手法としては，手刈りと機械刈り（収穫機）とがある．手刈りによる方法では，甘蔗の根もと付近を鎌やナタで切り，次いでショ糖分が少なく，還元糖の多い梢頭部（表

表3.2　甘蔗の茎部と梢頭部との成分の比較

	糖度（Z°）	ショ糖（%）	還元糖（%）	純糖率	繊維（%）
茎部	16.26	16.39	0.39	92.9	13.2
梢頭部	3.12	3.31	1.32	46.8	16.7

図3.2 甘蔗の収穫

3.2) を切り落とし，葉を引き剥がして茎だけを収穫する．一方，収穫機による機械刈り（図3.2）では，スクリュー式回転ガイドで甘蔗を引き起こし，上部の回転刃で梢頭部を切り落とし，次いで，甘蔗茎の根もと付近を回転刃で切断すると同時に，葉やゴミなど軽いゴミは扇風機で吹き飛ばして，甘蔗茎をコンベアで伴走トラックのかごに投入する．

機械刈りは，設備費が高いが，労働力不足の場合には有効である．しかし，製糖工場の操業能力の低下や砂糖歩留まりの低下などの原因となる30〜50％にも達する梢頭部や葉，根，土砂など夾雑物が甘蔗茎とともに工場に持ち込まれる．その上，機械刈りでは，甘蔗茎を約30 cm の長さに切る場合があるため，切断個所が多くなり，細菌汚染を受けやすくなる．一方，手刈り甘蔗の場合は，混入する夾雑物が2〜4％と少ないなどの利点がある．

4) 運　　搬

収穫した甘蔗の運搬には，トラックが多用されているが，鉄道の専用コンテナを主力にして，トラックと並行利用している国も多い．

刈り取った甘蔗は劣化が速いので，刈り取り後，速やかに工場に搬入し，圧搾処理する必要がある．たとえば，甘蔗中のショ糖分は，一例として1日目では20.48％であったものが，2日目には18.71％，9日目には11.94％と劣化する．その上，焼き甘蔗や機械刈りの甘蔗は，手刈りの甘蔗に比較して，品質の劣化がさらに速い．

c. 原料糖の製造 [1]

1) 甘蔗の搬入および荷下ろし

工場に搬入される甘蔗は，工場入り口で計量し，甘蔗の搬入量を記録する．甘蔗の荷下ろしは，トラックの場合，車を固定し，エンジン側を持ち上げて傾斜させ，甘蔗をキャリヤー中へすべり落とす．鉄道台車の場合は，台車上部を反転し，甘蔗をキャリヤー中に供給する．中規模（処理量：5,000 トン／日以下）の工場では，甘蔗をヤードにいったん集積し，ショベルリーダーやクレーンなどにより甘蔗キャリヤーに投入する方法が行われている．

2) 圧搾工程

ここでは標準的な原料糖の製造工程を説明することにし，図 3.3 に原料糖の製造工程についてフローシートで示した．

最初に，甘蔗キャリヤーに供給された甘蔗（図 3.4 (a)）は，キャリヤーの登り口付近で，逆回転刃付きキッカーで，甘蔗の供給量を平均化する．次いで，2 台の高速回転刃付カッターで，甘蔗茎を 10〜20 cm 程度にまで切り刻む．切り刻まれた甘蔗茎をシュレッダーに投入し，高速回転ハンマー（1,000 rpm）で細胞が破壊されるように繊維状に打ち砕く（図 3.4 (b)）．

シュレッダーで細裂された甘蔗は，通常，図 3.5 のように 3 本ローラーを 1 組とし，4〜6 組で構成される圧搾機（ミル：図 3.6）で搾汁される．それぞれのローラーには，甘蔗を掻き込んで搾るために，鋭い刃付きの斜溝が刻まれており，3 本ローラーからなる組は，トップの押さえローラーと供給ローラー，バガス排出ローラーが三角形の配置で組み付けられている．繊維状の甘蔗は，一段目の供給ローラーとトップローラーの間に供給されて圧搾され，糖汁が供給ローラーとバガス排出ローラーの間から下に流れ落ちる．残った繊維分主体のバガス（搾りかす）は，トップローラーとバガス排出ローラーの間から排出される．一段目から排出されたバガスは，二段目に供給されると同時に，三段目の糖汁が掛けられ，一段目と同様に処理される．流れ落ちた糖汁は一段目の糖汁と一緒になり，混合汁となる．バガスは順次，次の組に供給され，四段目の手前で注加水（きれいな水）を振り掛けられる．搾汁の終わったバガスは系外に排出され，四段目の糖汁は前の組で圧搾するバガスに振り掛けられる．

3. 製 造 法

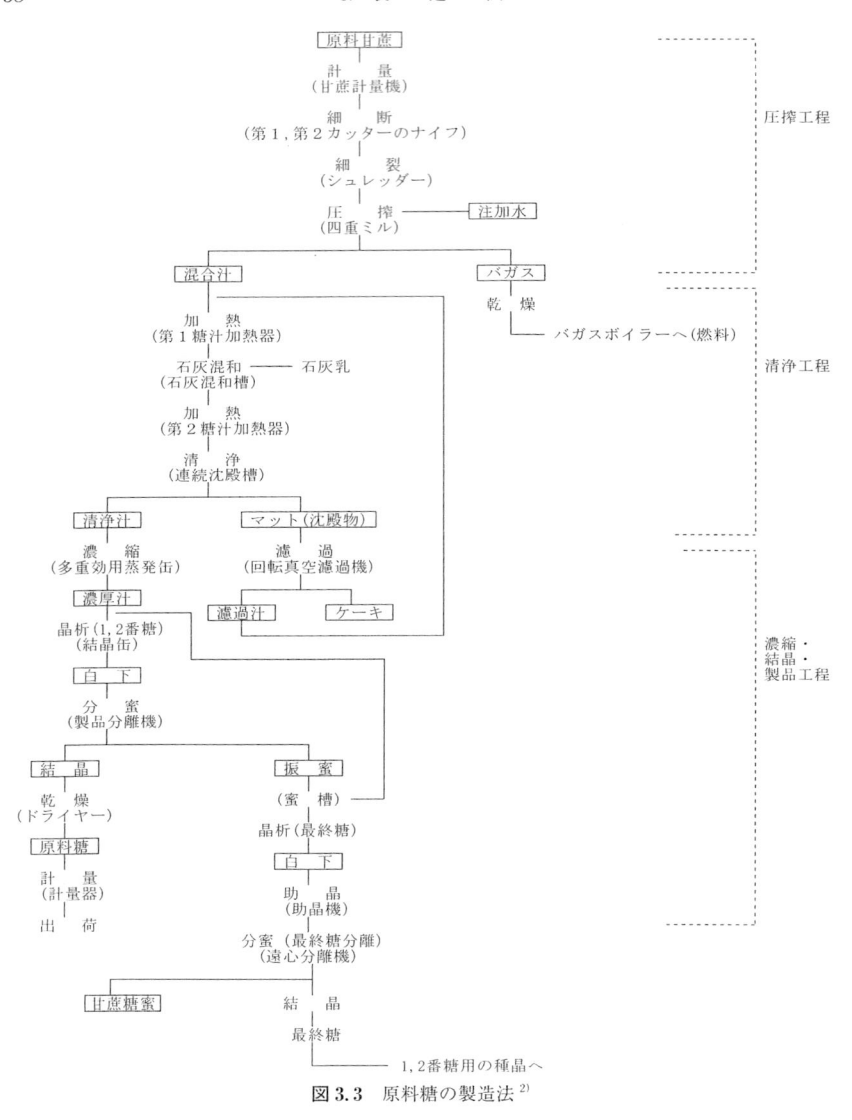

```
                    ┌─────────┐
                    │ 原料甘蔗 │
                    └─────────┘
                         │
                       計 量
                    (甘蔗計量機)
                         │
                       細 断
                 (第1,第2カッターのナイフ)
                         │
                       細 裂
                    (シュレッダー)
                         │
                       圧 搾 ──── 注加水
                    (四重ミル)
                         │
              ┌──────────┴──────────┐
          ┌───────┐              ┌─────┐
          │ 混合汁 │              │バガス│
          └───────┘              └─────┘
              │                      │
            加 熱                   乾 燥
         (第1糖汁加熱器)              │
              │                      └── バガスボイラーへ(燃料)
          石灰混和 ──── 石灰乳
         (石灰混和槽)
              │
            加 熱
         (第2糖汁加熱器)
              │
            清 浄
         (連続沈殿槽)
              │
       ┌──────┴──────┐
   ┌───────┐    ┌──────────────┐
   │ 清浄汁 │    │ マット(沈殿物) │
   └───────┘    └──────────────┘
       │               │
     濃 縮            濾 過
  (多重効用蒸発缶)  (回転真空濾過機)
       │               │
   ┌───────┐      ┌───────┐ ┌─────┐
   │ 濃厚汁 │      │ 濾過汁 │ │ケーキ│
   └───────┘      └───────┘ └─────┘
       │
    晶析(1,2番糖)
     (結晶缶)
       │
   ┌─────┐
   │ 白 下 │
   └─────┘
       │
     分 蜜
   (製品分離機)
       │
   ┌──────┴──────┐
┌─────┐      ┌─────┐
│ 結 晶 │      │ 振 蜜 │
└─────┘      └─────┘
   │              │
  乾 燥         (蜜槽)
 (ドライヤー)      │
   │           晶析(最終糖)
┌─────┐           │
│原料糖│       ┌─────┐
└─────┘       │ 白 下 │
   │          └─────┘
  計 量           │
 (計量器)        助 晶
   │           (助晶機)
  出 荷           │
              分蜜(最終糖分離)
              (遠心分離機)
                  │
          ┌───────┴───────┐
      ┌───────┐         結 晶
      │甘蔗糖蜜│            │
      └───────┘         最終糖
                          │
                   └── 1,2番糖用の種品へ
```

圧搾工程 / 清浄工程 / 濃縮・結晶・製品工程

図 3.3 原料糖の製造法[2]

一段目の圧搾汁（最初汁）と二段目の圧搾汁は，混合して「混合汁」と称して清浄工程に送られる．通常，混合汁の重量は，甘蔗茎の重量に対して95～110%程度である．バガス量は甘蔗茎の重量，混合汁量，注加水量から計算する．

(a) キャリヤー

(b) シュレッダー後

図3.4 キャリヤーとシュレッダー処理後の甘蔗

図3.6 ミル

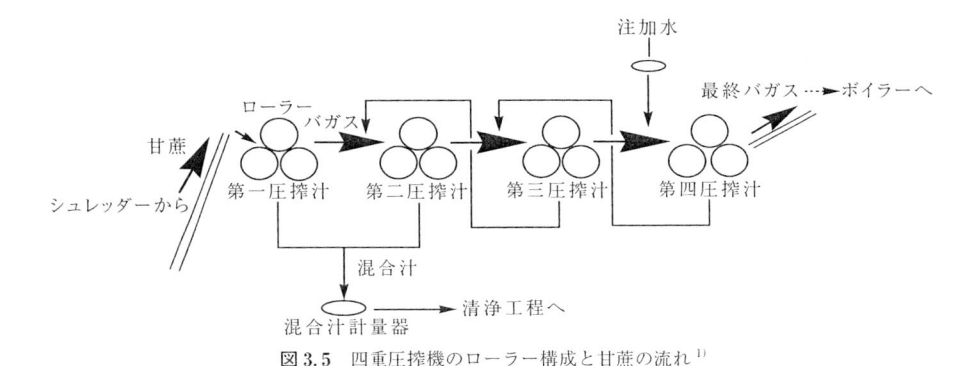

図3.5 四重圧搾機のローラー構成と甘蔗の流れ[1]

混合汁の平均的な事例では，甘蔗の繊維分が12.5%の場合，糖度搾出率（甘蔗中のショ糖が混合汁として移行し回収される割合）は，約93〜95%程度である．系外に排出されたバガスは，水分が約50%であるが，ボイラー燃料として利用される．注加水は，通常，甘蔗繊維分に対して約200%が必要である．

3) 清浄工程

圧搾工程で得られた混合汁には，ショ糖以外にタンパク質などの親水コロイド，無機質や甘蔗のワックスのような疎水コロイド，あるいは還元糖，有機酸，可溶性無機塩など，多くの夾雑成分が含まれているので，混合汁に正の電荷をもつ石灰乳を加え，負の電荷のコロイド物質を凝集・凝固させて除き清浄汁を得る工程である．この石灰清浄法では，石灰乳の添加段階と加熱操作の違いにより，コールド・ライミング，ホット・ライミング，分別石灰法（中間ライミング法）の3種の方法がある．

コールド・ライミングとは，石灰乳をpH 5.0前後の混合汁に加え，遊離のリン酸を不溶性のリン酸石灰として析出させると同時に，100℃まで加熱してpH 7.0付近でタンパク質，無機質，ケイ酸，硫酸根などを析出させ，次いで析出したこれらの成分に混合汁中の着色物質などを吸着して沈殿させる方法である．一方，ホット・ライミングは，混合汁を100℃まで加熱した後，石灰乳を添加する方法である．両方法とも，それぞれ長所，短所があるので，最近の製糖工場では，両方法の短所をできるだけ避ける方法として，分別石灰法（中間ライミング法）が行われてきている．分別石灰法は，混合汁に少量の石灰乳を加えて，PH 6.2～6.4として第一糖汁加熱機で80℃まで加熱し，さらに石灰乳を加えて中和し，次いで，この中和した混合汁を第二糖汁加熱機で105℃まで加熱し，連続沈殿槽（クラリファイヤー：図3.7）に入れ，清浄汁と沈殿物に分ける方法である．

そして，得られた清浄汁は，簡単な金網濾過器を通してバガスなどのゴミの混入を防いだ後，濃縮工程に送られる．一方，沈殿物を含むマッド汁は，連続沈殿槽の下部から連続的に抜き出され，濾過される．濾過汁は，清浄工程の最初に戻される．本工程では，ショ糖の純度が混合汁より2％程度上昇した清浄汁が得られる．

4) 濃縮工程

清浄汁（13～15 Bx）を多重効用缶に移し，蒸発濃縮して60～65 Bxの濃厚汁を得る工程である．

図3.8に示すように，多重効用缶（四重効用缶）では，直列に配置した4缶の内部圧力に差をつけ，高圧の缶から低圧の缶に向けて清浄汁を流すことで，自動

図 3.7 連続沈殿槽の内部構造[5]

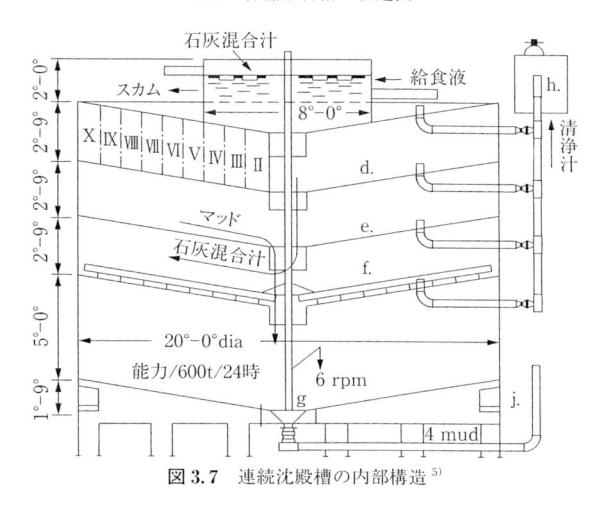

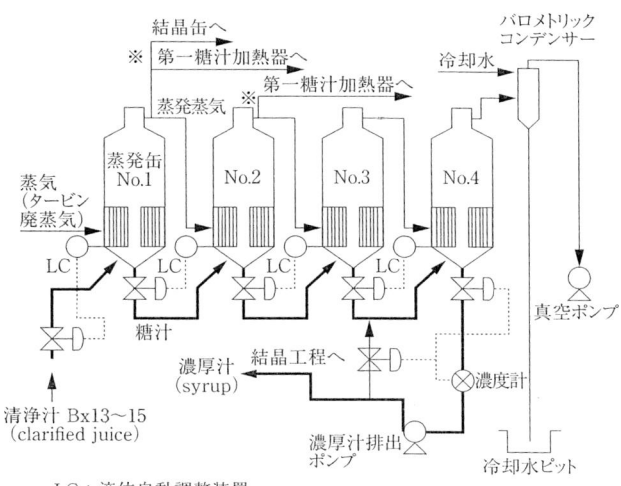

図 3.8 四重効用缶の構成[2]

的に清浄汁の蒸発を起こさせ，濃縮し，順次濃度を上昇させる．蒸発缶に加熱用の蒸気を与えるのは第1缶のみで，第2缶以降は，前缶で発生した蒸気を加熱用に用いる．最終缶の第4缶で発生した蒸気は，バロメトリックコンデンサーを経て真空ポンプで吸引される．このため，第4缶は真空の状態となる．

四重効用缶の操作条件の一例を示すと[2]，第1缶の蒸気圧力は 0.5 kg/cm^{2}G，

温度は111℃であり,同様に第2缶は,それぞれ0 kg/cm²G, 100℃,第3缶は減圧となり330 mmHgで85℃,第4缶は680 mmHgで52℃である. 95～100℃で第1缶に供給された約15 Bxの清浄汁は111℃に加熱され,24 Bxに濃縮される. 次いで,第2缶に移され,温度101℃で35 Bxまで濃縮される. 第2缶で濃縮された液は,第3缶に移され,87℃で45 Bxまで濃縮される. 最後の第4缶では,58℃で65 Bxまで濃縮され,第4缶から出た濃厚汁は煎糖工程に移される.

効用缶の内部構造は,後述する結晶缶と似ており,カランドリアと呼ばれる上下の管板に多数の加熱管が通り,中央部は加熱管のない空洞(ダウンテーク)となっている.

5) 煎糖工程

濃縮工程から真空結晶缶に供給された濃厚汁は,しだいに濃縮され,やがて過飽和の状態になる. そこで,この過飽和な状態の濃縮液に種糖(seed sugar)を加え,晶出を行い,結晶を成長させる. 成長した結晶と母液(糖蜜)の混合物である白下を遠心分離機で,砂糖結晶と糖蜜に振り分ける操作(分蜜)を行い,結晶を回収する. 残りの糖蜜にはまだ多量のショ糖が含まれているので,もう一度煎糖して,同様な操作を行い,砂糖結晶を回収する. さらに,この操作を通常3回繰り返し行う.

一例を示すと,図3.9の3段の煎糖形式[5]のように,最初の煎糖では純糖率(Bxに対する糖度

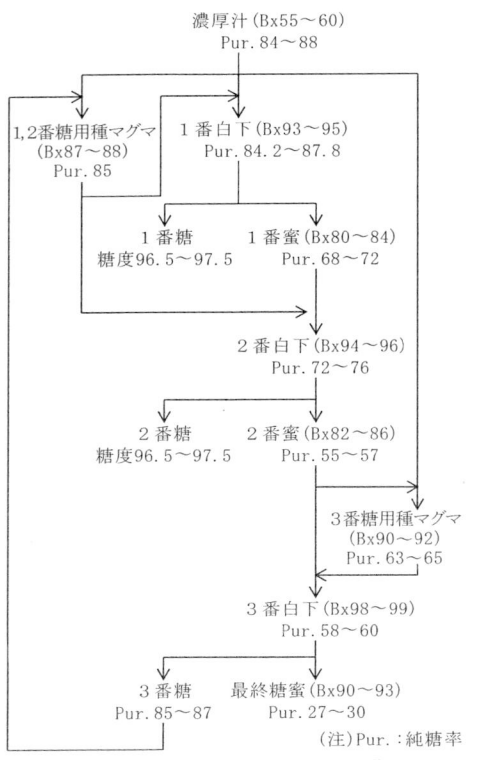

図3.9 原料糖の煎糖操作の一例[5]

濃厚汁 (Bx55～60)
Pur. 84～88

1,2番糖用種マグマ (Bx87～88) Pur. 85

1番白下 (Bx93～95) Pur. 84.2～87.8

1番糖 糖度96.5～97.5

1番蜜 (Bx80～84) Pur. 68～72

2番白下 (Bx94～96) Pur. 72～76

2番糖 糖度96.5～97.5

2番蜜 (Bx82～86) Pur. 55～57

3番糖用種マグマ (Bx90～92) Pur. 63～65

3番白下 (Bx98～99) Pur. 58～60

3番糖 Pur. 85～87

最終糖蜜 (Bx90～93) Pur. 27～30

(注) Pur.:純糖率

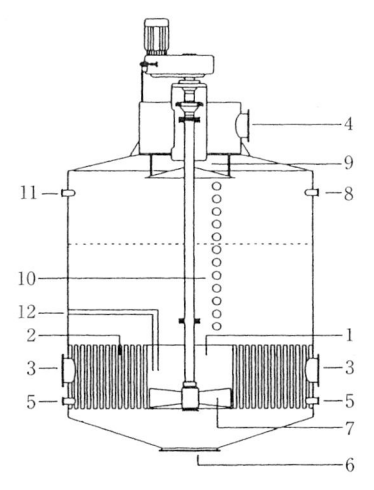

1	中央ダウンテーク
2	カランドリア
3	蒸気入口
4	結晶化ベーパー出口
5	ドレイン出口
6	白下出口
7	攪拌機
8	ジェットノズル
9	エントレインメントセパレータ
10	サイトグラス
11	ベンチレーション
12	供給シロップ入口

図 3.10 結晶缶の内部構造[5]

の%）が 84〜88 の濃厚汁を過飽和度（5.2 項参照）1.2 程度に保ち，3 番糖と濃厚汁で調製したマグマ（結晶と糖蜜の混合物）を種糖として加え，減圧下，温度 61℃ 前後で晶析を行う．得られた白下を分蜜して糖度 96.5〜97.5 の 1 番糖（砂糖）を得る．次いで，得られた純糖率 68〜72 の 1 番蜜（振蜜）を過飽和度 1.2 程度に保ち，前述の 3 番糖マグマを加え，1 番糖の煎糖と同様な操作を行い，2 番糖と 2 番蜜を得る．この 2 番蜜に 1 番糖から調製したマグマを加えて煎糖を行い，1 番糖と 2 番糖の種晶を調製する．1 番糖と 2 番糖は混合して原料糖として出荷し，3 番糖は種糖として利用する．3 番糖の振蜜は，最終糖蜜となる．

使用される結晶缶は，加熱部の違いにより，カランドリア缶（図 3.10）[5] とリング缶があるが，多くはカランドリア缶である．カランドリア缶は，加熱蒸気を通すカランドリア（管）が垂直に配置され，加熱蒸気は蒸気入口から供給され，ドレインはドレイン出口から排出される．多重効用缶（四重効用缶）より供給される濃厚汁は，供給シロップ入口より缶内に入り，カランドリアで加熱されながら通り抜けて上層に移動して蒸発する．蒸発で温度の下がった液は，缶内の下層に移動して再度加熱されて上層に移動し，蒸発を繰り返す．蒸発気は缶上部のベーパー出口より排出されて凝縮器に送られて水に戻される．残った空気は，真空ポ

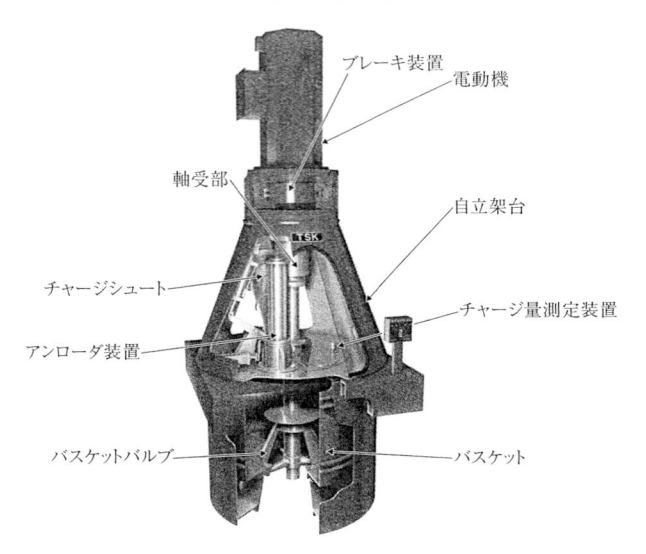

図 3.11 遠心分離機の構造

ンプで系外に排出され,缶内を減圧する．煎糖後の白下は,白下出口から排出（落糖）され，分蜜操作に回される．

6) 分 蜜 工 程

分蜜は結晶缶から排出された白下を遠心力で結晶と振蜜に分ける操作で，製品分離機と呼ばれる遠心分離機を用いる．遠心分離機は，図 3.11 に示すように，回転部分のバスケットに軸を介して接続されたモーターが支柱に取り付けられた懸垂型で，バスケット内に 0.3 〜 0.4 mm くらいの口径のある網を張り，使用する．モーターは一般的にインバーター付きの 20 〜 500 馬力，回転数が 900 〜 1,800 rpm であり，バスケットの内径と高さは 40 インチ × 24 インチから 67 インチ × 47 インチである．

分蜜操作では，落糖後の白下を一時的にミキサーに蓄えた後，一定量の白下を図 3.11 のチャージシュートより低速で回転するバスケット内に供給し，供給終了と同時にモーターを加速し，分蜜を始める．分蜜の所要時間は 3 番白下を除き 3 〜 8 分で，分蜜が終わると，さらに結晶表面の蜜を除くために，洗浄ノズルから散水して結晶の表面を洗う．水洗が終わると，回転数を落としていき，ある程

度の回転数となったときデスチャージバルブを開け，アンローダーでバスケット側面の砂糖結晶を掻き落とす．掻き落とした砂糖結晶が原料糖で，コンベアで乾燥機などに送られる．一方，バスケット外の振蜜で，1番白下の1番蜜および2番白下の2番蜜は，再度結晶缶に戻されて煎糖を行われ，3番白下の振蜜（最終糖蜜）は，発酵原料や飼料となる．通常，結晶表面を洗う洗浄は，高品質の原料糖を得る目的で行われるもので，得られた洗蜜は振蜜とは別の工程で回収され，再度結晶缶に戻される．

7）乾燥と出荷

遠心分離機で振り分けられた原料糖の結晶は，やや湿っているので，回転円筒式の乾燥機などで乾燥させ，製品とする．原料糖は現在，ほとんどがバルクで出荷されている．

3.2 甜菜白糖の製造法 [2, 8, 11, 12]

a. 原料甜菜の特徴 [9, 10]

甜菜糖の原料である甜菜（サトウダイコン/ビート）は，地下部の胚軸が成長肥大した頚部と逆円錘形の主根と主根の溝から生じる側根からなる（図3.12）．

通常，甜菜は春に播種し，発芽すると急速に茎葉が繁茂し，8月の最盛期には葉数が30枚程度，葉長約40cmにもなる．晩秋の収穫時には，主根が地下約1.5mにもなり，ショ糖を含む主根（根茎）は直径が7〜12cm，長さが15〜20cmにもなって，重さも600〜1,200g程度に肥大し，14〜18%ほどのショ糖を蓄える．また，ショ糖以外の成分も根茎に蓄積する．水分が76.5%，粗タンパク質1.05%，粗繊維1.16%，可溶性無窒素物（ショ糖を除く）2.92%，収穫時に含量が全糖分の0.3〜0.5%にも達するラフィノースなどが含まれる（表3.3）．

b. 甜菜の栽培と収穫 [2, 5, 10, 11]

1）生育条件

地中海地方に自生していた甜菜は改良され，EU諸国，ポーランド，ロシア連邦，トルコ，ウクライナ，アメリカ，北海道などの北緯47°〜54°の地域で栽培されるようになった．

表3.3 甜菜の平均的な成分組成[11]

組　　成	組成比（％）
水　　分	76.40
固 形 分	23.6
ショ糖	16.5
粗タンパク質	1.05
粗 脂 肪	0.12
粗 繊 維	1.16
可溶性無窒素物（ショ糖を除く）	2.92
灰　　分	0.75
無 機 酸	0.52
有 機 酸	0.69

図3.12　甜　菜

　甜菜の生育には2,400～3,000度の積算温度を必要とし，生育時期は5～10月で，平均気温は12～20℃が好適である．生育期間は長ければ長いほど良く，理想的な甜菜の生育日数は170～200日とされている．甜菜収量（ショ糖含量の増加を含めて）の増加には，7月の栄養成長時，根茎が十分に発達するように高温であることが重要である．9月に入ると甜菜の登熟期となるため，気温が低下して昼夜間の温度の差が大きいほど，ショ糖の含糖率が高くなる．個葉の光合成速度は，一般のC_3植物の中では高い方で，22～28 $\mu mol/m^2/s$である．

　甜菜の生育にはある程度の降水量が必要で，水分と収量との間には相関があり，水分が多いと収量が増加する．乾物量1gの生産には400～450gの水分を必要とするが，この量を超えると逆に収量は減少に向かう．たとえば，3月は乾燥し，4～7月は湿潤，8月に入ると漸次乾燥し，それ以降は乾燥が続くことが，甜菜の収量に良い結果を与える．

　さらに，栽培時の土壌の好悪が甜菜の品質に影響を与える．甜菜は土壌中で根が伸張するので，それが妨げられると不規則な形の根ができ，収量が低下する．その原因は，下層土の質が悪い，排水不良，空気の透過性が不良，そのほか石などの障害物がある場合である．

2)　栽 培 管 理

　甜菜の栽培は，先進国といわれる国々が多く，日本もその一国で，北海道が栽培地である．したがって，甜菜栽培については，北海道で行われている実例に沿って進めることにする．

北海道では，通常，連作障害を防ぐために，甜菜―豆類（マメ科）―ジャガイモ（ナス科）―小麦（イネ科）―甜菜といった輪作体系をとっており，甜菜は畑作の基幹作物として重要な位置を占めている．そして，北海道での甜菜栽培の特徴は，現在のところほとんどが移植法[10]により行われていることである．

　ビニールハウス内で3月に土を詰めた紙筒（商品名；ペーパーポット）に播種を行い，35～45日間，20～25℃に保ち，発芽・育苗する．その間，芽がそろった段階で，1本になるよう間引きを行う．本葉が4枚ほどになった甜菜の苗を，4月下旬～5月上旬に移植機で紙筒ごと，畑での移植密度が7,000本/ha程度になるように植え付ける．紙筒の使用は，積雪地帯で雪解けの遅い北海道のようなところでは，生育期間を長くすることができ，収量，ショ糖分含量の増加などの利点がある．たとえば，平成5年の試験によると，根重は，直播ではha当たり34.2トンであったのが，移植法では50.7トンと43％の増，糖分も16.98％で2％増となった．さらに，産糖量に至っては，直播で5.70トンであったが，移植法では8.62トンと，実に51％増となり，移植法が北海道に適していることを如実に示している．また，移植時期を早めることにより，さらなる増収が期待できる．しかし，問題点として，肥培管理に手間がかかることがある．このため，現在，紙筒を使わずに，直接畑に種を播く栽培法（直播法）も一部では行われてきている．

　甜菜は深根性の植物のため，圃場は他の作物に比べ深耕が必要である．肥料はha当たり窒素14～15 kg，リン酸18～20 kg，カリウム14～16 kgおよび堆肥1トンが標準で，窒素肥料が多いと根茎が肥大するが，根中のショ糖分は低下する．堆肥の場合もまた同様で，堆肥中の窒素含量を正確に把握し，窒素過多にならないように施肥する必要がある．

　甜菜の葉は，生育初期には小さく，6月になると急激に葉面積が増し，次々と高次の葉が出てくる．そして，9月初旬にほぼ最大となり，その後は減少に向かう．根茎は7月に入ると肥大が旺盛となり，根重は10月上旬まで，根乾物重は11月上旬まで増加する．

　生育期間中，除草を兼ねた中耕を5～6回行うほか，褐斑病，苗立枯病，根腐病などの病害，ヨトウ虫，テンサイトビハ虫などの虫害の発生に応じて適宜薬剤散布を行う．

図 3.13 甜菜の収穫風景

3) 収　穫

　甜菜根茎の収穫作業は，10月中旬〜11月上旬に行われる．堀り取りに先立ち，甜菜葉の除去，いわゆるタッピングが行われる．甜菜を圃場に植わったままの状態で，機械で葉と根茎の間より数cm下のところを切断する．次いで，切除した葉はそのまま圃場に残し，根茎を収穫用の機械（図3.13）で掘り起こすと同時に，コンベアで伴走トラックのかごに投入する．この収穫した根茎は，そのままトラックで工場の集積所や各地域に設けられた集積所に輸送される．これらの集積所では，搬入された根茎をトラックごとに重量を求めると同時に，根茎の糖度あるいは土砂や雑草などの夾雑物を測定するために，分析試料の採取を行う．

　北海道では積雪などの気象条件のために収穫期間が短いので，収穫した根茎の半分以上は，屋外にシートを掛けて貯蔵する．

　貯蔵期間中に根茎は，貯蔵日数，根茎の性質，貯蔵状態などの条件により，ショ糖の減少，還元糖の増加，細菌数の増加，ラフィノースの増加，ときには根茎の凍結などにより腐敗などの劣化が起こる．さらに，根茎は貯蔵中でも生活しているので呼吸作用があり，根茎中の糖分が消化され，3,600 kcal/kgの熱を放出して貯蔵温度の上昇を招くことになる．そこで，貯蔵では，貯蔵温度が高くなると，この現象が促進されるので，根茎の凍結を防ぎ，根茎の生活を最低限に維持できる0〜5℃が最適な温度範囲である．

c. 甜菜白糖の製造法 [2, 8, 11]

1) 甜菜の受け入れと洗浄操作

　甜菜糖製造工場は，甜菜の収穫に合わせて10月中旬に操業を開始する．集積所に貯蔵されている甜菜（根茎）は，トラックで工場に運ばれ，受入施設（ビートビン）に投入される．この根茎はビートビンからビート洗浄機まで，多量のフリューム水（根茎の約6〜10倍量）で工場内に流送する．流送時に根茎中よりショ

糖の損失が起こるが，根茎が傷ついていたり，フリューム水の温度が高いと損失が著しいので，根茎を傷つけないように，かつ低温のフリューム水を使用するように管理する．

フリューム水で送られてきた根茎は土砂，石，葉，雑草などが付着しているので，さらに洗浄機で，根茎当たり 120～150% の水で，土壌の分離，甜菜尾根部の除去，仕上げの洗浄を順次行って付着物を取り除いた後，水切りし，殺菌を行い，次工程の裁断に送られる．

ここでは，日本の標準的な甜菜糖工場での甜菜白糖の製造工程を説明することにし，図 3.14 にその製造工程のフローシートを示した．

2) 裁断とショ糖の抽出

洗浄された根茎は，ショ糖分を抽出しやすくするために，裁断機に掛けられ，図 3.15 のように，4～5 mm 角に細長く切断（コセット）される．次いで，このコセットは混和槽に送られ，ここで浸出塔（器）から出た糖汁と混和された後，浸出器（図 3.16）に送られる．浸出器は，一方からコセット，他方から温水をそれぞれ等速度で入れて，コセットと温水を連続的に接触させ，コセット中のショ糖を温水に浸出させる．この方法は連続向流法を基礎としている．浸出器の形としては，直立式である塔式，横置式，傾斜式などがあるが，多くは BMA 式浸出塔のような塔式が用いられている．BMA 式浸出塔では，前段にある混和槽（生汁分離機）でコセットを浸出塔から出てきた糖汁と接触させて 75～80℃ まで加熱後，浸出塔の底部より塔内（図 3.17）に入れ，浸出塔内部に付けられた多数の羽根で上部に移動させる．ショ糖抽出用の温水は，浸出塔上部などから供給し，ショ糖を浸出した後，下部より排出する．排出したショ糖抽出液，すなわちロージュースは，砂や石ころなどを除去後，清浄工程の加熱器に送られる．

浸出塔の容量にもよるが，一例を挙げると，塔内のコセットの滞留時間は 78～88 分，コセットの塔内の密度は 65～70 kg/100 l であり，排出されたコセット中の残存ショ糖は 0.15～0.25% である．このコセット（繊維分），すなわちビートパルプは，脱水，乾燥，成形して飼料として利用する．一方，浸出塔より得られたロージュースは，ショ糖の純度が 88～92%，非糖分が固形分当たり 8～12% である．

3. 製造法

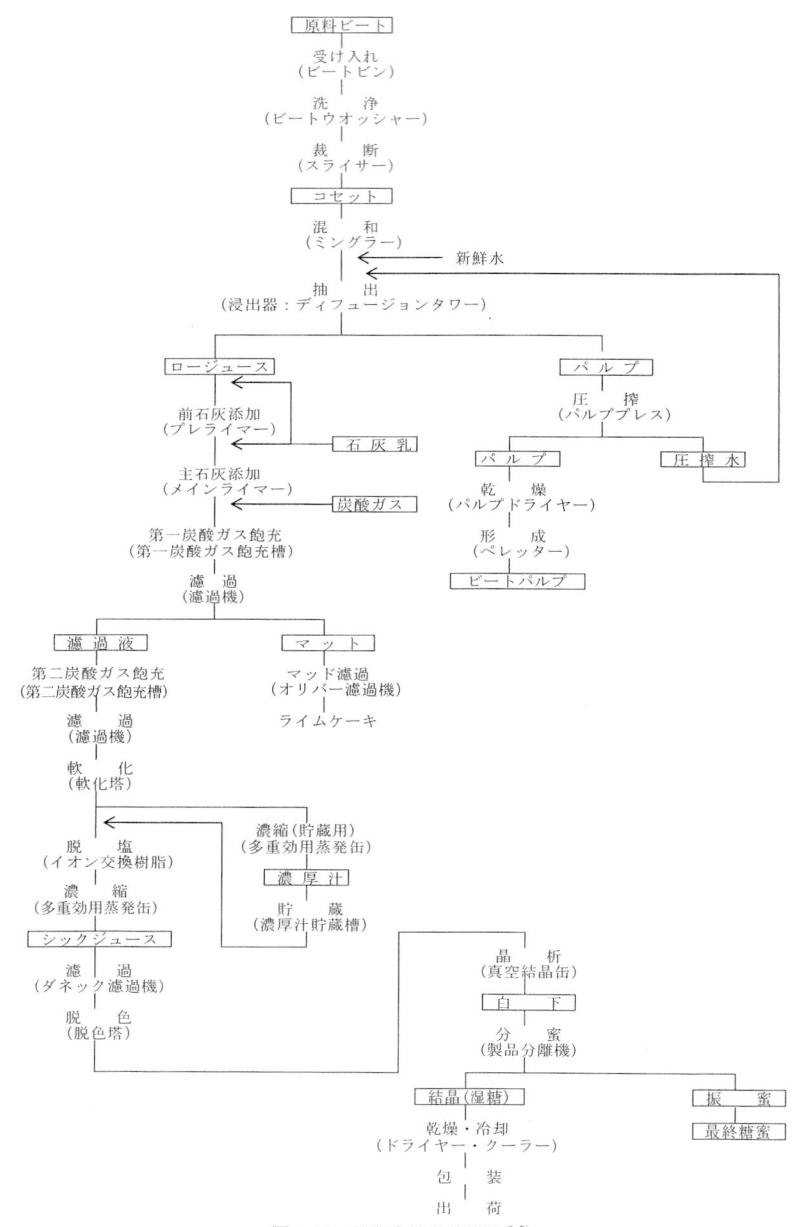

```
                    原料ビート
                       │
                    受け入れ
                   (ビートビン)
                       │
                    洗　浄
                 (ビートウオッシャー)
                       │
                    裁　断
                   (スライサー)
                       │
                    コセット
                       │
                    混　和        ←── 新鮮水
                   (ミングラー)
                       │
                    抽　出
             (浸出器：ディフュージョンタワー)
                  ┌────┴────┐
               ロージュース    パルプ
                  │           │
              前石灰添加      圧　搾
             (プレライマー) ←─ 石灰乳  (パルププレス)
                  │          ┌──┴──┐
              主石灰添加    パルプ  圧搾水
             (メインライマー)←─ 炭酸ガス
                  │         乾　燥
           第一炭酸ガス飽充  (パルプドライヤー)
         (第一炭酸ガス飽充槽)     │
                  │          形　成
               濾　過       (ペレッター)
              (濾過機)         │
              ┌──┴──┐      ビートパルプ
          濾過液    マット
              │      │
       第二炭酸ガス飽充  マッド濾過
     (第二炭酸ガス飽充槽)(オリバー濾過機)
              │         │
            濾　過    ライムケーキ
           (濾過機)
              │
            軟　化
           (軟化塔)
              │
    ←─────────┤
   脱　塩     濃縮(貯蔵用)
 (イオン交換樹脂)(多重効用蒸発缶)
   │           │
  濃　縮      濃厚汁
 (多重効用蒸発缶)  │
   │          貯　蔵
 シックジュース (濃厚汁貯蔵槽)
   │           │
  濾　過       │
 (ダネック濾過機)│
   │           │
  脱　色       │
  (脱色塔)     │
   │           │
   └───────────┤
               晶　析
             (真空結晶缶)
                │
              白　下
                │
              分　蜜
            (製品分離機)
          ┌─────┴─────┐
      結晶(湿糖)        振　蜜
          │              │
     乾燥・冷却        最終糖蜜
   (ドライヤー・クーラー)
          │
        包　装
          │
        出　荷
```

図 3.14　甜菜白糖の製造法 [2, 5]

3) 清 浄 工 程

ロージュース中には，コロイドや不溶成分が残存しているので，これらを除く目的で，石灰添加と炭酸飽充が行われる．

石灰添加は，ロージュースにライムミルク（石灰乳：主成分 Ca（OH$_2$））を添加し，ロージュース中のタンパク質やペクチンなどを凝集させると同時

図 3.15 コセット

に，不純物（特にアミド類や還元糖）を分解し，着色を少なくすることにある．石灰添加の方法には，通常，ロージュース中のコロイドや不溶性の石灰塩を除去する目的で行う前石灰添加と主石灰添加がある．

前石灰添加では，急激な pH の上昇を抑えるために，前石灰添加槽でロージュースに根茎当たり約 0.2% CaO（酸化カルシウム）になるように石灰乳の添加を行い，pH が 10.8 〜 11.2 になった段階で主石灰添加槽に送る．主石灰添加槽に送られてきたロージュースは 75 〜 85℃ まで加熱し，pH が約 12.6 になるように根茎当たり約 1.5 〜 1.8% CaO の石灰を加え，よく混合して 10 〜 20 分間放置する．

図 3.16 浸出塔（デフューザー）

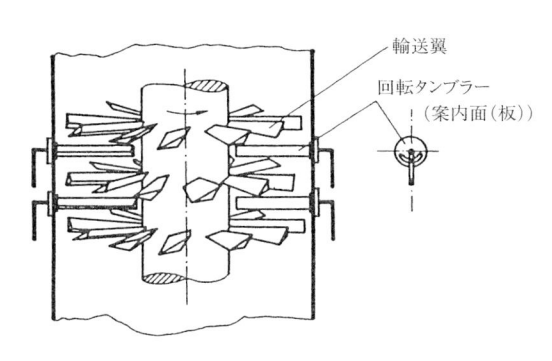

図 3.17 浸出塔（BMA）の内部[11]

石灰の添加法には，生石灰を直接ロージュースに加える乾式法と，濃度 20 Bé 程度の石灰乳をロージュースに加える湿式法がある.

石灰添加後の工程である炭酸飽充では，石灰添加したロージュースに炭酸ガスを吹き込み，生じた炭酸カルシウム（$CaCO_3$）に非糖分の不純物を凝集・吸着させ，濾過機で除去する．本工程には，第一炭酸飽充と第二炭酸飽充があり，第一炭酸飽充では主石灰添加槽から第一炭酸ガス飽充槽に送られてきた強アルカリの液温 80〜85℃のロージュースに，pH が 10.8〜11.2 になるように，連続的に炭酸ガス（32〜40%）を吹き込む．これにより，不純物を吸着した $CaCO_3$ の沈殿粒子が生成するので，前石灰添加で生成したコロイド沈殿物と一緒に濾過し，第一濾過汁を得る．第二炭酸飽充では，pH 10.8〜11.0 で液温が 84〜93℃の第一濾過汁を加熱器で 100〜102℃まで加熱し，第二炭酸ガス飽充槽に送り，石灰乳で pH を 9〜9.5 になるように調整しながら炭酸ガスを飽充する．炭酸ガス飽充後の飽充汁は，濾過して pH 8.2〜8.9 の第二濾過汁を得る．第二炭酸ガス飽充の目的は，第一濾過汁中に残存する石灰化合物を $CaCO_3$ として沈殿粒子を形成させ，残っていた不純物を吸着・沈殿させると同時に，第一濾過汁中の Ca 塩を除去することである．

4) 軟化・脱塩工程

軟化は，濾過汁中の Ca 塩をナトリウム（Na）塩に変える工程である．清浄工程で処理された第二濾過汁には，Ca 塩が残っており，第二濾過汁の濃縮あるいは煎糖工程で，この Ca 塩が不溶化し，多重効用缶や結晶缶の缶壁にスケール（湯垢）として付着する．そこで，スケールの発生を少なくするために，第二濾過汁を Na 型強酸性陽イオン交換樹脂に通液して，濾過汁中の Ca 塩を Na 塩に変える軟化処理を行う．

次に，Na 塩や Ca 塩あるいはアミノ酸，有機酸，その他の灰分，色素などの非糖分をさらに吸着・除去するために，軟化処理した液を脱塩用イオン交換樹脂に通す脱塩処理を行う．これにより非糖分が 4〜8%（固形分当たり）除去され，純度が約 98%のショ糖液が得られる．この液を一般にシンジュースと呼ぶ．

5) 濃縮工程

シンジュースは，3〜4缶からなる多重効用缶で水分を蒸発させ，3〜4倍に

3.2 甜菜白糖の製造法

濃縮し，シックジュースを得る．

多重効用缶の構造などは，3.1項で触れた四重効用缶と基本的に同じ構造であるが，濃縮時の操作条件が異なる．一例を示すと，第1缶では，送られてきたシンジュース（約14 Bx）を蒸気で約126℃まで加熱して蒸発・濃縮を行い，次の第2缶に送る．第2缶は第1缶の蒸気でシンジュースを温度117℃程度まで加熱して蒸発・濃縮を行う．第3缶は，第2缶の蒸気で約107℃まで加熱し，蒸発を繰り返す．最終の第4缶は，第3缶の蒸気でシンジュースを101℃程度して蒸発を行い，61 Bx程度まで濃縮する．この濃縮された液は，シックジュースと呼ばれ，一般的に60～70 Bxである．シックジュースは次の結晶化工程に送られる．

6) 煎糖工程

シックジュースを3.1項で示した結晶缶内で濃縮して，ショ糖を結晶化させ，マスキット（白下）を得る．甜菜糖の煎糖方式は，通常，3段までとなっており，図3.18にその一例を示す．

シックジュースに後述する白糖の洗蜜と二番糖と裾物糖の溶解液を混合・調製したスタンダードシロップを結晶缶で過飽和度1.15～1.25まで濃縮後，種晶を加え煎糖し，白糖白下を得る．次にこの白糖白下を分蜜して白糖，白糖振蜜および白糖洗蜜を得る．白糖は甜菜白糖として製品化するが，白糖振蜜は二番糖の洗蜜と混合して煎糖し，二番糖白下を得る．この二番糖白下を分蜜すると二番糖，二番糖振蜜および二番糖洗蜜

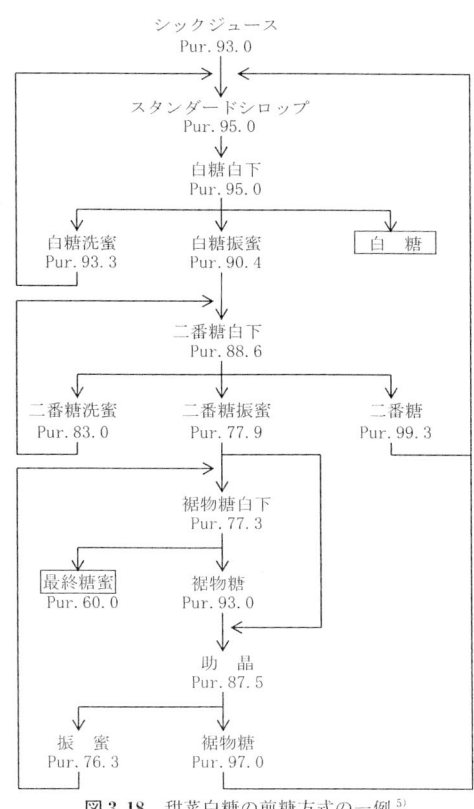

```
シックジュース
Pur. 93.0
   ↓
スタンダードシロップ
Pur. 95.0
   ↓
白糖白下
Pur. 95.0
   ↓
白糖洗蜜    白糖振蜜    白 糖
Pur. 93.3   Pur. 90.4
   ↓
二番糖白下
Pur. 88.6
   ↓
二番糖洗蜜  二番糖振蜜  二番糖
Pur. 83.0   Pur. 77.9   Pur. 99.3
   ↓
裾物糖白下
Pur. 77.3
   ↓
最終糖蜜    裾物糖
Pur. 60.0   Pur. 93.0
   ↓
助 晶
Pur. 87.5
   ↓
振 蜜      裾物糖
Pur. 76.3   Pur. 97.0
```

図3.18 甜菜白糖の煎糖方式の一例[5]

が得られるので，二番糖洗蜜は二番糖白下を得る工程に戻す．二番糖はスタンダードシロップの調製に用い，二番糖振蜜は，煎糖して裾物糖白下を得るのに利用する．裾物糖白下は分蜜すると裾物糖と最終糖蜜になるが，この裾物糖はさらに裾物糖白下と混合して，助晶機中で結晶成長を行った後，分蜜して裾物糖と振蜜を得る．この裾物糖はスタンダードシロップの材料となり，振蜜は二番糖振蜜と混合し，煎糖して裾物糖白下を得る．

7）分蜜工程

白下は，製品分蜜機に送られ，ショ糖結晶と振蜜に分離される．この振蜜は煎糖工程にもどす．分蜜操作は基本的に，3.1項の原料糖の分蜜工程と同じである．結晶表面に付着した蜜は，分離時に洗浄ノズルより散水することで取り除く．除かれた蜜（洗蜜）は，再度，煎糖工程に戻される．分蜜直後の砂糖には，水分が多く含まれているので，ウエットシュガーと呼ばれる．

8）乾燥・包装工程

ウエットシュガーはドライヤーで温風乾燥し，クーラーで冷却した後，篩に通し，塊と粉糖を除く．次いで，乾燥し，篩い分けした砂糖は，一定量ごとに包装して出荷する．

〔斎藤祥治〕

文　献

1) 山根嶽雄（1966）．甘蔗糖製造法，光琳．
2) 高田明和ほか監修（2003）．砂糖百科，糖業協会．
3) 宮里清松（1986）．サトウキビとその栽培，日本分蜜糖工業会．
4) Chen J. C. P. and Chou C. C.（1993）．*Cane sugar handbook 12th*, John Wiley & Sons.
5) 浜口栄次郎，桜井芳人（1964）．シュガーハンドブック，朝倉書店．
6) 日本分蜜糖工業会（1979）．製糖工場農務必携．
7) Hugot E.（1986）．*Handbook of cane sugar engineering 3rd*, Elsevier Publishing.
8) McGinnis R. A.（1951）．*Beet-Sugar technology*, Reinhold Publishing.
9) 石井龍一ほか（1999）．作物学各論，朝倉書店．
10) 増田昭芳（1997）．甜菜の紙筒移植栽培，北農会．
11) ドイツ製糖工業会編集, 北海道糖業訳（1988）．*Technologie des Zuckers*（製糖技術 上下），北海道糖業．
12) 精糖技術研究会編（1962）．製糖便覧 増補改訂版，朝倉書店．

3.3 精　製　糖

a. 精製糖とは [1]

精製糖（refined sugar）とは原料糖（raw sugar）を溶解した糖液を脱色清浄し，その清澄汁を再結晶して得た砂糖である．近年，国内外を問わず，甘蔗あるいは甜菜から高品位の砂糖が直接生産されている．それらの製品は耕地白糖（plantation white sugar）と称し，精製糖とは区別されている．すなわち，精製糖とは原料糖から再溶解および再結晶の二次的操作を経て作られた砂糖に限定されるので，精製糖工場で作られるグラニュ糖や上白糖はもちろんのこと，やや色のついた中双糖や三温糖なども精製糖の中の一製品と分類するのが妥当である．

b. 原　料

現在，わが国の精製糖工場で使用されている原料は，甘蔗原料糖と甜菜原料糖である．甘蔗原料糖はタイ，オーストラリア，南アフリカなどの国から輸入されているものと，沖縄県や鹿児島県で生産されているものがある．甜菜原料糖は北海道で生産されているものである．これらの原料糖は，精製糖の原料とすることを前提にして製造されているので，不純物や着色物質が多く含まれている．さらに，原料糖には，貯蔵や輸送中に異物の混入などがあるため，そのまま食用にすることには適さない[2]．

表3.4[3] に精製糖工場で使用されている原料糖の主な産地および品質の一例を示す．原料糖は糖度（polarization）の高いものが望ましい．しかし，輸入され

表3.4　精製糖工場で使用されている原料糖の主な産地および品質（2004年）

原産地名	使用量（トン）	糖度（Z°）	水分（%）	還元糖（%）	灰分（%）	色価(ICUMSA)	精糖率（%）	平均粒径（mm）	デンプン(mg/kg)
タイ	618,558	97.55	0.43	0.76	0.36	7,938	95.15	0.81	481
オーストラリア	423,974	97.79	0.57	0.52	0.47	3,941	95.03	1.09	88
南アフリカ	175,528	97.60	0.47	1.21	0.20	2,815	95.50	0.87	236
フィジー	37,074	97.63	0.46	0.86	0.37	3,500	95.12	—	116
フィリピン	12,809	97.37	0.46	0.82	0.30	9,146	95.22	0.72	246
沖縄県	65,712	97.68	0.68	0.35	0.74	3,391	94.01	0.69	160
鹿児島県	40,763	97.76	0.59	0.36	0.67	2,912	94.39	0.80	120

る原料糖の糖度は，わが国の関税定率法によって，乾燥状態で98.5度（試料当たりの状態で約98度）未満[4]と定められている．同表中の精糖率（rendement）は，原料糖からショ糖100%の製品が回収できる割合を示す尺度であり，次式で表される．

$$精糖率 = 原料糖糖度 - (還元糖分 + 4.5 灰分)$$ [5]

糖度が高く，還元糖分（reducing sugar）と灰分（ash）が少ないほど精糖率が高く，製品歩留りの向上につながる．

c. 精製糖の製造
1) 製造工程の概要

図3.19に精製糖製造工程の一例を示す．原料糖から製品ができるまでを清浄工程，結晶・分蜜工程，仕上工程，包装工程に分けることができる．清浄工程は原料糖結晶の表面の蜜膜に取り込まれている不純物を除去した後，溶解し，結晶内に含まれている不純物や色素などを取り除く工程である．結晶・分蜜工程は清浄工程で得られた清澄汁を煎糖した後，結晶と糖蜜（molasses）に分別する工程である．仕上げ工程は得られた結晶を乾燥，冷却し，適度な水分と温度に調整する工程である．最後に，包装工程は消費者の様々なニーズに沿った製品形態に計量・包装する工程である．

2) 清 浄 工 程 [6]

ⅰ) 洗糖操作　　原料糖中に包含される不純物の大部分は，原料糖の結晶表面を覆っている蜜膜（molasses film）中に含まれ，その主なものは，色素，灰分，転化糖（invert sugar），脂肪酸，アミノ酸，コロイド物質，微生物などである．洗糖操作は，これらの不純物を取り除く作業である．

初めに，ミングラー中で，原料糖に75～80 Bxの洗糖蜜（affination syrup）を混和し，均一なマグマとする．同時に，分離機の操作性を容易にするために，マグマの濃度を固形分94～96%程度に，温度を45～50℃に調整する．

次に，マグマを前節で記述したものと同様の構造をもつ洗糖分離機に送り，結晶と洗糖蜜に分離する．このとき，蜜膜中の不純物は洗糖蜜側に移行する．得られた砂糖結晶を洗糖（washed sugar）と称している．洗糖操作によって，原料

3.3 精製糖

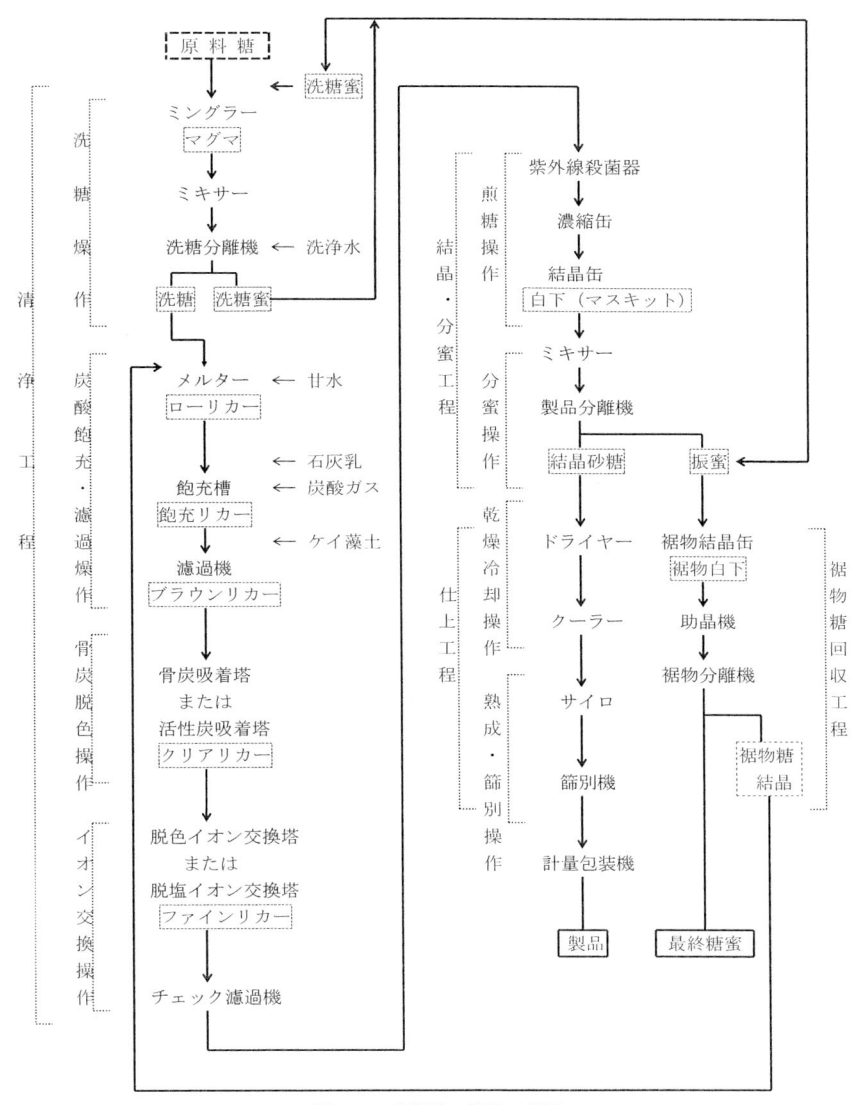

```
                    ┌─原料糖─┐
                    │       │←─洗糖蜜
                    ↓
                 ミングラー
                  マグマ
                    ↓
                  ミキサー
                    ↓
洗糖乾燥操作     洗糖分離機 ←─洗浄水
                ┌───┴───┐
                洗糖   洗糖蜜
                    ↓
                  メルター ←─甘水
                  ローリカー
                    ↓
清浄工程          飽充槽 ←─石灰乳
炭酸飽充・濾過操作       ←─炭酸ガス
                  飽充リカー
                    ↓
                  濾過機 ←─ケイ藻土
                  ブラウンリカー
                    ↓
骨炭脱色操作    骨炭吸着塔
                  または
                活性炭吸着塔
                  クリアリカー
                    ↓
イオン交換操作  脱色イオン交換塔
                  または
                脱塩イオン交換塔
                  ファインリカー
                    ↓
                チェック濾過機
                    ↓
煎糖操作         紫外線殺菌器
                    ↓
                  濃縮缶
                    ↓
結晶・分蜜工程    結晶缶
分蜜操作         白下（マスキット）
                    ↓
                  ミキサー
                    ↓
                製品分離機
                ┌───┴───┐
              結晶砂糖   振蜜
                ↓          ↓
乾燥冷却操作  ドライヤー  裾物結晶缶
                           裾物白下
仕上工程         ↓          ↓
                クーラー   助晶機
                ↓          ↓
熟成・篩別操作  サイロ    裾物分離機
                ↓       ┌──┴──┐
              篩別機           裾物糖
                ↓              結晶
              計量包装機
                ↓          ↓
              製品       最終糖蜜
```

図 3.19　精製糖の製造工程図

表3.5 精製糖製造工程における色価と灰分の推移 [14]

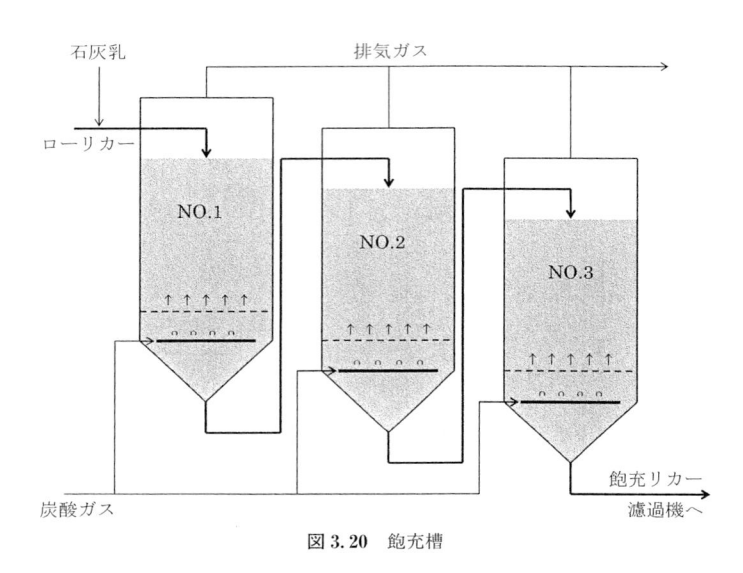

	原料糖	ローリカー	ブラウンリカー	クリアリカー	ファインリカー	グラニュ糖
色価(ICUMSA)	2,800〜9,000	2,000〜2,500	1,000〜1,100	40〜90	4〜30	1〜5
灰分(%)	0.20〜0.75	0.10〜0.20	0.05〜0.10	—	0.003〜0.085	0.000〜0.001

図 3.20 飽充槽

糖に存在している不純物の 60〜80% が除去される．また，洗糖の色価は，表 3.5 に示したように，原料糖のほぼ 60〜40% に降下する．

さらなる脱色清浄操作を行うため，洗糖は約 80℃ の温水または後続工程で得られる甘水（sweet water）で 65 Bx 前後の濃度に溶解される．この溶糖液をローリカー（raw liquor）と称している．

ii) 炭酸胞充，濾過操作[7]　炭酸飽充（carbonation）操作は図 3.20 に示す飽充槽で行われる．初めに，原料糖当たり 0.6〜1.0% の消石灰を石灰乳としてローリカーに添加した後，飽充槽に送り，炭酸ガスを下部より吹き込み反応させる．反応は次式で表すことができる．

$$Ca(OH)_2 + CO_2 \rightarrow CaCO_3 + H_2O$$

生成される不溶性の炭酸カルシウムは糖液中のコロイド状物質，ガム質，その他有機性，無機性の不純物を取り込み共沈する．

飽充操作は，使用している原料糖の産地や色価などによって必ずしも一定ではないが，操作の一例を示すと，NO.1槽はpH 9.5，糖液温度70℃，NO.2槽はpH 7.9，糖液温度80℃，NO.3槽はNO.2槽と同様の設定にする．ガス飽充はあまり急速に行わない方がよい．これは微細な炭酸カルシウムの沈殿が生じやすく濾過を困難にするからである．飽充の最適所要時間は約1時間とされている．炭酸飽充された糖液を炭酸リカー（carbonation liquor）と称している．

　次に，炭酸リカーをロータリーフィルターなどの加圧濾過機に通し，不純物を包含している炭酸カルシウムを除去する．通常，濾過助剤としてケイ藻土を用いる．本操作で得られる清澄な濾過液（filtrated liquor）をブラウンリカー（brown liquor）と称している．

　炭酸法による問題点は，高温，高pHによって引き起こされる転化糖への分解によるショ糖の損失である．しかし，後続工程の清浄負担を軽減し，かつ，高品質の精製糖を得る目的で，ほとんどの工場は炭酸法を採用している．

　iii） 骨炭（活性炭）脱色操作　わが国の精製糖工場は，ブラウンリカーの脱色法として，骨炭脱色操作または活性炭脱色操作のいずれかを採用している．本操作で得られる糖液をクリアリカー[8]（clear liquor）と称している．

　骨炭は牛馬の骨を温度，約800℃で焼成して得られる吸着剤である．内部の構造はスポンジ状の多孔質であり，1g当たり100〜120 m^2 という非常に大きな表面積[9]を有している．主成分はリン酸石灰で，表面は炭素で覆われている．また，成分の末端に弱いイオン交換基をもっており，カルシウムイオン，マグネシウムイオンなどの無機イオンの一部を吸着除去することができる，いわゆる脱灰能力を有している．しかし，骨炭脱色設備は建設費用が高く，大きな設置面積が必要とされること，また，約20％の脱灰率，95％の脱色率[10]を維持しようとすれば，運転管理には高度な技術力が必要とされることなどの問題がある．

　一方，活性炭は粉末状のものと粒状のものがある．粉末状の活性炭は建設費用が安い上，原料糖の品質に応じて，活性炭の添加量を簡単に変えられる利点がある．しかし，粉末活性炭[11]は解袋，投入に関わるハンドリングに問題がある上に，使い捨てであるため，後続工程の濾過機で除去されるケーキは産業廃棄物として処理する必要がある．また，粒状活性炭[12]は骨炭設備に比べ，建設費用が安く

て済む上,骨炭や粉末活性炭に比べ取扱いが簡便で,完全自動化に向いている.粒状活性炭の色素吸着能力は,単位重量当たり骨炭の2倍強を示す.しかし粒状活性炭には脱灰能力はない.また,通常のパルスベッド方式で操作されている粒状活性炭は後続工程との兼ね合いで,通常,約80％で設計されているが,脱色率は骨炭処理とほとんど差がないともいわれている.

　iv）脱色用イオン交換操作（脱塩用イオン交換操作）　骨炭または粒状活性炭脱色工程で得られたクリアリカーは,図3.21と図3.22[13]に示す脱色用イオン交換操作または脱塩用イオン交換操作などでさらに清浄された糖液となる.この糖液をファインリカー（fine liquor）と称している.

　原料糖溶液の色素は,大部分がアニオンとして溶存しているので,ふつう,脱色用イオン交換基には,色素の脱着が容易な多孔性の強塩基性陰イオン交換樹脂が使用されている.また,3塔からなる脱色塔は,それぞれ,通液または再生待機の状態を順番に繰り返し,常時,2塔通液することによって,ファインリカーの品質を一定に保つように操作される.

　後者は完全脱塩方式とも呼ばれているものである.この方式はクリアリカーの全量を脱塩精製するために,本装置で得られるファインリカーで煎糖したグラニュ糖の灰分は,脱色用イオン交換操作のそれが0.001％であるのに対して,0.000％であり,精製度が格段に向上する.反面,非常に大型のイオン交換装置が必要で,その建設費用が高い上,再生廃液が膨大になる.そのために,排水処理費用がかさみ,コストアップ要因となる.

　表3.5に精製糖製造工程における色価と灰分の推移を示す.原料糖の色価（2,800～9,000）は各工程を経るごとに漸次脱色され,ファインリカーでは4～30に低下する.同様に,灰分は原料糖の0.2～0.75％が0.003～0.085％に低下する.なお,グラニュ糖の色価および灰分がファインリカーより一段と低下しているのは,再結晶化の際,不純物がショ糖の結晶外,すなわち母液側に除かれるためである.

3）結晶・分蜜工程

　i）煎糖操作　無色透明になった62～66 Bxのファインリカーをチェック濾過機（通常セラミックフィルター）に通し,約1 μmの縣濁物質や一部の微

3.3 精製糖

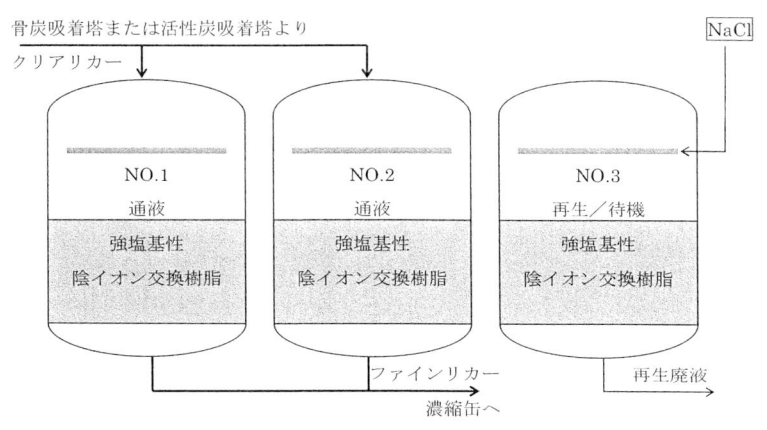

図 3.21 脱色イオン交換樹脂塔

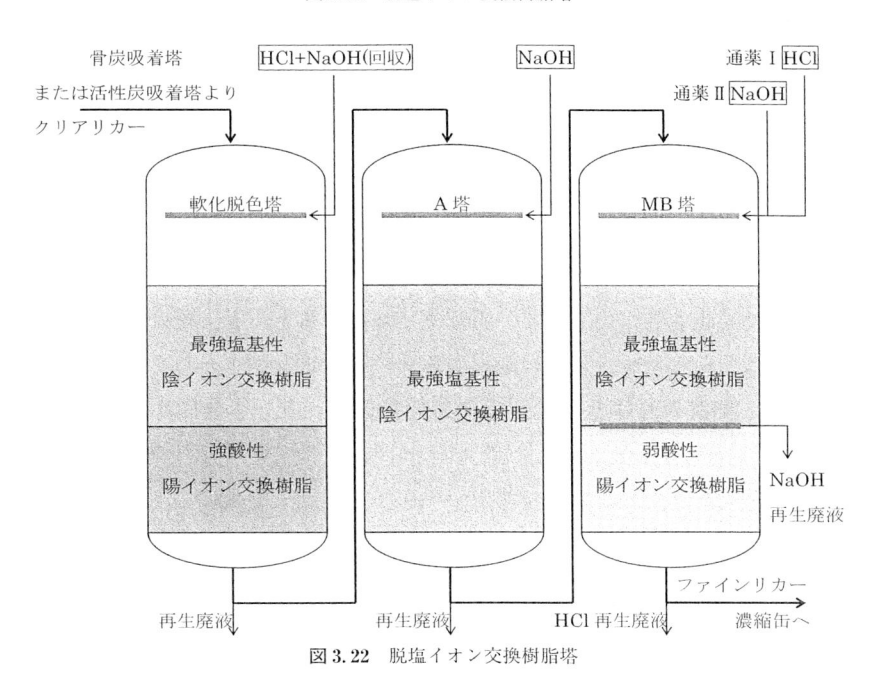

図 3.22 脱塩イオン交換樹脂塔

生物を除去する．さらに，紫外線殺菌器で殺菌処理した後，ファインリカーは多重効用缶で約 70〜71 Bx に濃度調整後，結晶缶に供せられる．

煎糖は糖液を結晶化する操作である．以下，グラニュ糖を例にした煎糖につい

図 3.23 結晶缶および関連設備

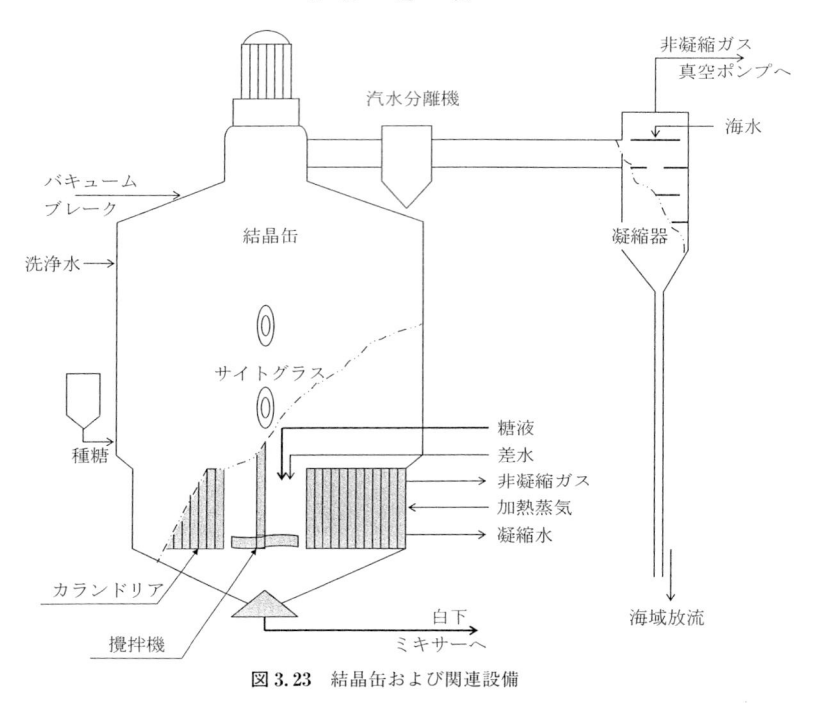

て述べる．図 3.23 に結晶缶および関連設備を示す．ファインリカーは水よりはるかに高い沸点を有しているので，沸点まで加熱すると，ショ糖は分解し結晶化が困難になる．そのため，煎糖は凝縮器および真空ポンプを介して結晶缶内を減圧状態にし，糖液の温度を 70℃ 以下に保ち操作を行う．煎糖操作は大きく 3 段階[15]に分けることができる．

第一段階は濃縮及び起晶操作である．ファインリカーを濃縮し，その過飽和度（degree of supersaturation）が 1.3 以上の領域になると急激に結晶核が発生する．しかし，この方法で結晶核を成長させても均一な結晶製品は得られにくい．そのため，ファインリカーを過飽和度 1.0 ～ 1.2 の領域まで濃縮した時点で，あらかじめグラニュ糖を微粉にした種糖（seed）を結晶核として，結晶缶内に吸い込ませる起晶法をとっている．

第二段階は，新たな結晶核の自然発生が少なく，かつ，既存の結晶の結晶成長のみが支配的である過飽和度[16] 1.0 ～ 1.2 の領域を保ちながら，適宜ファイン

リカーを補給しつつ結晶を成長させる育晶操作である．実際の煎糖操作では，過飽和度の上昇によって新たな結晶核，いわゆる偽晶（false grain）が発生するため，これを消すために，差水や缶内温度を上げるなどの処置を取る．

第三段階は，結晶缶が所定の操作量，結晶が所定の大きさに達した時点で，白下を 93～95 Bx に固める．この操作を煎締と呼ぶ．最後に，結晶缶を大気圧にした後，煎き終わった白下をミキサーに送る．

　ⅱ）　**煎糖方式と液糖の製造**　　わが国においては，精製糖製品の種類やその品質は各社様々で，統一された規格はない．そのため，各工場はそれぞれ独自の煎糖方法を採用している．煎糖方法には，ストレート煎糖法とミックス煎糖法がある．図 3.24[17)] にストレート煎糖法と液糖製造法の一例を示す．

図 3.24 のように，ファインリカーの煎糖から白双糖，グラニュ糖，上白糖などの一番糖と一番蜜が得られる．次に一番蜜煎糖から上白糖，並グラニュ糖と二番蜜が得られる．同じような操作を何度も繰り返すことによって様々なグレードの製品を製造する．また，それ以上煎糖を繰り返しショ糖を回収しても，経済的な採算が取れない糖蜜のことを最終糖蜜と称している．この糖蜜には，30％程度のショ糖分が含まれている．また，ショ糖型液糖の種類は各社様々であるが，大別すると，グラニュ糖を溶解する再溶解型液糖とファインリカーを原料とする脱塩型液糖がある．

　ⅲ）　**分蜜操作**　　分蜜操作は，洗糖分離機と同様の構造をもつ製品分離機で，白下を砂糖結晶と糖蜜に分離する作業である．分蜜後，砂糖結晶は分離機バスケット内で洗浄され，乾燥，冷却工程へ搬送される．一方，糖蜜はさらに数回煎糖操作が行われた後に最終糖蜜となる．分蜜後のグラニュ糖の水分は 0.9～1.1％であり，結晶粒径の小さい上白糖のそれは 2.0～2.5％である．品温はともに 55℃前後である．また，上白糖や三温糖は，しっとり感をもたせる目的で，砂糖重量当たり 1.5％程度のビスコ（visco）が結晶表面に散布される．

4）　**仕上げ工程**

　ⅰ）　**乾燥，冷却操作**[18)]　　グラニュ糖は，ドライヤーとクーラーを通すことによって，分蜜時の水分 0.9～1.1％が 0.02％前後に，また，製品温度 55℃が 35℃前後に調整される．上白糖は，分蜜時の水分 2.0～2.5％が 0.7～

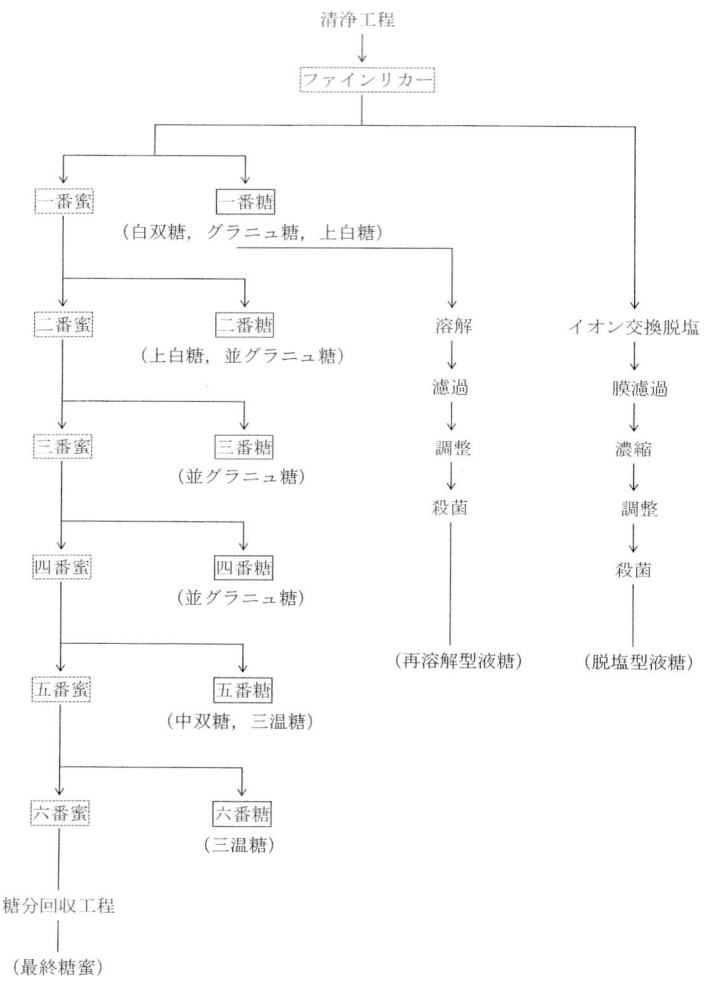

```
                        清浄工程
                           ↓
                      ┌─────────┐
                      │ファインリカー│
                      └─────────┘
         ┌─────────────┼──────────────┬──────────────┐
         ↓             ↓              ↓              ↓
      ┌────┐        ┌────┐          溶解         イオン交換脱塩
      │一番蜜│        │一番糖│           ↓              ↓
      └────┘        └────┘          濾過           膜濾過
              (白双糖, グラニュ糖, 上白糖)  ↓              ↓
         ↓             ↓              調整           濃縮
      ┌────┐        ┌────┐           ↓              ↓
      │二番蜜│        │二番糖│          殺菌           調整
      └────┘        └────┘                            ↓
              (上白糖, 並グラニュ糖)                     殺菌
         ↓             ↓
      ┌────┐        ┌────┐        (再溶解型液糖)    (脱塩型液糖)
      │三番蜜│        │三番糖│
      └────┘        └────┘
                 (並グラニュ糖)
         ↓             ↓
      ┌────┐        ┌────┐
      │四番蜜│        │四番糖│
      └────┘        └────┘
                 (並グラニュ糖)
         ↓             ↓
      ┌────┐        ┌────┐
      │五番蜜│        │五番糖│
      └────┘        └────┘
                 (中双糖, 三温糖)
         ↓             ↓
      ┌────┐        ┌────┐
      │六番蜜│        │六番糖│
      └────┘        └────┘
                    (三温糖)
         ↓
      糖分回収工程
         │
      (最終糖蜜)
```

図 3.24 煎糖法と液糖製造法の例

0.8%前後に,また,製品温度 55℃ が 25℃ 前後に調整される.

一般的に使用されているドライヤーは,横型円筒回転型(rotary dryer)である.クーラーは横型円筒回転型(rotary cooler)や流動層型(fluid-bed cooler)である.また,ほとんどの工場は除菌処理した空気をそれぞれ所定の温度と湿度に調整してドライヤーとクーラーに使用している.

ii) **熟成，篩別操作**[19]　熟成操作はグラニュ糖の製造に適用される．乾燥，冷却後のグラニュ糖の水分は約0.02％である．10分間程度の乾燥，冷却時間では所定の水分まで下がらない上，結晶の表面と中心では必ずしも均一な水分ではない．そのため，サイロに貯蔵しているグラニュ糖に，約48時間，品温プラス2℃に調整した除菌空気を吹き込む（aeration）ことによって所定の水分0.012～0.018％に調整する．これは砂糖結晶の固化を防止するためであり，この操作を熟成（aging）と称している．その後，グラニュ糖は，篩機によって所定の結晶粒径に整えられ，包装工程で製品形態に仕上げられる．　　　　　　〔近藤征男〕

文　　献

1) 浜口栄次郎，桜井芳人監修（1964）．シュガーハンドブック，p.132．朝倉書店．
2) オルガノ株式会社（IER部）（1997）．イオン交換樹脂その技術と応用，p.354．
3) 精糖工業会技術研究所（2005）．2004年原料糖の品質調査報告書．
4) 高田明和ほか監修（2003）．砂糖百科，p.240，糖業協会．
5) 前掲書1），p.216．
6) 前掲書1），pp.138-140．
7) 吉積智司，伊藤　汎（1986）．甘味の系譜とその科学，pp.129-131，光琳．
8) 前掲書2），p.355．
9) 前掲書1），pp.171-172．
10) オルガノ株式会社（機能材事業部）（1989）．甘蔗糖精製システム，pp.4-12．
11) 前掲書2），pp.358-371．
12) 前掲書10），pp.4-12．
13) 前掲書2），p.370．
14) 精糖工業会技術研究所（2005）．2004年原料糖の品質調査報告書；太平洋精糖株式会社．品質調査報告書（1999～2004年）．
15) 三日会・輪講会（1977）．砂糖技術の原理，p.246．(Honig P. (1959). *Principles of sugar technology* vol. 2, Elsevier Science Publishing.)
16) 化学工学協会編（1958）．化学工学便覧，p.362，丸善．
17) 前掲書4）p.253．
18) 太平洋精糖株式会社．作業日報（1999～2004年）．
19) 前掲書18）．

4. 砂糖の種類

4.1 原料作物からくる砂糖の名称 [1~5,8]

ショ糖を食品としての砂糖として取り出せる植物は，世界の各地で栽培されている甘蔗（サトウキビ）や甜菜（サトウダイコン/ビート）以外にも，カエデ，ヤシ，ソルガムなどがある[1]．

サトウカエデの樹液から作られる砂糖は，固形糖のものがカエデ糖，液状のものがメープルシロップで，スイートソルガム由来の液状の砂糖は，ソルガム糖あるいはロゾク糖[2]と呼ばれている．一方，ヤシ類の砂糖であるヤシ糖（Palm Sugar）[3]は，生産地により異なる名称がある．たとえば，インドのサトウナツメヤシからの砂糖は，Plam Gur, Plam Jaggery, Tad Gur, インドネシアのココヤシの砂糖は Gula Kelapa, オウギヤシのそれは Gula Siwalan あるいは Htan-Nyet, サトウヤシは Gula Aren と呼び，フィリピンではヤシ糖を Pulot と呼んでいる．ヤシ糖は名称が違っても製造方法にはあまり差はない．

4.2 製造法に由来する砂糖の名称と種類 [8]

甘蔗や甜菜からの砂糖は，製造法やその特徴により名称が付けられている．図4.1に示すように，砂糖を製造法により分けると，分蜜糖と含蜜糖になる．

含蜜糖は甘蔗を搾汁後，ショ糖を含む搾汁液から簡単な方法で不要な共存物質（バガスなど）を除き，そのまま濃縮した後，冷却しながら攪拌・晶出して製造した砂糖である．また，含蜜糖の中には，甘蔗以外の原料作物から製造する砂糖もある．

一方，分蜜糖[6~9]は，搾汁を清浄し，濃縮して煎糖後，得られたショ糖結晶の混合液（白下）を遠心力で分け，結晶として取り出した砂糖である．甜菜の場合には，分蜜糖に属する耕地白糖の甜菜糖であり，含蜜糖に相当する砂糖は作ら

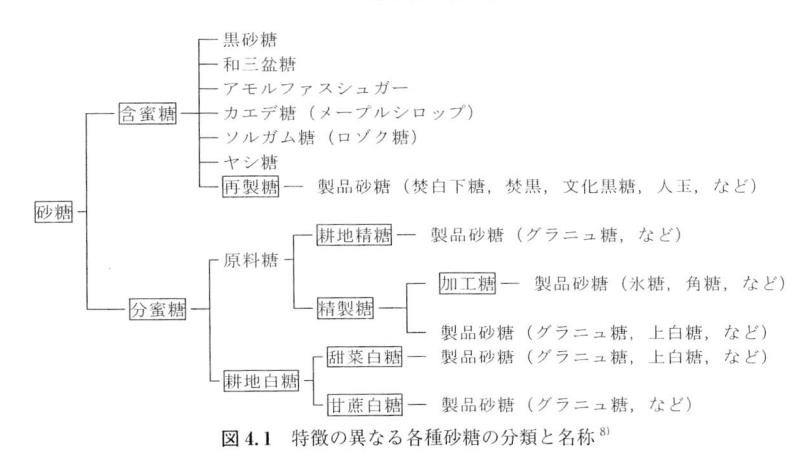

```
                ┌─ 黒砂糖
                ├─ 和三盆糖
                ├─ アモルファスシュガー
        ┌─含蜜糖─┼─ カエデ糖（メープルシロップ）
        │       ├─ ソルガム糖（ロゾク糖）
        │       ├─ ヤシ糖
        │       └─ 再製糖 ─── 製品砂糖（焚白下糖，焚黒，文化黒糖，人玉，など）
  砂糖 ─┤
        │                ┌─ 耕地精糖 ─── 製品砂糖（グラニュ糖，など）
        │       ┌─原料糖─┤
        │       │        │           ┌─ 加工糖 ─── 製品砂糖（氷糖，角糖，など）
        └─分蜜糖─┤        └─ 精製糖 ─┤
                │                    └─ 製品砂糖（グラニュ糖，上白糖，など）
                │        ┌─ 甜菜白糖 ─── 製品砂糖（グラニュ糖，上白糖，など）
                └─耕地白糖┤
                         └─ 甘蔗白糖 ─── 製品砂糖（グラニュ糖，など）
```

図 4.1 特徴の異なる各種砂糖の分類と名称[8]

れていない．

4.3 分蜜糖と含蜜糖 [8, 10, 11]

a. 含蜜糖の種類

含蜜糖には，図 4.1 に示したように，代表的な製品として，甘蔗を原料に沖縄や鹿児島県群島部で作られている黒砂糖，同様にブラジルで生産されている高品質なアモルファスシュガー，徳島県や香川県で作られる高品質な和三盆糖などがある．また，甘蔗以外の原料から作られる含蜜糖には，カエデ，ヤシ，ソルガムなどの採取液から作られたソルガム糖，ヤシ糖，カエデ糖などがある．

含蜜糖の主な製品と共存成分の分析値の一例を表 4.1 に示した．甘蔗由来の和三盆糖や黒砂糖は，ショ糖含量が高いわりには，他の含蜜糖に比較して，還元糖や灰分の含量が少ない．他方，ヤシ糖は逆に還元糖や灰分の含量が比較的多く，ショ糖含量が低い．また，サトウカエデ由来のカエデ糖はショ糖や還元糖の含量が高く，灰分が少ない傾向にある．

b. 分蜜糖の種類

1) 原料糖

原料糖とは，粗糖とも呼ばれ，図 4.1 に示したように，精製糖の原料として甘

表4.1 含蜜糖中の共存成分（一例）[1,3,10,11]

種類	原料	ショ糖分 (%)	還元糖 (%)	水分 (%)	灰分 (%)
黒砂糖	甘蔗	(pol) 85～77	3.0～6.3	5.0～7.9	1.4～1.7
和三盆糖	甘蔗	96～93	0.8～2.2	0.4～4.0	0.4～1.3
ナツメ	ヤシ	75	8.0	8.4	2.8
パルミラ	ヤシ	57.7	16.6	4.5	2.2
サトウナツメ	ヤシ	75	8.0	8.4	2.8
シロップ	ソルガム	40	28.4	25.4	2.8
白下糖	ソルガム	53	14	23	5
カエデ（固形）	カエデ	86.5	8.8	1.1	—
カエデ（シロップ）	カエデ	62.2	1.4	34.3	0.6

蔗の栽培地で製造される分蜜糖である．原料糖に関しては，第3章で細述したが，表4.2に示したように，色価が高く，砂糖（ショ糖）以外の成分も多く，そのままでは衛生的にも食品として適さないものである．

2) 耕地白糖

耕地白糖とは，甘蔗や甜菜の栽培地の製糖工場で甘蔗や甜菜から原料糖を製造せずに，直接最終製品として製造された白糖である．耕地白糖には，図4.1のように，甜菜から製造される甜菜白糖と甘蔗から製造される白糖とがある．甜菜白糖の製造に関しては，3.2項で細述した．

甘蔗からの耕地白糖の製造法には，表4.2に示したように炭酸法，亜硫酸法，リン酸法とがあるが，以前多くの国で行われていた亜硫酸法による耕地白糖の製造は，現在では少なくなってきている．

耕地白糖の品質については，同様に表4.2に示したが，亜硫酸法による耕地白糖には，亜硫酸の残存が見られる．

3) 耕地精糖

耕地精糖とは，原料糖工場に精製糖設備を付設して，その精製糖設備により作られた精製糖のことである．

アジアの甘蔗栽培国では，以前は亜硫酸法による耕地白糖の製造が盛んであったが，品質が精製糖に比較して落ちること，有害な亜硫酸が製品中に残存することなどの理由により，次第に衰え，耕地精糖の製造に切り替わってきている．

耕地精糖の製造工程は，糖分回収工程をもっておらず，清浄方式としては炭酸

表4.2 分蜜糖中の共存成分（一例）

種類	製造法	糖度 (Z°)	還元糖 (%)	水分 (%)	灰分 (%)	色価 (ICUMSA)	亜硫酸 (ppm)	備考
耕地白糖	亜硫酸法	99.6	0.061	0.01	0.04	43.9	64	台湾
	亜硫酸法	99.70	0.101	0.04	0.06	338.6	9.3	タイ
	炭酸法	99.91	0.014	0.02	0.01	109	—	タイ
	リン酸法	99.89	0.039	0.02	0.01	109	—	タイ
原料糖	石灰法	97.56	1.23	0.44	0.18	2716	—	ナタール
	石灰法	97.66	0.56	0.60	0.46	4286	—	オーストラリア
	石灰法	97.65	0.68	0.42	0.37	7333	—	タイ
	石灰法	97.79	0.36	0.60	0.69	3094	—	沖縄
	石灰法	97.73	0.41	0.58	0.72	3173	—	鹿児島
耕地精糖	石灰法	99.1	0.015	0.02	0.01	33	—	タイ
	石灰法	99.72	0.127	0.03	0.02	70.3	—	台湾

注）備考欄の国名は砂糖の原産地を示し，ナタールは南アフリカ連邦の一州を示す．

法やリン酸法で，脱色法としては粉末活性炭や粒状活性炭を利用する方式，あるいはイオン交換樹脂による方式で行われている．また，さらにより良い品質の製品を得るために，オーストラリアなどでは，リン酸清浄工程の後，2段の粒状活性炭による脱色工程を組み合わせ，精製糖と同等の品質をもつ耕地精糖を製造している工場もある．

耕地精糖は，表4.2に示したように，糖度が高く，還元糖あるいは灰分の含量が低い．現在のところ，色価は精製糖より劣っているが，品質は耕地白糖よりも優れている．精糖工程は原料糖工場に併設しているため燃料費などのコストが低く抑えられるという点で，単独の精製糖工場より有利である．

4) **精 製 糖**

精製糖については4.4項で後述する．

5) **甜 菜 糖**

甜菜白糖は，図4.1に示したように，耕地白糖に属し，原料の甜菜から原料糖を経ずに直接白糖を製造する．甜菜白糖にはグラニュ糖と上白糖があり，前述した精製糖と特徴および用途はほとんど変わらないが，異なる点としては，微量のラフィノースが含まれていることである．

表4.3に，甜菜白糖のグラニュ糖と上白糖，ならびに国内の精製糖工場向けに製造されている甜菜原料糖の分析値の一例を示す．

表 4.3 各種甜菜糖中の共存成分 (一例)

種 類	糖 度 (Z°)	還元糖 (%)	水 分 (%)	灰 分 (%)	色 価 (ICUMSA)	結晶粒径 (mm)
グラニュ糖	99.90	0.01	0.02	0.00	3.4	0.5
上 白 糖	97.70	1.47	0.92	0.01	6.7	0.19
甜菜原料糖	99.98	0.00	0.03	0.02	39.9	―

表 4.4 各種精製糖の組成の分析値 (一例)

種 類	糖 度 (Z°)	還元糖 (%)	水 分 (%)	灰 分 (%)	色 価 (ICUMSA)	結晶粒径 平均 (mm)	CV
白 双 糖	99.97	0.01	0.01	0.00	5.4	1.704	0.20
グラニュ糖	99.97	0.01	0.01	0.00	8.9	0.430	0.28
中 双 糖	99.80	0.05	0.03	0.02	627.3	2.210	0.17
上 白 糖	97.69	1.20	0.68	0.01	7.3	―	―
三 温 糖	96.43	1.66	1.09	0.15	634.0	―	―
ショ糖型液糖	67.65	0.39	29.99	0.01	7.2	―	―
転化型液糖	(33.81)	(39.14)	20.69	0.03	9.3	―	―
氷 砂 糖	99.95	0.01	0.05	0.00	9.3	―	―
粉 砂 糖	98.38	0.00	0.21	0.00	―	―	―
角 砂 糖	99.96	0.02	0.03	0.00	―	―	―
顆粒状糖	99.80	0.01	0.02	0.02	―	―	―

注) 転化型液糖の糖度の値はショ糖としての分析値. 還元糖はグルコースとフラクトースの合計値

4.4 精製糖の種類

精製糖を大別すると，ハードシュガー，ソフトシュガー，加工糖がある．以下，各種の砂糖について詳述する．なお，共存成分の分析値の一例を表 4.4 に，特徴および用途を表 4.5 に示す．

a. ハードシュガー

双目糖とも呼ばれるハードシュガーは，サラサラとした結晶で，グラニュ糖が代表的なものである．

1) 白 双 糖

上双糖（図 4.2）とも呼ばれ，大きさが 1.0～3.0 mm の無色の結晶で，光沢があり，比較的溶けにくい．甘味の質は上品な甘さである．用途としては，リキュール，高級な菓子類，ゼリーの製造に用いられている．

白双糖は品質的にはグラニュ糖と同じか，それ以上で，表 4.4 に示したように，

4.4 精製糖の種類

表 4.5 各種精製糖の特徴と用途 [12]

種類	特徴	用途
白双糖	粒径が1.0〜3.0 mmの無色の大粒の結晶で，光沢あり．純度が高く，無臭．比較的溶けにくい．甘味は淡泊で，上品な甘さをもつ．	リキュール，高級菓子類，ゼリー
中双糖	粒径が2.0〜3.0 mmの大粒で，表面にカラメル色素により着色した黄褐色の結晶．比較的純度が高く，無臭．	煮物，漬物
グラニュ糖	粒径が0.2〜0.7 mmのサラサラした白色の結晶．純度が高く，無臭．比較的溶けにくい．甘味は淡泊で，上品な甘さをもつ．	一般家庭用（コーヒー，紅茶，菓子，料理など），加工食品用（飲料類，リキュール，菓子類）
上白糖	粒径0.1〜0.2 mmの細かい，表面に転化糖液を振りかけてしっとりとした感触をもたせた結晶．加熱すると褐変しやすい．	一般家庭用（菓子，料理など），パン，カステラ，ジャム，菓子類
三温糖	粒径0.1〜0.2 mmの細かい，しっとりとした感触のある黄褐色の結晶．転化糖を上白糖より多く含む．濃厚で独時の風味をもつ．	煮物，漬物
液糖	ハンドリングが容易であるが，微生物汚染を受けやすい．輸送コストが増す．ほとんどが加工食品向け．純度の高い無色の透明な上物液糖と，着色した低品質の裾物液糖がある．	（上物液糖）各種飲料（裾物液糖）ソース，焼き肉のたれなど
角砂糖	グラニュ糖を加工して製造した結晶同士が蜜で緩く結びついたポーラスのブロック状の砂糖．	一般家庭用（コーヒー，紅茶）

還元糖や灰分がほぼ0%に近く，色価は肉眼で凝視しても着色しているのが観察できないほどである．

2) 中双糖

黄双（図4.3）とも呼ばれ，結晶の大きさは白双糖とほとんど同じであるが，黄褐色を帯びた砂糖である．結晶は2.0〜3.0 mmの大きさで，比較的純度は高いが，結晶の表面がカラメル色素により，黄褐色を帯びている．用途としては，漬物や煮物に使われている．

図4.2 白双糖

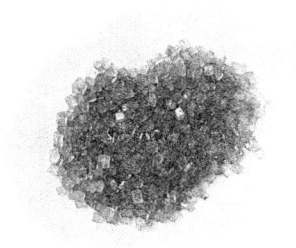

図4.3 中双糖

図 4.4 グラニュ糖 　　　　　　　　　　　図 4.5 上白糖

中双糖は，品質的にはグラニュ糖や白双糖に比較して劣る（表 4.5）．中双糖は，白双糖やグラニュ糖に比べ，糖度は 99.8 と低く，還元糖，灰分は高く，無機成分も白双糖やグラニュ糖に比べ多い傾向にある．

3) グラニュ糖

グラニュ糖（図 4.4）は光沢のある大きさが 0.2 ～ 0.7 mm 程度の白色の結晶で，表 4.4 のように高糖度，低還元糖，低灰分である砂糖である．グラニュ糖は加工食品への用途が多いので，納入先の要望に応じたグレードの製品が幅広く生産されている．用途としては，一般の家庭でコーヒーや菓子を作るのに用いられたり，加工用として飲料，缶詰，菓子の製造に用いられる．

品質的にグラニュ糖（表 4.4）は，還元糖や灰分がほぼ 0% に近く，糖度は白双糖とほぼ同じである．

b. ソフトシュガー

ソフトシュガーは，車糖とも呼ばれ，還元糖の含量が高く，結晶も細かく，しっとりとした手触りのある砂糖である．欧米でいう soft sugar に属するが，上白糖のような砂糖は，欧米ではあまりなじみがない．

1) 上 白 糖

一般に白砂糖（図 4.5）とも呼ばれ，日本独自の代表的な砂糖である．結晶の粒径が 0.1 ～ 0.2 mm と非常に細かく，結晶の表面はビスコと呼ばれる転化糖で覆われているため，手で触れると，しっとりとした感触がある．一般家庭では菓子の製作や料理に広く使われている．また，加工用として，パン，カステラ，菓

図 4.6　三温糖　　　　　　　　　　図 4.7　氷砂糖

子類，ジャムの製造にも使われている．
　上白糖の成分組成（表 4.4）は，前述したように還元糖が 1.20% と高い値となっており，一方，灰分や色価は白双糖やグラニュ糖とほぼ等しい値である．

2）三　温　糖

　三温糖（図 4.6）は，褐色を帯びたしっとりとした手触りのある 0.1 ～ 0.2 mm と非常に細かい結晶の砂糖である．共存物質が比較的多いため，味が濃厚で，風味があり，煮物や佃煮の製造に使われる．
　三温糖は上白糖と同様に，糖度が双目糖より低く，還元糖は高い（表 4.4）．

c. 液　　　糖

　液糖には，品質がグラニュ糖や上白糖なみの上物液糖と，三温糖やそれ以下の品質である裾物液糖がある．また，上物液糖には，グラニュ糖や上白糖を溶解，あるいは製糖工程で結晶缶に入れる前のファインリカーをさらに精製して製造したショ糖型と，グラニュ糖や上白糖の溶解液あるいはファインリカーを酸や酵素で加水分解して製造した転化型がある．

1）上 物 液 糖

　ショ糖型液糖は，固形分濃度が 67 Bx ほどで，その品質はグラニュ糖や上白糖とほとんど同じである．一方，転化型液糖は，輸送コスト削減の観点から，ショ糖を転化（加水分解）して，還元糖の濃度をショ糖の濃度とほぼ同程度とすることにより，固形分濃度を 76 Bx とショ糖型液糖に比べ高くしている．上物液糖は，加工食品向けとして，主に各種の飲料に広く使われている．

前述したようにショ糖型液糖は，還元糖が固形分換算で0.57%と上白糖より低く，糖度はグラニュ糖より低い値（表4.4）である．一方，転化型液糖は，ショ糖の一部が転化しているので，還元糖が固形分換算で53.6%，ショ糖が46.3%となっている．

2) 裾物液糖

三温糖や精製糖工程で副生される糖蜜などを原料として作られているため，品質は種々多様である．ユーザーの要求に応じて品質の異なる多くの製品が製造されており，ソースなどの原料として広く使われている．

d. 加 工 糖

加工糖は，精製糖や甜菜白糖などの双目糖を原料にして製造される特色のある砂糖で，氷砂糖，粉砂糖，角砂糖，顆粒状糖などがある．

1) 氷 砂 糖

氷砂糖（図4.7）には，クリスタル氷糖とロック氷糖があるが，いずれも果実酒の仕込みや直接食用に用いられている．結晶が大きく，純度はグラニュ糖なみである．大きな結晶のために，溶けるのに長時間かかり，この特性を利用して梅酒などの果実酒の製造に利用される．

2) 粉 砂 糖

洋菓子や糖衣錠の製造に用いられる粉砂糖の品質は，表4.4に示すように，水分が比較的高いが，固結防止剤が含まれているため，糖度もその分低めである．

3) 角 砂 糖

グラニュ糖などを原料とし，紅茶やコーヒーを嗜むときに用いられる角砂糖（図4.8）は，品質的にはグラニュ糖とほぼ同等である．

4) 顆 粒 糖

顆粒糖（図4.9）は，微細な結晶が多孔質を保つように固まったもので，固結しにくく，溶けやすい性質がある．このため，チューインガムやチョコレートのような菓子の製造やインスタント飲料の製造に用いられている．〔斎藤祥治〕

図 4.8　角砂糖　　　　　　　　　　図 4.9　顆粒糖

文　献

1) 山根嶽雄編 (1966). 甘味料, 光琳.
2) 高橋悌蔵 (1947). 砂糖及甘味料, 産業図書.
3) Honig P. (1966). *Principles of sugar technology*, Elsevier Science Publishing.
4) 星川清親 (1977). 料理・菓子の材料図説 3, 糖・油・粉, 柴田書店.
5) 平凡社 (1961). 世界大百科事典 2, 4, 12, 22.
6) Chen J. C. P. and Chou C. C. (1993). *Cane sugar handbook 12th*, John Wiley & Sons.
7) Encyclopaedia Britannica (1974).
8) 高田明和ほか監修 (2003). 砂糖百科, 糖業協会.
9) 山根嶽雄 (1966). 甘ショ糖製造法, 光琳.
10) 吉積智司ほか (1986). 甘味の系譜とその科学, 光琳.
11) 橋本　仁ほか監修 (1990). 甘味料の総覧, 精糖工業会.
12) 三木　健 (1994). 砂糖の種類と特性, 応用糖質科学, **41**(3), 343 – 360.

5. 砂糖の特性

5.1 糖の基礎[1〜6]

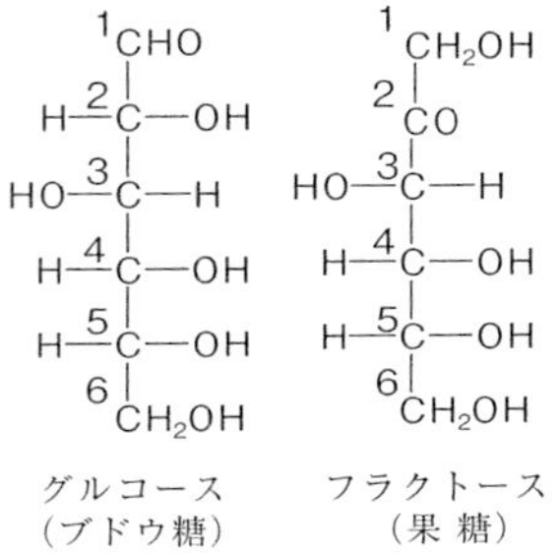

a. 糖の定義

糖は，糖質，糖類，炭水化物，含水炭素などと呼ばれているが，『岩波理化学辞典』では，分子式が $C_n(H_2O)_m$ あるいは $C_nH_{2n}O_m$ で表される有機化合物であると定義されている．通常，図5.1に示したグルコース（ブドウ糖）やフラクトース（果糖）のように，水酸基（−OH）が分子構造中の炭素にまんべんなく結合し，そのうちの1個が−OHの代わりに，カルボニル基（アルデヒド基（−CHO）やケトン基（>C=O））が結合した多価アルコールの一種である．

一方，糖質の中には，以上の定義と異なるものも存在している．たとえば，糖アルコール，アミノ糖，酸性糖（ウロン酸），イオウ糖なども糖質である．さらに，デオキシ糖，糖エステル，糖エーテルなども糖質に含まれる．

図5.1 糖質の基本的な構造

b. 糖の分類

1) 単糖類（モノサッカライド）

単糖とも呼ばれ，加水分解により，これ以上簡単な構造に分解できないものであり，一般式は $C_n(H_2O)_n$ で表される．特徴は，カルボニル基が遊離の状態で還元性を有していることである．

2) 少糖類（オリゴサッカライド）

単糖の2〜10個が脱水的に結合（グルコシド結合）したものである．単糖が2個結合した場合には二糖類（ジサッカライド），3個の場合には三糖類（トリサッ

カライド），4個の場合には四糖類（テトラサッカライド）と呼ばれる．2個の単糖がグリコシド結合した場合，結合に関与する官能基の種類により，二群に分けることができる．すなわち，①スクロース（ショ糖）のように，還元基の−OH同士がグリコシド結合したため，還元性が失われた少糖類，②マルトースやラクトースのように2個の単糖のグリコシド結合が一方の単糖の還元基と他方の単糖の還元基以外の−OHとの間で行われ，他方の単糖の還元基が遊離の型で残っている還元性のある少糖類である．また，少糖類には，単一の単糖同士がグリコシド結合したものと，異なる単糖がグリコシド結合したものがあり，前者の糖類をホモサッカライド，後者の糖類をヘテロサッカライドと区別する．たとえば，ホモサッカライドには，グルコースのみからなるマルトース，トレハロースなどの二糖類，同様にイソマルトースのような三糖類など，ヘテロサッカライドには，グルコースとフラクトースからなる二糖類のスクロース，2個のガラクトースと1個のグルコースからなる三糖類のメリビオースなどがある．

3) 多糖類（ポリサッカライド）

多数の単糖がグリコシド結合で連なった糖類である．多糖類は，構成する単糖とは著しく性質が異なり，多糖類の溶液はコロイド溶液となり，一般的に甘味がなく，還元性もなく，オサゾンも作らない．さらに少糖類と同様に，単一の単糖で構成されるホモ多糖類，異なった単糖で構成されるヘテロ多糖類がある．またホモ多糖類には，中性ホモ多糖類，酸性ホモ多糖類があり，一方，ヘテロ多糖類には，中性ムコ多糖類（ムコ多糖類とはヘキソサミンを含む多糖類をいう）と酸性ムコ多糖類がある．

c. 構造異性体と炭素数
1) 構造異性体

最小の単糖は図5.2のように分子式が同じで，−CHOをもつD（またはL）−グリセルアルデヒドと，>C=Oをもつジヒドロキシアセトンがある．それゆえ，両者は構造式が異なるため，構造異性の関係にあり，この両

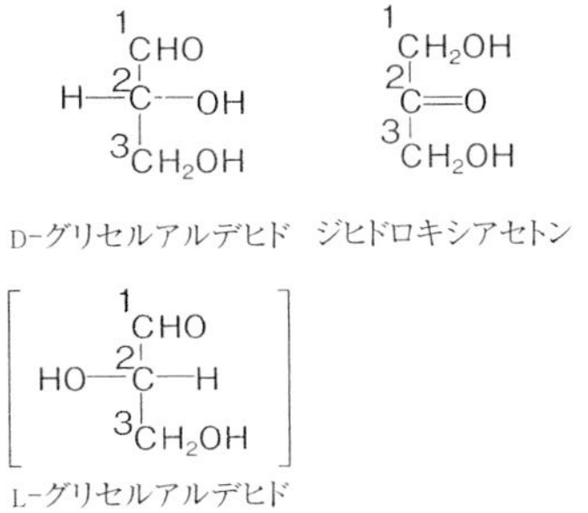

図5.2 最小の単糖の構造

者を構造異性体と呼ぶ．さらに－CHO をもつ構造異性体の単糖がアルドース，>C＝O をもつものがケトースとも呼ばれており，図5.1のグルコースはアルドースに属する糖であり，フラクトースはケトースに属する糖である．

2) 炭 素 数

単糖は，さらに炭素数により区別される．単糖の中で最も小さい分子は，炭素数3個の三炭糖（トリオース）で，図5.2のグリセルアルデヒドやジヒドロキシアセトンである．同様に炭素数が4個のものは四炭糖（テトロース），5個のものは五炭糖（ペントース），6個のものは六炭糖（ヘキソース）である．

さらに，アルドースで五炭糖はアルドペントース，アルドースで六炭糖はアルドヘキソース，一方，ケトースの場合には，六炭糖はケトヘキソース，五炭糖はケトペントースのように呼ぶ．

3) 番 号 付 け

単糖では，分子構造の中の炭素の位置を明らかにするため，炭素に番号を付ける．鎖状構造で糖を示した場合には，アルドースであれば－CHO の炭素を1位として下に順に番号を付け，最後の第一級アルコール（－CH_2OH）の炭素が最大の番号となるようにする．たとえば，ヘキソースであれば，図5.1のようにグルコースの最後の炭素は6位であり，図5.2のグリセルアルデヒドでは，最後の炭素は3位となる．ケトースの場合では，図5.1のフラクトースのように一番上の－CH_2OH の炭素が1位となり，一番下の－CH_2OH の炭素が6位となる．したがって，>C＝O の炭素は普通，2位となる．テトロースやペントースも同様にして番号が付けられることになる．

通常，番号付けされた炭素は，たとえば，1位の炭素は C_1，2位の炭素は C_2，5位の炭素は C_5 のように記す．

d. 立体異性と鏡像異性

1) 不 斉 炭 素

4価の原子価である炭素が共有結合するとき，図5.3のように正四面体（正三角錐）の

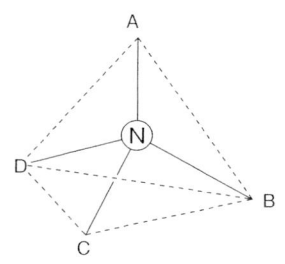

図 5.3 炭素原子の共有結合の部分
A, B, C, D：他の官能基が結合する場所

中央に炭素の原子核（N）があり，その頂点に同じ角度（109°28′）で結合手（A，B，C，D）がある．そして，その結合手に官能基が結合することになる．この結合手に異なった官能基，たとえばグリセルアルデヒドの C_2 の A に−CHO，C に−CH_2OH が結合していたとすると，−OH と水素は B あるいは D のどちらかと結合することになる．しかし，−OH と水素が B と D に結合したときと D と B が結合したときは，同じ構造式であるが，立体的には異なる化合物となる．グリセルアルデヒドの場合では，−OH の結合方向の違いにより，図5.2のように D −グリセルアルデヒドと L −グリセルアルデヒドの2つの立体異性体が存在する．4個の結合手に異なった官能基を結合した炭素，たとえばグリセルアルデヒドの2位の炭素は，不斉炭素と呼ばれる．

単糖の不斉炭素は，炭素数が増加すれば増加し，立体異性体もそれに伴い増加する．一般的にアルドースの場合，単糖の炭素数を N とすれば不斉炭素数は $N-2$ となり，立体異性体の数は不斉炭素数を n とすれば 2^n 個となる．たとえば，アルドースのヘキソースの場合，不斉炭素数は4個で，16個の立体異性体が存在することになる．ケトースの場合は，四炭糖（テトロース）以上に不斉炭素がある．したがって，一般的に不斉炭素数は $N-3$ となり，ヘキソースでは3個の不斉炭素があり，立体異性体の数は8個となる．

2) 立体異性体

図5.2の D −グリセルアルデヒドの C_2 や図5.4の D −グルコースの C_2，C_4，C_5 は−OH の結合方向が右にあり，一方，L −グリセルアルデヒドの C_2 や L −グルコースの C_2，C_4，C_5 は，−OH が左にある．これらの糖を鏡の中で見ると，右手を鏡の中で見たときに指の位置が左手と同じように見えるのと同様に，グリセルアルデヒドやグルコースの−OH の結合方向が同じ位置にあるような形で映る．このように−OH がお互いに逆になった鏡像をなすような化合物を鏡像異性体と呼ぶ．そして，鎖状の構造式では，−CH_2OH に結合する隣の炭素の−OH が右にある場合を D 型，左にある場合を L 型と呼んでいる（なお，D 型，L 型に関しては次項で解説する）．

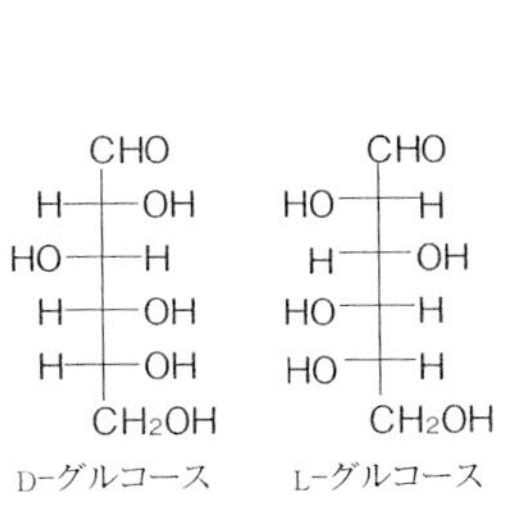

図5.4 グルコースの鏡像異性体

さらに，不斉炭素原子に結合した−OHの位置が1個だけ異なる単糖をエピマーという．アルドヘキソースを例に取ると，D−グルコースとD−マンノース，D−グルコースとD−ガラクトースがエピマーの関係にある．

e. 光学異性とD型L型

鏡像異性のような立体異性体は，現象面として光学異性と呼ばれる異性体として現れる．この光学異性とは，進行方向に直角に振動する偏光を物質に当てると，偏光面が左右に回転する性質を指し，偏光面に対して時計方向に回転する物質を右旋性化合物と呼び（＋）で示し，逆方向に回転する物質を左旋性化合物であるといい（−）で示す．さらに右旋性化合物をD型，左旋性化合物をL型と定義し，この現象を示す化合物を光学異性体と呼ぶ（なお，不斉炭素が存在しても，左右が対称であれば生じない）．

一方，糖は不斉炭素の存在により光学異性の現象を示す．前述したように，図5.2のグリセルアルデヒドの構造式では，右旋性のD型には2位の炭素に結合する−OHを右側に，左旋性のL型には左側に書く．このことから，右旋性のグリセルアルデヒドをD（＋）−グリセルアルデヒド，左旋性のグリセルアルデヒドをL（−）−グリセルアルデヒドと表示する．しかし，糖においてD型とL型との区別は旋光性に関係なく，−CH₂OHの隣の不斉炭素に結合した−OHが右側にあればD系列の糖，左側にあればL系列の糖であるとしている．それと同時に，テトロース，ペントース，ヘキソースなどの糖は，標準化合物のD−グリセルアルデヒドを基準にして，−CHOの隣に不斉炭素を順次附加するが，−CH₂OHの隣の不斉炭素は変わらないため，−OHの結合方向によりD型とL型を区別する．一方，ケトースの場合には，ジヒドロキシアセトンには光学異性体が存在しないので，D型とL型が存在するケトテトロースを標準にして，D系列とL系列に分ける．ケトースに属する糖は，構造式の中の＞C＝Oに隣接して不斉炭素を順次附加することでペントース，ヘキソースとなる．しかし，ケトースでは，−CH₂OHの隣の不斉炭素は変わらない．そのためD−グリセロテトロースを基準とする糖では，不斉炭素の数が増えて，その糖が左旋性を示してもD系列となり，逆に，L−グリセロテトロースを標準とするものは，不斉炭素の数が増えて，

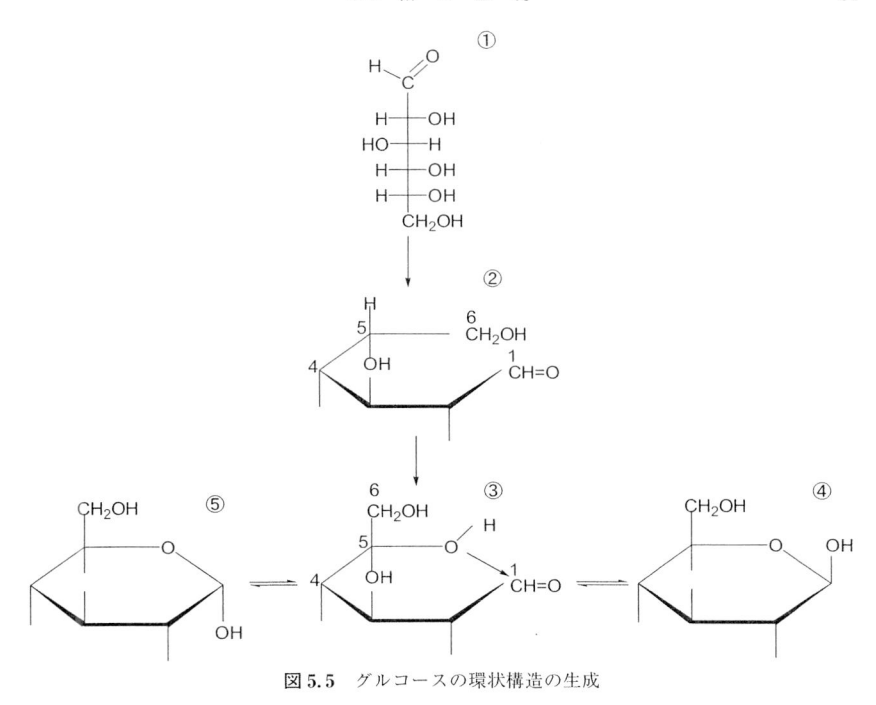

図 5.5 グルコースの環状構造の生成

その糖が右旋性を示しても L 系列となる.

たとえば,図 5.4 のように $-CH_2OH$ の隣の C_5 の $-OH$ が右に結合しているものは,D(+)-グリセルアルデヒドを基準としているため,D(+)-グルコース,左に結合したものは,L-(-)-グリセルアルデヒドを基準とし,さらに左旋性であるため L-(-)-グルコースと呼んでいる.ガラクトースでは,L-ガラクトースは左旋性,D-ガラクトースは右旋性であるので,それぞれ々 L-(-)ガラクトース,D(+)-ガラクトースと呼ぶ.ケトースのフラクトースの場合は,D-グリセロテトロースを標準としているので,左旋性であっても D-フラクトースとなり,左旋性を示すために D(-)-フラクトースと表記する.

f. 糖の構造式

1) 鎖状構造と環状構造

糖は，鎖状構造だけでは，その化学的あるいは物理的な特性を説明するのが難しい．そこで，糖が環状構造を取っているとも考えられ，多くの環状構造が提案されてきた．その中で，現在，最もよく用いられているのは，Fischer式，Haworth式，あるいは立体配座などである．

単糖は通常，鎖状構造で存在する場合は非常に少なく，水溶液中では大部分は環状構造を取っていると考えられている．糖の環状構造の形成は，グルコースを例に取ると，図5.5③のようにC_1にC_5の－OHの酸素が結合し，C_1の－CHOに遊離したC_5の－OHの水素が結合して＞CH－OHとなり，④あるいは⑤のようにセミアセタール結合（＞HC－O－CH＜）し，6員環を形成する．一方，フラクトースの場合には，C_2に5位の－OHが結合し，次いでC_2の＞C＝Oが遊離したC_5の－OHの水素を結合して＞CH－OHとなり，最後にセミアセタール結合して，5員環を形成する．

また，ヘキソースを例に取ると，水溶液中で存在するD-グルコースは，6員環のD-グルコピラノースがほとんどであり，他方，D-フラクトースは，5員環のD-フラクトフラノースが28～31.6％で，残りはD-フラクトピラノースで存在する．

2) Fischerの環状構造

単糖の構造を示すとき，糖が環状構造を取っていることと，D型，L型が明確にわかるようにすることを基本に環状構造を考えると，図5.6のα-D-グルコースのようなFischerの環状構造がその一方法として考えられる．

この環状構造によれば，D型やL型はセミアセタール結合が左にあるか，右にあるかで区別ができる．D型はセミアセタール結合が右に，L型は左にある場合である．一方，Fischerの環状構造では，セミアセタール結合が異常に長く，5位の炭素と結合した－CH_2OHと他の－OHとの立体構造の関係がわかりにくい．そ

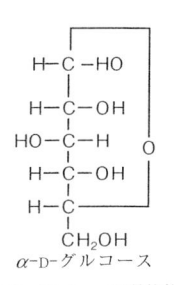

図 5.6 Fischerの環状構造

こで，新たに考案されたのが，Haworth により提唱された環状構造である．

3) Haworth の環状構造

Haworth の環状構造は，図 5.7 に示すような 6 員環のピランを基本とするピラノースと 5 員環のフランを基本としたフラノースである．ヘキソースを例に取ると，D-グルコースの場合には，図 5.8 のように C_1 と C_5 が酸素を介して結合した 6 員環の D-グルコピラノース，C_1 と C_4 が酸素を介して結合した 5 員環の D-グルコフラノースとがある．一方，D-フラクトースの場合には，C_2 と C_5 が酸素を介して結合した D-フラクトフラノース，C_2 と C_6 が酸素を介して結合した D-フラクトピラノースがある．

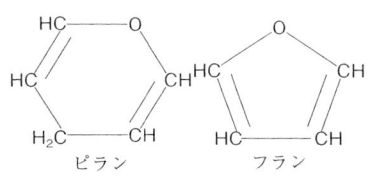

図 5.7 糖の基本の環状骨格

さらに，Haworth の 6 員環の環状構造では，図 5.8 のように α-D-グルコピラノースは，C_1 と C_2 の結合と C_4 と C_5 の結合が ━━━ で示されているが，これは，構造式を平面な所においたとき，後方（C_1，C_4）から手前（C_2，C_3）に斜めに上ることを意味し，一方，C_2 と C_3 の結合（ ━━━ ）は，環状構造の中で一番手前に平行してあることを意味している．

Haworth の環状構造の短所としては，C_5 に結合した -OH の位置がわかりづらく，D 型，L 型の区別ができない．さらに，ヘミアセタール環の結合角 111°

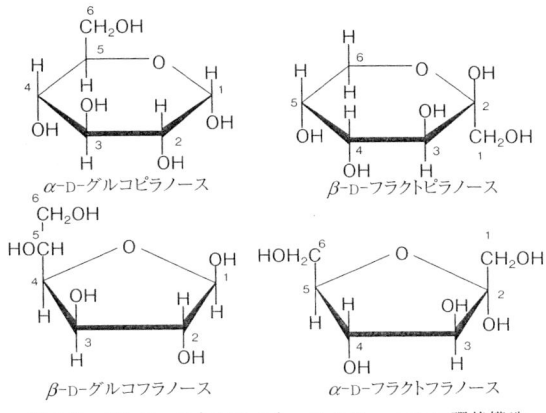

図 5.8 グルコースとフラクトースの Haworth の環状構造

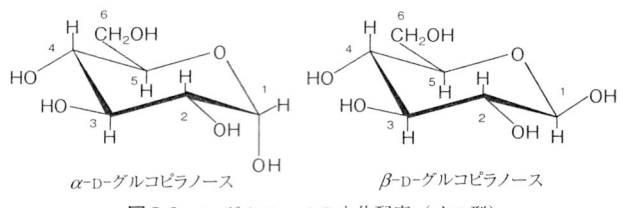

α-D-グルコピラノース　　　β-D-グルコピラノース
図 5.9　D-グルコースの立体配座（イス型）

が Haworth の環状構造には考慮されていないので，本環状構造には無理がある．そこで 6 員環について，このことを前提に入れて提案されたのが，イス型あるいは舟型の立体配座である．

4) 立体配座

ペントースやヘキソースの 6 員環の立体配座では，図 5.9 のようにイス型，あるいは舟型が環の歪みが少なく，熱力学的にも安定であることが明らかとなっている．その上，この両者の中でも，配座異性の関係で，舟型の立体配座よりもイス型の方が−OH や−CH_2OH の配置から見て安定であることも明らかとなっている．実験で 6 員環は，環の平面に平行に大きな基（−OH や−CH_2OH）が結合したとき，すなわち水平方向（equatoral）に結合し，水素（−H）が軸方向（axial）に結合したとき，熱力学的に安定であることが明らかになっている．このことから，糖の立体配座を考える上では，舟型の構造は考えなくともよい．

g. 変旋光と光学異性

1) α 型と β 型

糖が環状構造を取るとき，アルドースの 6 員環では，図 5.5 のように 1 位の−CHO の炭素と，C_5 の−OH の酸素と結合して C_1 に−OH が生ずる．このため，アルドースの 6 員環では，この−OH より C_1 が不斉炭素となる．一方，ケトースの 5 員環では，2 位の−C=O の炭素と C_5 の−OH の酸素と結合して C_2 に−OH が生じ，C_2 が不斉炭素となる．さらに，C_1 あるいは C_2 は不斉炭素であるため光学異性となり，旋光度が異なり，α 型と β 型が形成される．たとえば D-グルコピラノースでは α 型の比施光度が $[\alpha]_D = +111°$ であり，β 型の比施光度は $[\alpha]_D = +19°$ である．一方，D-フラクトフラノースでは α 型が $[\alpha]_D =$

表5.1 水溶液中での単糖のアノマーと環状構造の平衡存在割合（20℃）[6]

糖の種類	ピラノース		フラノース	
	α-	β-	α-	β-
D-グルコース	31.1〜37.4	64.0〜67.9	—	—
D-フラクトース	4.0	68.4〜76.0	—	28.0〜31.6
D-ガラクトース	29.6〜35.0	63.9〜70.4	1.0	3.1
D-マンノース	64.0〜68.9	31.1〜36.0	—	—

$-64°$，β型が $[\alpha]_D = -134°$ である．

このα型とβ型を環状構造の式の中で示すと，アルドースあるいはケトースの5員環あるいは6員環でも，Fischerの式ではα型は C_1（図5.6：グルコース）または C_2 の $-OH$ が右，β型は C_1 または C_2 の $-OH$ が左となり，Haworth式や立体配座（図5.8および図5.9）の中では，C_1 または C_2 に結合した $-OH$ が下向きにあるとα型，上向きになるとβ型である．

2) 変 旋 光

糖を水溶液などに溶かすと，図5.5に示したように，鎖状構造を介して，アルドースまたはケトースの C_1 または C_2 の $-OH$ の結合位置が $\alpha \rightarrow \beta$ に，あるいは $\beta \rightarrow \alpha$ に変わり，一定時間後に平衡に達する．この現象を変旋光と呼んでいる．α型とβ型の平衡割合は，表5.1に示すように温度により変わり，20℃では，D-グルコースは，すべてがピラノースで，α型が31.1〜37.4%，β型が64.0〜67.9%となる．D-フラクトースでは，α-D-フラクトピラノースが4.0%，β-D-フラクトピラノースが68.4〜76.0%，β-D-フラクトフラノースが28.0〜31.6%となっている．

5.2 砂糖の物理的特性

a. 水に対する溶解性

1) 溶 解 度 [7]

通常，ショ糖が溶ける量，すなわち溶質と溶かす水（溶媒）との関係を示すために，溶解度が用いられるが，溶媒が遊離した溶質と共存して平衡である場合，この溶液を飽和溶液といい，このときの溶質の濃度を飽和濃度あるいは溶解度と呼ぶ．すなわち，飽和濃度あるいは溶解度とは，一定温度で，一定量の溶媒に溶

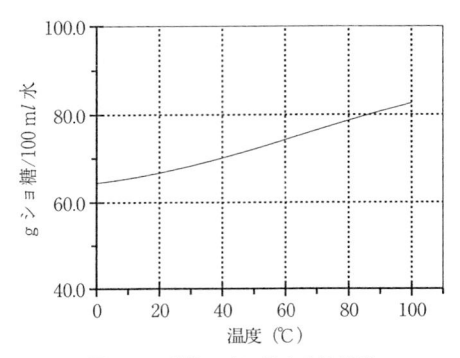

図 5.10 砂糖の水に対する溶解度

ける溶質の量を示していることになる.ショ糖は,その溶けた状態により,過飽和,飽和,不飽和に分けられ,通常,溶解度は図5.10に示すように,溶液100 g 当たりの溶けたショ糖の量(g)で示される.実験式から,溶解度(W)は温度をtとしたとき,(1) 式[7)]のようになる.

$$W = 64.447 + 0.08222t + 0.0016169t^2 + 0.000001558t^3 + 0.0000000463t^4 \quad (1)$$

2) 飽 和[8)]

飽和度(S)は,溶液中のショ糖濃度(C)とショ糖の飽和濃度(Co;与えられた温度での)から(2) 式により与えられる.

$$S = C/Co \quad (2)$$

この値(S)が1であれば飽和,1以下であれば不飽和,1以上であれば過飽和となる.

一方,相対的な過飽和度(S_{re})は,(3) 式で与えられる.

$$S_{re} = S - 1 \quad (3)$$

たとえば,20℃で飽和時のショ糖濃度が66.72であれば飽和度は1.00となるので,ショ糖濃度が65.43であれば飽和度は0.98となり,反対にショ糖濃度が68.29であったならば,飽和度は1.023となる.過飽和には,準安定域,中間域,不安定域があり,純粋なショ糖液からショ糖の結晶を作る場合,ショ糖液の飽和度を準安定域〜中間域の1.0〜1.3に保つ必要がある.

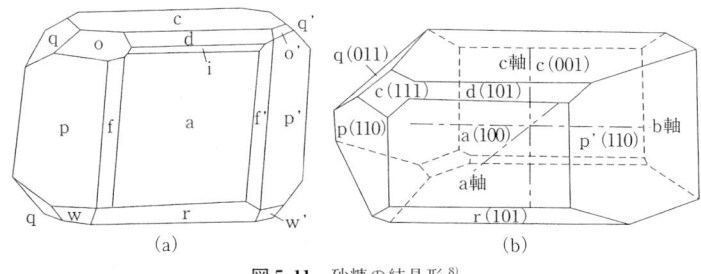

図 5.11 砂糖の結晶形[8]

b. 結　晶　形[8〜10]

　ショ糖は単斜晶系で，第4結晶群単斜セツ面体に属し，理論上では24面（図5.11 (b)）となるが，ショ糖の結晶で確認されているのは8結晶面のほかに15結晶面（図5.11 (a)）である．しかし，実際のショ糖の結晶は，ショ糖液中の不純物，たとえばデキストランやラフィノースなどが存在すると，結晶面にこれらの不純物が吸着し，その面が成長せず，小さくなったり消滅したりして変形した結晶となるし，晶析の条件，すなわち，飽和度，液温，撹拌の状態，種晶の形などによっても変形が引き起こされる．通常見られる結晶は，図5.12のように透明で，無色である．

　一般に，工業的に生産されるショ糖の結晶形は，大別して2つに分けられる．氷糖型（柱状）と角型（平板状）があり，氷糖型には，純度の高い糖液（高純糖率）から得られるクリスタル氷糖，白双，グラニュ糖などがあり，角型には逆に，低純糖率から得られる中双がある．

図 5.12 砂糖の結晶

c. 融　　点

　ショ糖で特徴的なことは，融点が一定でないことである．融点については，多くの報告があるが，それらによると160〜191℃の範囲がほとんどである．融点が一定でない原因は，最近の研究によると，結晶内部に取り込まれたごく微量の

不純物の影響以外に，結晶のコンホーメーションの違いに由来することが明らかとなってきている[11]．すなわち，結晶中のショ糖分子間結合（水素結合）には，強い結合（優位コンホーメーション）と弱い結合（非優位コンホーメーション）があり，強い結合は高い融点をもち，弱い結合は低い融点をもっているため，結晶中のこの割合で融点が決まる，としている．また，この強い結合と弱い結合の割合は，晶析時の状態により変わると考えられている．

d. 密　　度

密度[6]とは，1つの量が空間，線あるいは面の上に分布しているとき，微小部分に含まれる量の体積，面積または長さに対する比をいい，体積に対しては体積密度，面積に対しては面密度，長さに対しては線密度と呼ばれている．しかし，一般的には，密度といえば体積密度のことで，質量に対する密度であり，物質 $1\ cm^3$ の質量（g）で，単位は g/cm^3 である．

ショ糖の場合は，ショ糖の状態により嵩密度（嵩比重）と密度（真比重）があり，固体の結晶状ショ糖の集合体では，ふつう，嵩密度（嵩比重），ショ糖液の場合では，密度（真比重）である（最近まで，密度の代わりに比重がよく用いられていた）．

嵩密度（嵩比重）はショ糖の形状や測定条件により異なるが，バラツキの小さい結晶や結晶粒径の大きいショ糖ほど，高い値を示す．たとえば，圧重で測定したとき，白双糖は 1.0061 であるが，粒径の細かいグラニュ糖は 0.8161 であり，形状の異なる上白糖は 0.8816 である[12]．

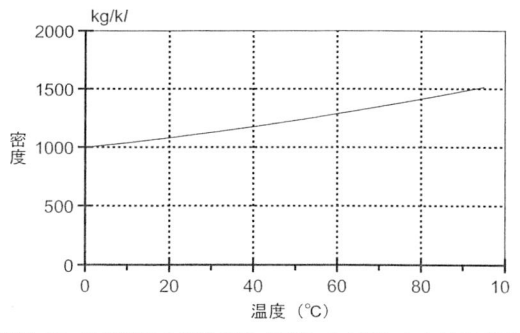

図 5.13　砂糖溶液の標準状態（20℃，1気圧）における密度

ショ糖の結晶は,密度(真比重)としては1.5862であり,アモルハスの場合は1.5077である.一方,ショ糖溶液の固形分濃度(Brix:V/V%)を求めるのに必要とされる密度(真比重)は,質量濃度(g/m^3 at 20℃),温度,(水の密度)を関数とする多項式で表される[13].たとえば,図5.13に示すように,ショ糖の容量濃度が10.381(W/V)%であるとき,密度(真比重)は1.038114(1038.114 kg/m^3)で,このときのBrixは10.00である.ショ糖の飽和時の濃度は20℃のとき66.72 Bxであるが,このときの容量濃度は88.543(W/V)%,比重(密度)は1.32708(1327.08 kg/m^3)である.

e. 屈 折 率

屈折[6]とは,光(A)が媒質(Ⅰ;入射光側)から他の媒質(Ⅱ)に入るとき,その境界面で光の進行方向が変わる現象をいう.図5.14のように光が屈析するとき,入射角iの正弦と屈析角rの正弦との比は一定の値を取る.このときの値は屈折率と呼ばれる.

C_1およびC_2を各々の溶質中の光の伝搬速度としたとき,屈折率nは,(4)式のSnellの法則で示される.

$$n = \sin i/\sin r = C_1/C_2 \qquad (4)$$

砂糖工場の工程管理や製品管理で用いているショ糖液の濃度の測定では,以前は真比重(密度)から求めたBrix(Bx)が多用されていた.しかし,現在では,測定が非常に簡単で,迅速な屈折率を用いた固形分濃度(Rf. Brix)を使用して

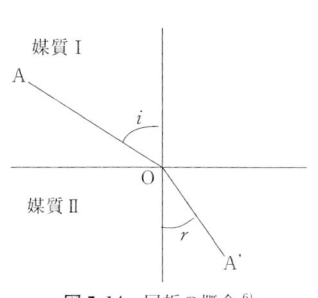

図5.14 屈折の概念[6]

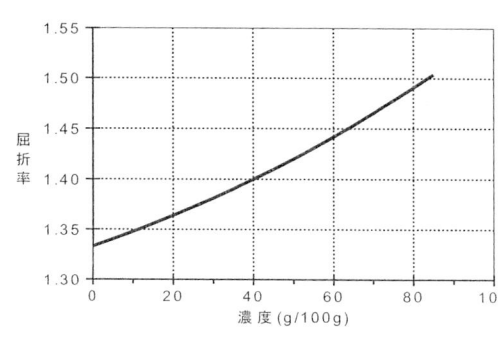

図5.15 砂糖液の屈折率
条件:20℃,580 nm(空気)

いる砂糖工場がほとんどである．

　ショ糖液の屈折率の測定では，波長546〜589 nmが用いられているが，この波長で測定したときのショ糖液の濃度と屈折率の関係が実験式の多項式[13]で示されている．そして，この多項式を用いて得た値でショ糖液の濃度を屈折率から求めることができる．たとえば，図5.15に示したように，液温が20℃で，ショ糖液の濃度が10.00 Bxであるとき，589 nmでの空気に対する屈折率は1.347824であり，濃度が50.00 Bxであれば，屈折率は1.420087である．

f. 旋　光　度[13]

　ショ糖は，複数の不斉炭素をもつため，旋光性を示す．ショ糖の溶液をNaのD線（波長：589.3 nm）で測定すると，比旋光度 $[\alpha]_D$ は $+66.5$ である．

　ショ糖濃度と旋光度はBiotの法則に従い，一次関数の(5)式で示される関係にあり，この関係を利用して，ショ糖の濃度を測定するのに使われている．すなわち，α^t_λ を測定時の旋光度（°），$[\alpha]^t_\lambda$ を測定時の比旋光度（旋光度°/dm，g/cm³），c を溶液のショ糖濃度（g/cm³，26.0160 g/100.000 cm³），ℓ を測定管の長さ（dm），t を溶液の温度（℃），λ を波長（nm）とすると以下のようになる．

$$\alpha^t_\lambda = [\alpha]^t_\lambda \times c \times \ell \tag{5}$$

　旋光度を用いて測定したショ糖の濃度は，通常，糖度（Z°）と呼ばれている．現在，厳密なショ糖の糖度の測定には，純粋なショ糖26.0160 gを純水に溶解して100 mlとし，測定長200 mmの測定管に入れ，20℃で ^{198}Hgの波長（546.2271 nm）で測定したときの旋光度 α である．このときの旋光度 α は $40.777 \pm 0.001°$ で，この旋光度 α が糖度目盛の100°Z°を示す値である．

g. 沸点と氷点[6, 12]

1）ショ糖液の沸点と沸点上昇[14]

　一定圧力のもとにある液体がある一定温度に達すると，液体表面から蒸発が起こり，次いで液体内部から気化が起こり始める．この液体内部の気化現象を沸騰といい，沸騰が起こる温度を沸点と呼ぶ．すなわち，沸点とは，液体の飽和蒸気圧が外圧に等しくなる温度で，一定圧力のもとで飽和蒸気とその液相とが平衡に

達したときの温度である．単一な液体，すなわち純粋な液体を一定の外圧下においたとき，そのときの沸点はその液体の固有の定数である．しかし，その液体が単一な液体ではなく，共存物質が含まれているときは，その共存物質の影響を受け，共存物質の濃度により，沸点が上昇する．この現象を沸点上昇といい，沸点上昇の値をΔT，m を溶液中の重量モル濃度，Kbをモル沸点上昇定数（水 = 0.52 K・kg/mol）であるとすると，(6) 式で示される．

$$\Delta T = \mathrm{Kb} \cdot m \tag{6}$$

沸点上昇は溶質，すなわち加える物質の分子量が小さいほど大きいので，ショ糖とブドウ糖を比較すると，同じ濃度ではブドウ糖の方が沸点が高くなる．

ショ糖液の沸点上昇は，図5.16に示したように，ショ糖濃度が50％のときの沸点では101.8℃，60％では103.0℃，さらにショ糖濃度が80％となると，沸点は109.4℃となる．

2) ショ糖液の氷点と氷点降下 [15]

ある物質が液相（あるいは気相）から個相に変わる現象を凝固といい，一定の圧力のもとで液相状態の物質が個相と平衡に保つときの温度を凝固点と呼び，融点と一致する．このとき，水の場合は，この凝固点を氷点と呼び，厳密には空気で飽和している水と氷の平衡温度をいい，0℃に相当する．

さらに，溶媒に溶質が溶け込むと溶液の凝固点が降下する現象があり，凝固点低下と呼ばれているが，この現象は，凝固点低下の値をΔT_m，m を溶液中の重量モル濃度，i をファント・ホッフ係数（非電解質の液では1とする），K_f をモル凝固点定数（水= 1.86 K・kg/mol）であるとすると，(7) 式となる．

$$\Delta T_m = i \cdot K_f \cdot m \tag{7}$$

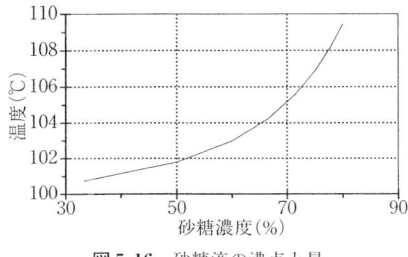

図5.16　砂糖液の沸点上昇

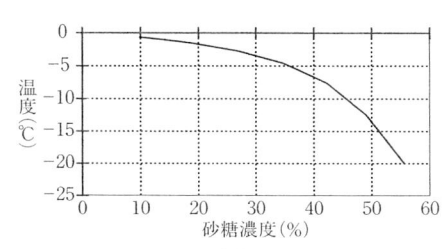

図5.17　砂糖液の氷点降下

凝固点低下は，ふつう，氷点降下とも呼ばれ，溶媒に加える物質の分子量が小さいほど大きいので，ショ糖とブドウ糖を比較すると，同じ濃度ではブドウ糖の方が氷点は低くなる．さらに，加える物質の濃度が高いほど氷点降下は大きいので，ショ糖液の場合は，図5.17に示すように，濃度が10%では氷点は−0.63℃，20%では−1.49℃，さらに濃度が上がり，ショ糖濃度が40%となると−4.58℃となる．

h. 粘　　度[16]

図5.18のように平面の上にある流体が流れるとき，平面に接している流体の層は動かないが，その上の層からは，図に示した（p）のように，平面から離れ

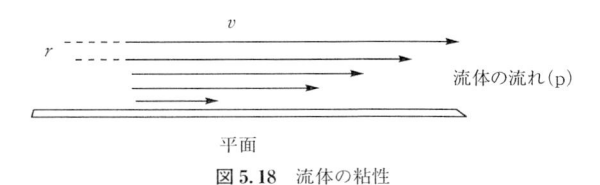

図5.18 流体の粘性

る流体の層ほど，だんだんと速い速度をもって流れる．この場合，お互いに隣接する流体の2層間では速度が異なるため，この相対運動に抵抗する摩擦力が生ずる．この生じた摩擦力（f）は，2層の界面の面積（S）と2層間の速度勾配（dv/dr）に比例する関係にあり，これが流体に関するニュートンの法則で（8）式で表される．

$$f = \eta \frac{dv}{dr} \tag{8}$$

このとき，η が粘度係数と呼ばれ，通常，この値が粘度である．粘度の単位は，g/cm・sec で，ポイズ（poise）で示される．

さらに，液体の場合は，隣り合う分子同士が常に分子間力を及ぼしているので，分子が混ざり合うこと以外に，分子間力による効果も粘性に影響する．また，液体に微粒子が分散したり，他の物質が溶けている場合には，溶媒自体の粘性のほかにも溶質による粘性への影響もあり，それは，溶質の種類や濃度により変動する．

ショ糖溶液の粘度は，温度と濃度により変動し，温度が一定であれば，濃度が

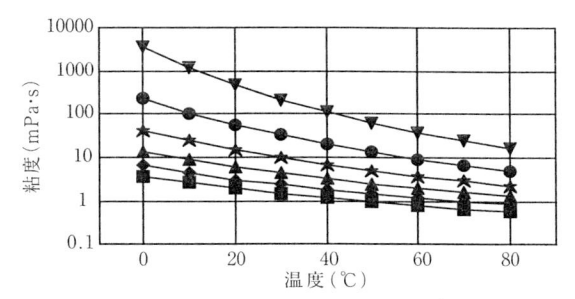

図 5.19 砂糖の粘度と温度の関係 [16]

■:20 Bx (m/m%), ◆:30 Bx, ▲:40 Bx, ★:50 Bx, ●:60 Bx, ▼:70 Bx

増すことに増加する．このとき，低濃度のショ糖液であれば粘度の増加は緩やかで，濃度が増すごとに，急激に粘度は増加する．一方，温度と粘度の関係では，図 5.19 に示したように，低温ほど粘度は高く，温度が上昇するにつれ，急激に低下する．特に，ショ糖液の濃度が著しく高い場合には，この現象は顕著である．

ショ糖分子は，水溶液中で水和物となっており，濃度の増加に伴い，水和したショ糖分子が結合するため，水溶液中の自由な分子が少なくなる．このため，高濃度のショ糖液では，急激に粘度が増加するものと思われる．過飽和ショ糖液を調製し放置すると，粘度は低下し，一定時間経過後は一定の粘度値となるが，再び攪拌するともとの粘度値に戻る．この現象も水和したショ糖分子の結合によるものである．また，ショ糖液の粘度は，共存する不純物の組成によっても著しく変動する．一般に，カリウム塩，ナトリウム塩などの無機塩は，粘度を下げる傾向に働き，カルシウム塩などは，逆に高くする方向に働く．有機物質のうち，ガム質，タンパク質などの高分子物質は粘度を増加させるが，転化糖は逆に粘度を低下させる．

i. 吸 湿 性

1) 平衡相対湿度 [8]

ある物質の蒸気圧がその外気の蒸気圧より低いとき吸湿が起こり，高いときには水分の発散が起こる．この両者の蒸気圧が同一になったとき，吸湿も発散もなくなり，この物質は外気に対して安定であると呼ばれ，このときの外気の蒸

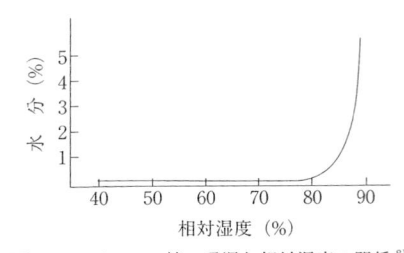

図 5.20 グラニュ糖の吸湿と相対湿度の関係[8]

気圧を相対湿度で示したのが，平衡相対湿度である．ショ糖の飽和溶液の場合，20，30，40℃における平衡相対湿度は，85.5，84.0，83.0％である．また，図 5.20 にグラニュ糖結晶の水分と相対湿度との関係を示したが，グラニュ糖結晶の 22℃における平衡相対湿度は 88％で，これ以下になると放湿が起こり，これ以上になると吸湿が起こる．

平衡相対湿度は，還元糖の影響を受ける．平衡相対湿度 (H) は，上白糖や三温糖などの車糖の平衡水分量を M_E，還元糖 I とし，その関係を重回帰式で示すと (9) 式[17]となり，還元糖が多いと平衡水分量は上昇するが，平衡相対湿度は低下する．

$$H = (M_E - 0.2430I + 0.6782)/0.01748 \tag{9}$$

たとえば，車糖の還元糖含量が 0.1，1.0，2.0％であると，平衡相対湿度はそれぞれ 85.0，81.0，75.5％となる．また，結晶中に存在する無機塩によって，平衡相対湿度は影響を受ける．平衡相対湿度は，無機塩の含量が多いほど低下する．さらに，無機塩の種類によっても影響し，その影響の度合いは，硫酸マグネシウム，塩化カリウム，塩化カルシウム，塩化マグネシウム，の順である．

2) 固　　　結[17]

雰囲気中におかれたショ糖の結晶は，平衡相対湿度の値を境にして，吸湿と放湿を繰り返す．結晶表面は蜜膜で覆われているが，吸湿が始まると，吸収した水分により蜜膜の濃度が下がり，結晶表面のショ糖が飽和状態になるまで溶け出す．一方，放湿が始まると，蜜膜の水分が蒸発し，蜜膜のショ糖濃度が過飽和となり，ショ糖の微細な結晶が析出し，周りの結晶を抱えこみ固まってしまう．このため，ショ糖は，大きな塊状となり，固結が発生する．

〔斎藤祥治〕

文　　献

1) 紺野邦夫著者代表 (1970). 生化学 改訂第 2 版, 文光堂.
2) 水野　卓, 西沢一俊 (1971). 図解糖質化学便覧, 共立出版.
3) 後藤良造ほか (1988). 単糖類の化学, 丸善.

4) 三浦義彰監訳（1980），ハーパー・生化学（原著17版），丸善．
5) 田宮信雄，八木達彦訳（1996），コーン・スタンプ生化学 第5版，東京化学同人．
6) 高田明和ほか監修（2003），砂糖百科，糖業協会．
7) ICUMSA（1998），ICUMSA Edition：*ICUMSA Methods Book 1994 with First Supplement 1998*．
8) 浜口栄次郎，桜井芳人監修（1964），シュガーハンドブック，朝倉書店．
9) 鴨田　稔，砂糖結晶の性質並びに製造工程がそれに及ぼす影響，北海道大学学位論文．
10) VanHook A. P.（1997），*Sucrose crystallization science and technology*, Bartens．
11) 精糖技術研究会（2001），精糖技術研究会誌，**49**．
12) 橋本　仁ほか監修（1990），甘味料の総覧，精糖工業会．
13) ICUMSA（1990），ICUMSA Edition：*ICUMSA Methods Book*．
14) Harry M. and Pancoast B. S.（1980），*Handbook of sugar*, Second Edition, AVI Publishing．
15) Bubnik Z. *et al.*（1995），*Sugar technologists manual 8th Edition*, Bartens．
16) ICUMSA（1994），ICUMSA Edition：*ICUMSA Methods Boook*．
17) 精糖技術研究会（1957），精糖技術研究会誌，**6**．

5.3　砂糖の化学的特性

a.　砂糖（ショ糖）の構造とその性質 [1]

$C_{12}H_{22}O_{11}$ の分子式で，342 の分子量をもつショ糖は，図 5.21 に示すように，グルコースとフラクトースが β-D-フラクトフラノシル-α-D-グルコピラノシドのように還元末端同士で結合したヘテロジサッカライドである．そして，α-D-グルコースの C_1 と β-D-フラクトースの C_2 でグリコシド結合することで還元末端のアルデヒド基とカルボニル基が塞がっている構造のために，ショ糖は還元性を示さず，オサゾンも作らない．また，アノマーの-OH が保護されているので，酸化されず，他の単糖やオリゴ糖に比較して化学的には安定な化合物である．

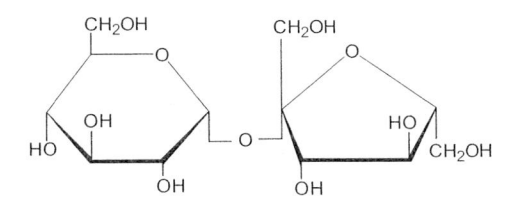

図 5.21　ショ糖（スクロース）の構造

b.　加 水 分 解 [2]

希酸またはインベルターゼの存在下で，図 5.22 のようにショ糖は容易に加水

$$C_{12}H_{22}O_{11} + H_2O \xrightarrow{\text{転化}} C_6H_{12}O_6 + C_6H_{12}O_6$$

$[\alpha]_D$ +66.5°   グルコース   フラクトース
                       $[\alpha]_D$ +52.5° $[\alpha]_D$ -92°

図 5.22 ショ糖の加水分解反応

分解され,各 1 mol のグルコースとフラクトースを生成する.そして,この反応を穏和な条件下でゆっくりと進行させると,比旋光度は右旋性(+)から徐々に左旋性(-)に移行し,完了時には左旋性の値を示す.この反応を転化といい,生成した還元糖(グルコースとフラクトースの等モル混合物)を転化糖と呼んでいる.

反応温度100℃と120℃の条件下でpHを変えて,ショ糖の加水分解の容易差を調べると,表5.2に示したように,pH3,120℃,90分でショ糖の残存率がわずか3.2%まで減少することから,$\alpha 1 \rightarrow \beta 2$結合は,他の二糖類に比較して非常に切れやすいことが明らかとなっている.また,表には示していないが,本反応は,酸の種類,反応時の濃度などによっても,その進行は異なってくることもわかっている.通常,反応性の高い酸の種類は,水素イオンの乖離度の高い,低いpHを呈する酸である.

表5.2 加水分解[3]によるショ糖の残存率

温度	100℃				120℃			
pH	3		4		3		4	
時間(分)	30	90	30	90	30	90	30	90
残存率(%)	62.6	18.9	94.5	83.6	8.6	3.2	66.0	31.2

注)糖濃度50%,0.05M 緩衝液を使用.残存率は糖組成より求めた.

c. 加熱による変化

ショ糖を含む糖の加熱による変化は,カラメル化として知られているが,ショ糖の場合は,加熱により最初は還元糖となる.ショ糖溶液を加熱すると,着色と同時にpHの低下が起こり,ショ糖のグリコシド結合が開裂し,還元糖が増加する.そして,生成した還元糖の縮合・重合が起こり,3糖類,4糖類などの少糖類が生成する.一方,還元糖はさらに高温でカラメル化が進行する.カラメル化では,図5.23のように,アノマー化や異性化,分子間や分子内での脱水反応や

5.3 砂糖の化学的特性

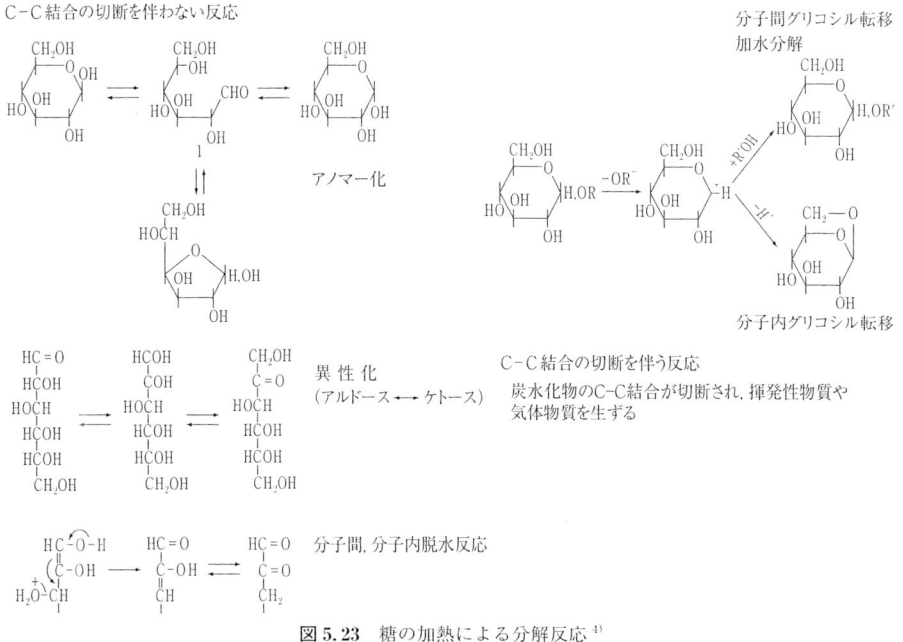

図 5.23 糖の加熱による分解反応[1]

グリコシル基の転移，加水分解などが複雑に入り混じって起こるが，その反応系は明らかになっていない．カラメルの推定構造は，還元糖の加熱により生じるフラン化合物の重合により，フランポリマーになると考えられている．

d. メイラード反応（アミノ-カルボニル反応）

ショ糖から生成した還元糖は，アミノ化合物（アミノ酸やタンパク質）と反応し，最終的にメラノイジンが生成する．本反応はメイラード反応と呼ばれ，この反応を見いだした人物の名前（ルイス・キャミル・メイラード）をとって付けられ，アミノ-カルボニル反応を指している．メイラード反応は，図 5.24 に示すように，最初に糖（還元糖）の還元性基とアミノ化合物との間でアルドール縮合により，N-配糖体であるアルドシルアミンや，さらにはアマドリ転移してケトシルアミンを生成する．この N-配糖体が酸化や脱水を起こし，レダクトンや 2-

5. 砂糖の特性

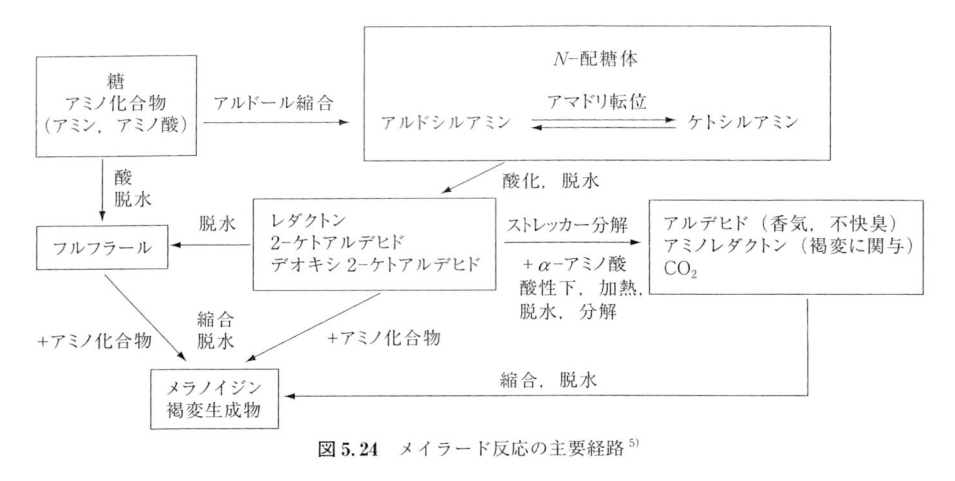

```
糖                アルドール縮合        N-配糖体
アミノ化合物      ─────────→    アルドシルアミン ⇌ ケトシルアミン
(アミン, アミノ酸)                      ←── アマドリ転位 ──→
    │                                     │
    │酸                                   │酸化, 脱水
    │脱水          脱水                   ↓                ストレッカー分解
    │        ┌─────────┐          レダクトン            アルデヒド (香気, 不快臭)
    ↓        │                  │    2-ケトアルデヒド  ─────────→  アミノレダクトン (褐変に関与)
  フルフラール  │                  │    デオキシ2-ケトアルデヒド     CO₂
            │                                    +α-アミノ酸
            │ 縮合                                酸性下, 加熱
   +アミノ化合物 脱水      +アミノ化合物           脱水, 分解
            ↓              ↓
          メラノイジン        ←──── 縮合, 脱水 ────
          褐変生成物
```

図 5.24 メイラード反応の主要経路 [5]

ケトアルデヒド，デオキシ2-ケトアルデヒドを生成し，さらにこれらの物質がストレッカー分解により，香気成分や褐変成分を生成する．一方，褐色色素の前駆物質であるフルフラールは，レダクトンや2-ケトアルデヒド，デオキシ2-ケトアルデヒドの脱水，あるいは糖とアミノ化合物の脱水により生成し，次いでアミノ化合物と脱水・縮合して褐変物質であるメラノイジンを生成する．また，レダクトンや2-ケトアルデヒド，デオキシ2-ケトアルデヒドなどもアミノ化合物と反応してメラノイジンを生成する．

メイラード反応もカラメル化と同様に反応系が非常に複雑で，ほとんどがまだ未解明のままである．それゆえ，図5.24で示したメラノイジンも多様な高分子化合物からなる複数の褐色色素で，その生成過程も十分には明らかとなっていない．しかし，近年，国際メイラード学会が創設されて，新しい知見も多く報告されている．

甘蔗（サトウキビ）あるいは甜菜（サトウダイコン/ビート）などの植物から作られた砂糖中には天然由来のアミノ酸が微量に存在するため，市販の砂糖を加熱するとメイラード反応やカラメル化反応が複雑に絡み合って進行していることが推定される．

5.4 食品加工および調理での利用特性

a. ゲルの形成と砂糖の影響

1) ゲルとゼリー [6,7)]

ゲルとはコロイド粒子や高分子の溶質が，相互作用のため独立した運動性を失い，流動性を失った状態の凝結物で，多量の液体を含んだまま全体が固化し，著しい弾性を示す状態をゼリーと呼んでいる．ゼリーを形成するコロイドには寒天，ペクチン，ゼラチンなどの分子コロイド，あるいは粒子コロイド，ミセルコロイドなどがある．また，ゲルには，昇温，降温によりゾルからゲルに，あるいはゲルからゾルに転移するものとそうでないのものがあり，ゾルとゲルが双方向で起こる凝結物を熱可逆性ゲル，一度ゲル化するともとのゾルには戻らないものを熱不可逆性ゲルと呼んでいる．

食品に用いられるゼリーの原料には，冷却によりゼリー化する寒天やゼラチン，あるいは酸や糖が共存しないとゼリー化しないペクチンがある．

2) ペクチンのゼリー化 [8,9)]

イチゴや柑橘類のジャムを作る際に砂糖を加えるのは，甘味を付与するほかに，ゼリー化してジャム状にするためである．ペクチンのゼリー化は，図5.25のように，ペクチンのカルボキシル基や水酸基の間で水素結合を生じてカルボキシル基の解離を抑え，ペクチンの溶液が電気的に中性になる働きによる．このとき，添加した酸はペクチンのカルボキシル基の解離を抑え，添加した糖はカルボキシル基や水酸基の間で水素結合を生じさせる水分を適量に保つ保水剤として働く．

ペクチンゼリーでは，図5.26のように砂糖量が65%前後で硬くなり，これ以上の濃度，あるいはこれ以下の濃度でも軟らかくなる．さらに，ペクチンゼリーでは酸でpHを下げる必要があり，砂糖液65%のペクチン溶液では，pH 3.3付近でゼリー化が始まり，pH 3.2〜3.3で最高の硬さとなる．一般的に果実や果汁に砂糖を加えて煮詰めたとき，砂糖50〜60%，ペクチン0.25〜1.0%，pH 2.8〜3.4の範囲になると，ゼリー化が起こる．

図5.25 ペクチンのゲル化の状態

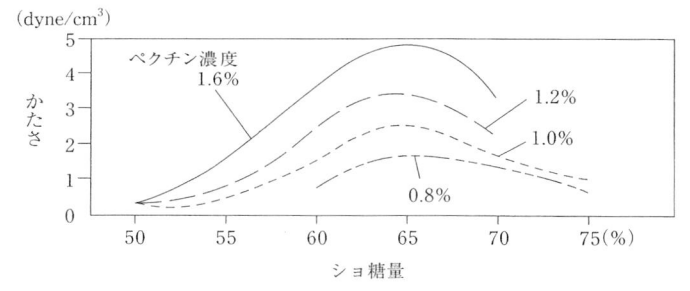

図5.26 ペクチンのゲル化に及ぼす砂糖の影響

b. 水分活性と砂糖

1) 水分活性の概念[10]

保存中の食品は,防腐性を高めるために,水分,pH,温度などをコントロールして微生物の繁殖を抑える必要があるが,このとき,微生物の繁殖の難易を見分ける指標として水分活性が用いられている.

微生物の生育には,水の存否と水の存在形態が不可欠の要素である.食品中の水は,存在形態として結合水と自由水があるが,微生物が繁殖に利用できるのは,この自由水だけである.そこで,水分活性(Aw)は,食品中の自由水の割合を示したものである.

水分活性は,食品を密閉容器に入れたときの水蒸気圧(P)と,そのときの同一の温度における純水の蒸気圧(P_0)の比で示される.

$$Aw = P/P_0$$

微生物はその種類により，それぞれ繁殖可能な水分活性の範囲があり，一定の水分活性以下では発育できず，その値を生育最低水分活性と呼ぶ．そして，生育最低水分活性が 0.90 以下では大部分の細菌が，0.87 以下では酵母，0.80 以下ではカビが生育できなくなる．一方，好塩性細菌，耐浸透性酵母，耐乾性カビなどの生育最低水分活性は，それぞれ 0.75，0.61，0.66 である．このため，好塩性細菌，耐浸透性酵母，耐乾性カビなどの微生物は，水分含量の低い食品でも生育するので，すべての微生物の増殖を防ぐには，水分活性を 0.50 以下に抑える必要がある．

2) 砂糖の効果 [7, 11]

水分活性を低下させるには，自由水の含量を減少させる必要があるが，その最も有効な方法は乾燥である．しかし，ほとんどの食品はその形態をとどめたままで保管・保蔵しておく必要があるので，水分活性を低下させる方法として，食品中に砂糖などを加えて自由水の存在量を減少させる．

図 5.27 に示したように，砂糖液は濃度が高くなるにつれて水分活性が低下し，飽和溶液では水分活性が 0.85 となる．果物や野菜の糖漬，ジャム，ママレード，羊羹，餡など砂糖を多く含む食品が防腐性が高いのは，砂糖のこのような働きに起因することによる．

c. デンプンの老化防止と砂糖の効果

1) 老化の定義とその特徴 [7, 10, 12]

デンプン粒にはアミロースとアミロペクチンがあり，アミロース分子とアミロペクチン分子が部分的に結晶のように規則的に配列し，ミセル構造を形成している．ミセルはミセル間あるいはミセル内で強く結合しており，水溶液中にデンプンを加えても，常温では水の分子がミセル内

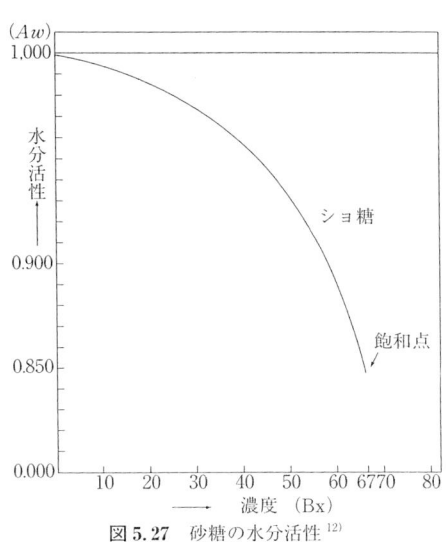

図 5.27 砂糖の水分活性 [12]

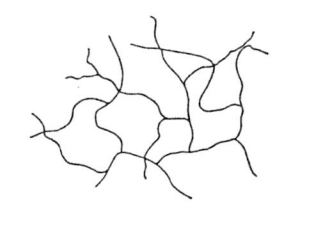

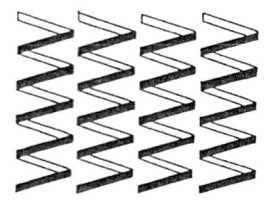

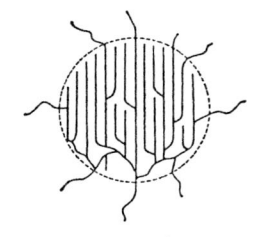

α-デンプン　　　　ラセンデンプン（α-デンプン）　　　β-デンプン

図5.28　α-デンプンとβ-デンプンの構造[10]

やミセル間に入り込むことができず，コロイド状の溶液にはならない．通常のデンプン粒子は30％ほどがミセルを形成し，その他は非結晶質であるが，この部分も隣り合う分子間で水素結合しており，水分子の影響を受けにくい．しかし，このデンプンが入った水溶液を加熱すると，分子の運動が激しくなり，ミセル間あるいはミセル内の結合がゆるみ，水分子が進入してデンプンが膨潤し，ミセル構造が崩れる．図5.28のように，この状態を糊化あるいはα-化といい，このようなデンプンをα-デンプンと呼ぶ．一方，未加熱のデンプン粒で結晶性の構造があるデンプンをβ-デンプンと呼んでいる．

　ミセル構造が崩れたα-デンプンは，放置すると自発的に天然デンプンのように不溶性の状態に変化する．このことを老化といい，デンプン分子が自然に会合し，部分的に密な状態に移行する．たとえば，図5.29（A）のように，デンプン分子同士が隣接すると，デンプン分子同士が直接結合したり，あるいは水分子を介して結ばれたりして，時間の経過とともに会合がA→B→Cのように進み，デンプン分子が安定化し，溶解度が下がり，大部分の水和水を失い沈殿する．すなわち，糊化の状態が失われ，デンプンの老化を引き起こす．

　一般に，直鎖構造のアミロースは中性または酸性下で老化しやすいのに対し，分岐構造をもつアミロペクチンは老化しにくい．その上，アミロースの老化は不可逆的であるが，アミロースとアミロペクチンからなる天然デンプンは，老化しても加熱すれば容易にα-デンプンに戻る．

　デンプンの結晶化と老化の関係を見ると，老化したデンプンは，結晶化が起こらずに老化する場合もあるが，多くの部分が結晶化している．一般的に，老化に

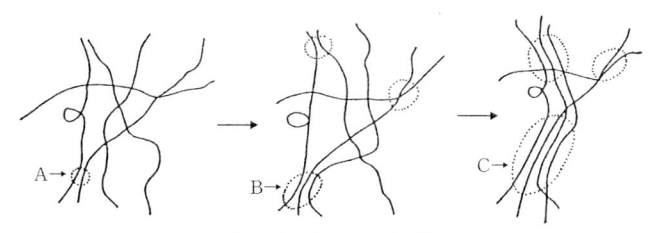

図 5.29　老化のモデル [10]

よるデンプンの分子間の会合がゆっくりと進むときには結晶化が起こり，逆に急激に老化させると結晶化は起こりにくい．さらに，天然デンプンより，分子量の低いものほど結晶化されやすい．

老化と温度の関係では，温度が一般に 60℃ 以上では老化は起こらないが，0～4℃ では老化が最も促進する．これは，高温ではデンプンの分子間で水素結合しにくいことと，温度が下がると，水分子間の水素結合が安定化し，水分子がお互いに会合することで，デンプン分子の会合が促進されることによると考えられている．また，温度がさらに下がり，凍結すると老化は起こりづらくなる．この現象は，水分子が完全に結晶化し，デンプンの分子がその中に固定化されたためと考えられており，逆に凍結温度が高い場合には，この水分子の結晶化が自由水のみとなり，他の準結晶水や結晶水が結晶化されないために，老化を阻害することができなくなるためであると考えられる．

デンプン中の水分含量は，老化と深い関係にあり，水分 30～60% で最も老化が進行し，水分量 10% 以下では老化がほとんど起こらず，他方，水分含量が非常に多いときでも老化しにくい．水分が非常に多いと，デンプンの分子相互の会合が起こりづらいために老化が起こらず，水分の少ないときには，デンプンの分子相互の会合が所々で起こるが，それ以上老化が起こらないためである．

2) 糖類と老化の関係 [13, 14]

デンプンの老化は，イオンの存在や糖類，脂肪酸エステルなどの添加によって形成を遅らせることができる．砂糖もまた，多量に添加することにより α-化したデンプン中の水分を奪い，α-デンプンを乾燥状態に保つことにより，デンプンの老化を遅らせることが知られている．

表5.3 しん粉に及ぼす上白糖の添加量と硬度の関係[15]

添加量（%）		0	5	10	20
貯蔵日数	0	100	96	94	91
	1	186	178	143	99
	3	500	472	345	269
	5	727	674	543	408

注）貯蔵温度：18±2℃
　　硬度（g）：硬度を測定し，上白糖無添加を100として，その割合を示す

たとえば，表5.3のように，しん粉（うるち米粉）に上白糖を添加して，団子を作って経時変化を調べたところ，上白糖の添加量の多いものほど硬くならなかった．また，酒もと饅頭の表皮の硬化について，グラニュ糖を添加してその効果を調べたところ，図5.30に示したように，饅頭皮は，グラニュ糖の添加量が増加するほど，硬化が遅れることが認められた．このように，砂糖の添加がデンプン（α-デンプン）の老化を抑制することは明らかであるが，老化を防ぐ詳しい機構については，まだ明らかではない．

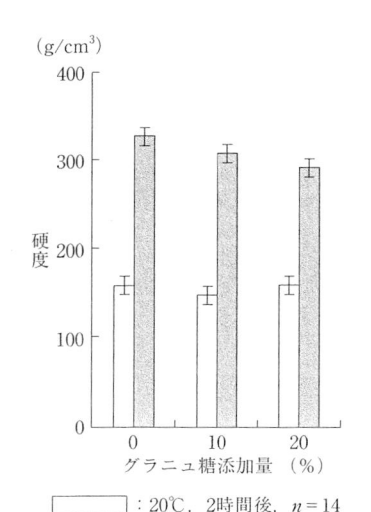

図5.30　発酵後グラニュ糖を上乗せ添加した生地で調整した饅頭皮の硬度[16]
□：20℃，2時間後，$n=14$
▨：20℃，24時間後，$n=10$

d. タンパク質の熱凝固性の改善[7, 10, 13]

1）タンパク質と砂糖の関係

タンパク質は，ペプチド結合（アミド結合）により20種類のアミノ酸が数十個から数百個螺旋状につながり，一部が水素結合により立体構造を取ったポリペプチドである．このポリペプチドの立体構造を支えている水素結合は，比較的弱い結合のため，外部からの刺激により簡単に切れてタンパク質の構造が崩れ，変性が起こる．この変性を起こす要因としては，加熱などの物理的要因と，強酸・強塩基・重金属イオンの添加などの化学的要因がある．

加熱による変性は吸熱反応で，タンパク質の凝固（ゲル化）の原因となり，この現象を熱凝固性と呼ぶ．タンパク質の熱凝固性に関しては，砂糖などを添加すると，凝固温度や凝固状態に影響を与える．

2） 卵白の凝固と砂糖の影響

卵白の凝固温度は，卵白を構成するタンパク質により異なる．通常，卵白自体は55℃くらいから変性が始まり，67℃で凝固が完了する．そして，卵タンパク質の濃度が減少するほど凝固しにくくなり，凝固温度も高くなる．また，卵液に砂糖を加えると，卵タンパク質の凝固温度が上昇する．砂糖の添加量を増やすと，さらに凝固温度が上昇して，軟らかいゲル状になる．

卵液の凝固温度と加熱時間，および砂糖の濃度の関係について見ると，図5.31に示すように，卵白は，砂糖の濃度を0％，20％，40％と増やすと，凝固温度が約3℃ずつ上昇し，凝固の開始時間もそれに応じて長くなる．このことは，砂糖が加熱中のタンパク質の分子がほぐれるのを抑制し，卵アルブミン（タンパク質）の変性を抑えるためと考えられている．そして，砂糖が卵の凝固温度を高めることは，泡雪かんの製造時に，卵白を泡立てて砂糖を加えておくと熱い寒天液を加えても変性を起こさないことによっても実証されている．また，図5.32のように砂糖の濃度が高くなるほど，卵白ゲルが軟らかくなる．

e． 褐　　変

1） 褐変と褐変現象 [4, 7, 12, 20]

生鮮食品や加工食品は，貯蔵や調理・加工により黄色または褐色を帯びてくることが多いが，この現象を褐変といい，この一連の変化を褐変現象あるいは褐変反応と呼んでいる．食品加工にとって，褐変は，食品の外観を損ない，味質や香りを悪くする働きだけではなく，利点として，味噌，醤油，

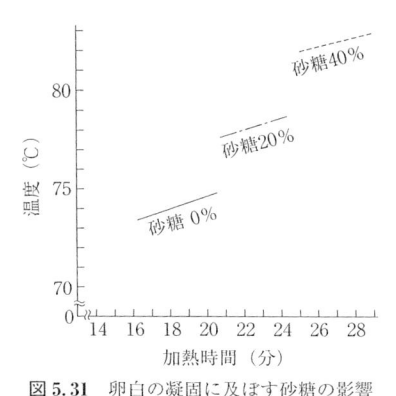

図5.31 卵白の凝固に及ぼす砂糖の影響
条件：加熱は50℃より毎分1.36℃ずつ上昇させ，30分加熱し，凝固の開始温度と終了温度を記録．
組成：卵30％，水70％，食塩1％の液に各濃度の砂糖を追加．

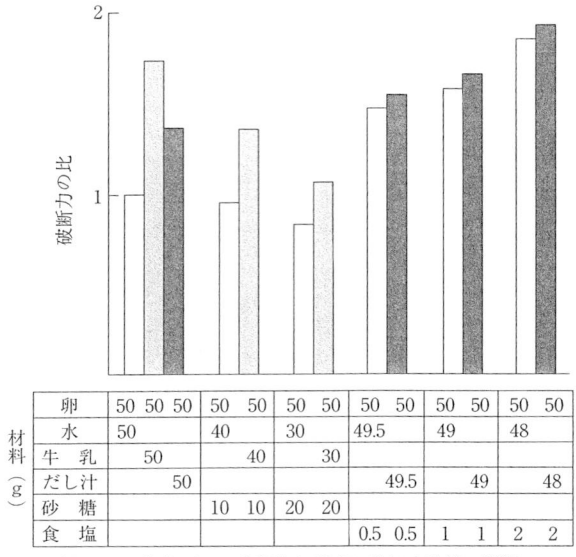

材料(g)	卵	50	50	50	50	50	50	50	50	50	50	50	50
	水	50			40		30	49.5		49		48	
	牛乳		50			40							
	だし汁			50			30		49.5		49		48
	砂糖				10	10	20	20					
	食塩							0.5	0.5	1	1	2	2

図 5.32 卵白ゲルの希釈液と硬度に及ぼす砂糖の影響

紅茶, コーヒーなど, あるいはドロップ, ベッコウ飴, カルメ焼き, カラメルソースなどのように, 砂糖を加熱することにより香味や着色を与え, 食品の特徴を醸し出す働きもある.

褐変には, 酵素的褐変と非酵素的褐変がある. 酵素的褐変には, たとえばリンゴの切片を空気中に放置しておくと, ポリフェノール (クロロゲン酸) にポリフェノール酸化酵素が作用して褐変物質を生じて, 切片面が茶色に変色したりする現象がある.

一方, 非酵素的褐変には, カラメル化やメイラード反応がある. パン, 練乳または粉乳, 白色魚肉, 果汁などに見られ, 糖とアミノ酸, あるいは有機窒素化合物との反応により褐変する現象はメイラード反応で, 糖のみを加熱し熱分解により起こる褐変はカラメル化である.

ショ糖の結晶を空気雰囲気下に長期間放置しておくと, 薄茶色から着色, やがては薄褐色となるが, この現象は典型的な非酵素的褐変の反応である. 結晶状の糖の褐変について温度との関係を見ると, ショ糖 (グラニュ糖) とグルコースで

は，55℃までは着色もほとんどなく安定しているが，フラクトースはショ糖やグルコースに比べ褐色の程度が明らかに高くなる．さらに，温度を上昇させたり，加熱時間を長くすると，ショ糖，グルコース，フラクトースの色調の違いは大きくなる．このことは，カルボニル基やアルデヒド基が遊離の状態にある還元糖と，カルボニル基とアルデヒド基がグリコシド結合により塞がった状態にあるショ糖では，明らかに遊離の状態にある還元糖の方が褐変は速く進行することを示している．他方，ショ糖の中でも，グラニュ糖と上白糖では，上白糖の方がより多く還元糖を含むため，褐変は速く進行する．

2) カラメル化 [4, 7, 12, 17]

前述のように，ショ糖を加熱していくと分解が起こり，転化糖が生成する．さらに加熱を続けると，脱水縮合反応など複雑な反応が入り交じり，茶褐色に変化していく．この反応をカラメル化という．ショ糖の水溶液では，煮詰めていくと，図5.33に示すように，100℃以上で徐々に泡立ち，120℃付近から粘性が現れる．その後，140℃辺りから徐々に黄色になり，さらに加熱すると褐色に変化し，200℃以上で炭化する．また，これらの各温度にショ糖液が達した後すぐに冷却すると，ショ糖加熱物は115℃付近まででは水に溶解するが，それ以上の温度では玉になり始め，温度の上昇に伴い硬い玉となる．水中での撹拌を長時間続けると，これらの玉も水に徐々に溶解してくる．140～160℃付近ではショ糖加熱物は飴状となって糸を引くようになり，180℃辺りから再度固まらなくなり，ショ糖加熱物は水に溶ける．この段階の褐色状態のものをカラメルと呼ぶ．

これらのショ糖液の加熱による物性変化は，調理・加工に利用されている．フォンダン，砂糖の衣掛け，ドロップやベッコウ飴などの菓子類などがその一例である．そして，さらに高い温度までショ糖液を加熱すると，カラメルソースができる．また，カラメル化反応では，反応の進行とともに，生成過程は明らかになっていないが，香気を伴う揮発性物質も生成する．

3) メイラード反応 [4, 7, 12]

メイラード反応と呼ばれるアミノ-カルボニル反応にはすでに触れたが，これはカラメル化と同様に，食品の調理・加工や貯蔵時に起こり，褐変による着色以外にも，香気成分や抗酸化性化合物の生成に関与する．さらに，砂糖を長期間放

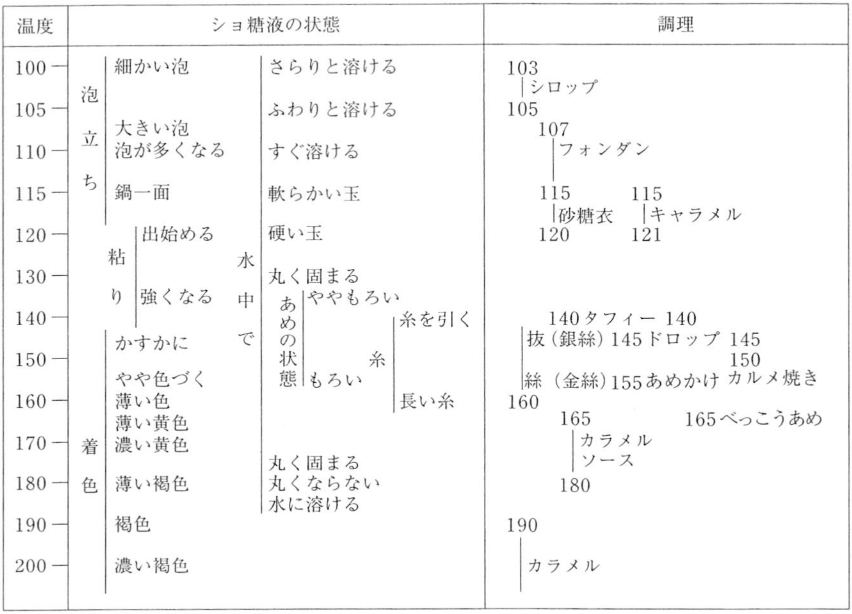

温度	ショ糖液の状態	調理
100	泡立ち　細かい泡　　　　　　　　さらりと溶ける	103 シロップ
105	大きい泡　　　　　　　ふわりと溶ける	105
110	泡が多くなる　　　　　すぐ溶ける	107 フォンダン
115	鍋一面　　　　　　　　軟らかい玉	115 砂糖衣　115 キャラメル
120	粘り　出始める　水中で　硬い玉	120　121
130	強くなる　　　　　　　　丸く固まる	
140	あめの状態　ややもろい　糸を引く	140 タフィー 140
150	かすかに　　　　　　　　　　　もろい　糸	抜（銀絲）145 ドロップ 145
160	やや色づく　薄い色　薄い黄色　　　　　長い糸	絲（金絲）155 あめかけ 150 カルメ焼き 160
170	着色　濃い黄色	165 カラメルソース 165 べっこうあめ
180	薄い褐色　　　　丸く固まる 丸くならない	180
190	褐色　　　　　　水に溶ける	190 カラメル
200	濃い褐色	

図 5.33 ショ糖水溶液の温度による物性変化[17]

置しておくと，黄色から茶色に変色してくるが，これは，熱分解による褐変以外にも，メイラード反応が常温でもゆっくりと進行することに起因する現象でもある．また，砂糖を使った漬物なども時間とともに変色してくるが，この現象もメイラード反応に起因している．一方，味噌，醤油，ビール，乳製品，肉製品などの加工には，このメイラード反応が利用されている．

メイラード反応が起こると，香気成分が生成するが，還元糖やアミノ酸の種類，反応条件の違いで異なった成分や異なった臭気が生成してくる（表5.4）．

f. 砂糖と調理 [13, 17, 19]

1) 砂糖の親水性

食品の調理や加工において，砂糖はその食品中の水を奪い取ったり（脱水性），あるいは保持したり（保水性）と，様々な働きがあるが，これらの基本は，分子内に水分子と結合しやすい水酸基を多数もつ砂糖の親水性にある．この親水基の

表5.4 糖とアミノ酸を加熱したときに生成する香気[8]

湿度	糖	グリシン	グルタミン酸	リジン	メチオニン	フェニルアラニン
100℃ (pH 6.5)	ブドウ糖	カラメル (+)	古い木 (++)	いためたサツマイモ (+)	煮過ぎたサツマイモ	酸敗したカラメル (-)
	果糖	カラメル (-)	弱い	フライしたバター (-)	きざんだキャベツ (-)	刺激臭 (--)
	マルトース	弱い	弱い	燃えた湿った木 (-)	煮過ぎたキャベツ (-)	甘いカラメル (+)
	ショ糖	弱いアンモニア (-)	カラメル (++)	腐った生バレイショ (-)	燃えた木 (-)	甘いカラメル (-)
180℃ (pH 6.5)	ブドウ糖	焼いたキャンデー (+)	鶏小屋 (-)	燃したポテトフライ (+)	キャベツ (+)	カラメル (+)
	果糖	牛肉汁 (++)	鶏糞 (-)	ポテトフライ (+)	豆スープ (+)	よごれた犬 (--)
	マルトース	牛肉汁 (+)	いためたハム (+)	腐ったバレイショ (-)	西洋ワサビ (-)	甘いカラメル (++)
	ショ糖	牛肉汁 (+)	焼き肉 (+)	水煮した肉 (++)	煮過ぎたキャベツ (--)	チョコレート (++)

注) (++) よい, (+) わるくない, (-) いやな, (--) ひじょうにいやな香気

働きは,食品のテクスチャーを保ったり,泡立ちを保持したりするときに関与する.

練り羊羹が長期間,軟らかい状態で保たれるのは,砂糖が水分を保持し,乾燥を防ぐことによる.また,カステラや求肥を使った和菓子など,砂糖を使ったデンプンを主成分とする食品が長期間,硬くならず,風味も劣化もしないのは,砂糖の保水性による.

また,ゼリーを長期間放置すると,離水という現象が生じ,テクスチャーが悪化するが,砂糖をたくさん含むゼリーは離水が生じにくくなる.さらに,メレンゲやアイスクリーム,マシュマロのような泡を固定する調理では,泡を形成するタンパク質の水分を砂糖が奪い取ることで,泡同士のくっつきを抑え,きめの細

かい泡の状態を保つことができる．この2つの現象も砂糖の保水性によるものである．

2) 砂糖の甘味の役割

砂糖は，温度によって甘味度が変わらず，甘味の味も控えめで，他の食材や調味料の味質を損なうこともない．甘味をつける料理に使用する砂糖の量，すなわち，快適な甘さは，おおよそ8～10％前後の砂糖量であるといわれている．表5.5に各料理に適した標準的な砂糖の量を示した．

他方，砂糖は料理に甘味をつける以外に，隠し味として料理に利用される．普通，加熱すると甘味が増す食材では，材料に対して1～3％の砂糖を加えると効果がある．また，酢の物，すし飯の合わせ酢，酢豚の甘酢あんなどのように，食品の酸味の刺激を抑え，丸みをもたせるために，砂糖を併用すると効果がある．

表5.5 各料理に適した砂糖の量[13]

料理名	濃度（％）
酢の物	3～5
あえ物	2～8
泡立て生クリーム	6～10
飲み物	8～10
プディングゼリー	10～12
アイスクリーム	12～15
しるこ	25～30
煮物（薄味）	3～5
煮物（含め味）	7～10
煮物（佃煮）	15
煮物（甘露煮）	30
餡	30～50
ジャム	60～70

3) 料理への色づけや風味付けとしての砂糖の役割

前述したように，調理中の加熱により，砂糖がカラメル化したりメイラード反応が起こったりして，食品に好ましい焼き色と香ばしさを醸し出すことができる．また，ペースト状の食材に砂糖を加えて加熱すると，食材の光沢が増し，きめが細かくなる現象もある．この現象を利用して，きんとんに光沢をつけたりしている．

パンを作るとき，パン生地に炭素源として砂糖を加えると，イーストの働きが増し，パン生地の膨化が促進される．パン生地の熟成初期には，イーストの栄養源となる糖が少ないために，砂糖を加えてイーストの増殖を促進させるためである．菓子パンなどでは，パン生地に粉当たり10％以上砂糖を加えると発酵時間を長くすることができ，膨化を十分に行うことが可能になる．

〔斎藤祥治・藤平隆喜〕

文　　献

1) Merck & Co., INC. (2001). *The Merck Index 13th ed.*, Whitehouse Station, NJ.
2) 阿武喜美子, 瀬野信子 (1993). 糖化学の基礎, 講談社サイエンティフィク.
3) (1985). 食の科学, **85**, 45.
4) 並木満夫, 松下雪郎編 (1980). 食品成分の相互作用, 講談社.
5) 水野　卓, 西沢一俊 (1971). 図解糖質化学便覧, 共立出版.
6) 大西正三 (1969). 食品科学, 朝倉書店.
7) 高田明和ほか監修 (2003). 砂糖百科, 糖業協会.
8) 嶋田淳子ほか編 (1993). 調理の基礎と科学, 朝倉書店.
9) 橋本　仁ほか監修 (1990). 甘味料の総覧, 精糖工業会.
10) 桜井芳人ほか編 (1966). 食品保蔵, 朝倉書店.
11) 浜口栄次郎, 桜井芳人 (1964). シュガーハンドブック, 朝倉書店.
12) 科学技術教育協会出版部編 (1984). 砂糖の科学.
13) 福場博保ほか (1978). 調理学, 朝倉書店.
14) 西成勝好, 矢野俊正編 (1990). 食品ハイドロコロイドの科学, 朝倉書店.
15) 菓子フォーラム, **10**.
16) 長谷　幸ほか (1981). 糖および糖アルコールがでん粉の糊化および老化に及ぼす影響, 食品総合研究所研究報告, **38**, 73-84.
17) 武　恒子ほか (1984). 食と調理学, 弘学出版.
18) El'Ode K. E. et al. (1966). Effects of pH and temperature on the ca-boonyls and aromas produced in heated amino acid-sugar mixtures. *J. Food Sci.* **31**, 351.
19) 山崎清子ほか (1987). 調理と理論, 同文書院.
20) 化学大辞典編集委員会編 (1960). 化学大辞典, 共立出版.

6. 糖質の消化と吸収

6.1 糖の消化

　経口的に摂取された糖質のうち,消化管の加水分解酵素で分解されにくい難消化性糖質(いわゆる食物繊維や難分解性オリゴ糖)は吸収されることなく腸管内を移動していくが,それ以外の糖質は,管腔内で段階的な消化を受け,腸管上皮から速やかに吸収される(図6.1).

　最も主要な食物多糖類であるデンプン(α-1,4-グリコシド結合のみをもつアミロースおよびα-1,6結合の枝分かれ部分をもつアミロペクチン)の消化は,唾液中および膵臓から分泌されるα-アミラーゼによってまず行われる.α-アミラーゼはα-1,4-グリコシド結合のみを加水分解する酵素であるので,アミロースからは二糖類であるマルトース,三糖類であるマルトトリオースが生成する.

	デンプン (アミロース)	デンプン (アミロペクチン)	乳糖	ショ糖
唾液 膵液	α-アミラーゼ	α-アミラーゼ		
	↓	↓	↓	↓
	マルトース マルトトリオース	マルトース マルトトリオース イソマルトース 限界デキストリン	乳糖	ショ糖
小腸 刷子縁膜酵素	マルターゼ	マルターゼ イソマルターゼ	ラクターゼ	スクラーゼ
	↓	↓	↓	↓
	グルコース	グルコース	グルコース ガラクトース	グルコース フラクトース

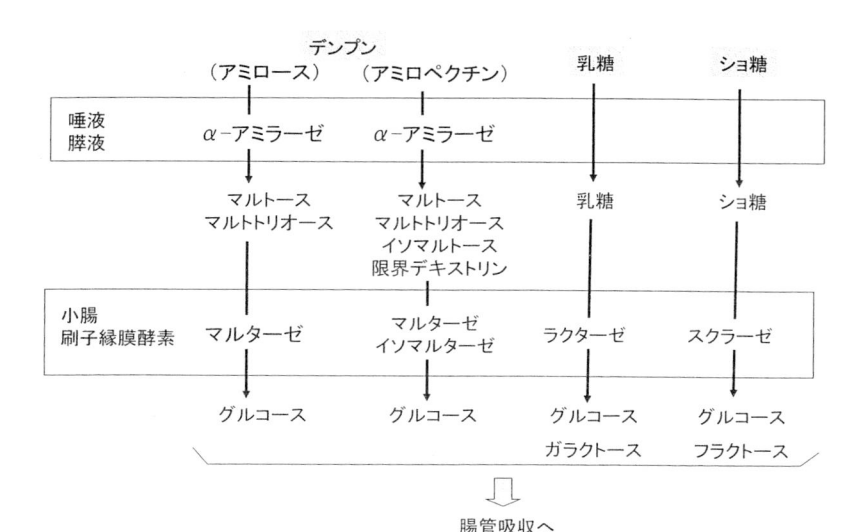

⇩
腸管吸収へ

図6.1　消化管内での糖質の消化プロセス

6.1 糖の消化

一方，アミロペクチンからは，上記の少糖類のほかに，α-1,6 結合の枝分かれ部分をもつ断片であるイソマルトースや限界デキストリンが生じる．

これらの消化産物は，小腸刷子縁膜（腸管上皮細胞の管腔側粘膜）に存在する二糖類・少糖類分解酵素によってさらに分解される．デンプンの最終消化に関わる小腸刷子縁膜酵素としては，マルターゼ，イソマルターゼ（α-1,6 グリコシダーゼあるいは α-デキストリナーゼともいう）などがあり，これによってデンプンは最終的にグルコースとなる．

牛乳中に含まれる二糖類である乳糖も小腸刷子縁膜で分解され，グルコースとガラクトースになる．この分解に関わるのはラクターゼ（β-ガラクトシダーゼ）である．また，ショ糖の場合には刷子縁膜のスクラーゼ（インベルターゼ）の作用によってグルコースとフラクトースに分解される．

刷子縁膜の少糖類分解酵素は，小腸上皮細胞の管腔側にある微絨毛上の膜タンパク質として発現している．スクラーゼとイソマルターゼは，連結した1つの前駆体タンパク質（スクラーゼ-イソマルターゼ複合体；SI-complex）として合成されており，イソマルターゼのアミノ基末端がアンカーとなって細胞膜に結合している．すなわち，1つのポリペプチド分子の中にスクラーゼ，イソマルターゼ，マルターゼの活性が同居しており，しかも膵プロテアーゼでスクラーゼとイソマルターゼの間の部分が切断されるにもかかわらず，スクラーゼはイソマルターゼ部分と強固に結合していて膜から遊離しない．ラクターゼもフロリジン水解酵素（β-グルコシダーゼ）と連結した単一のポリペプチドとして合成され（ラクターゼ-フロリジン水解酵素複合体；LPH-complex），それが細胞内で分解され，2つの酵素の複合体となって存在する[1,2]．

腸管上皮細胞の分化・成熟とこれらの酵素活性の間には興味深い関係が見いだされている．腸管上皮細胞は，絨毛基部のクリプトで分裂し，そこから絨毛先端まで1～数日かけて成熟・分化しながら移動していくが，その間に糖質消化酵素の活性は大きく変動する．SI-complex の活性は，絨毛基部からすぐに上昇し，絨毛の中央部から先端にかけては徐々に減少に転ずるが，LPH-complex は絨毛の基部から先端まで緩やかに上昇し続ける．

6.2 腸管上皮の糖吸収経路

　糖質の吸収のほとんどは小腸で行われる．小腸上皮における物質輸送経路は主として4つに大別される（図6.2）．

　第1は主要栄養素を特異的かつ効率的に取り込むためのトランスポーターを介した輸送である．小腸では，単糖，アミノ酸，ペプチド，モノカルボン酸，ビタミン，カルシウムなどの栄養素の輸送に関わる多様なトランスポーターが存在している[3]．多くのトランスポーターは，ナトリウムやプロトンなどのイオンと基質を共輸送するという性質をもっており，エネルギー依存的な能動輸送系と分類される．

　第2はタンパク質などの高分子の取り込みに関わるトランスサイトーシス（小胞輸送）の経路である[4]．トランスサイトーシスには，細胞膜上の特異的な受容体にリガンドが結合することが引き金になって膜小胞の形成とそれに続く小胞の細胞内輸送が起こる特異的受容体を介したトランスサイトーシス，疎水性リガンドやイオン性リガンドが細胞膜に結合（吸着）することによって小胞輸送が起こる非特異的吸着を介したトランスサイトーシスなどがあるが，リガンドの有無にかかわらず進む小胞輸送もある．細胞内を小胞が移動する際にはエネルギーが必要であり，この輸送系も能動輸送である．

　第3は水溶性の低分子の吸収ルートとして重要な細胞間隙を介した経路である．上皮細胞はタイトジャンクションをはじめとする接着装置によって結合され

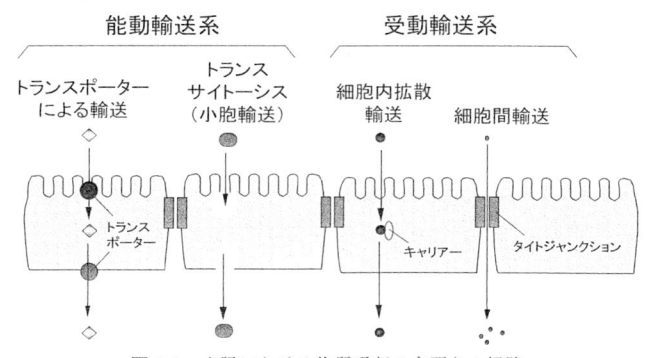

図6.2　小腸における物質吸収の主要な4経路

た単層構造を形成しており，異物の体内への侵入を防ぐバリアーとして機能している[5]．タイトジャンクションはオクルディン，クローディンといったタンパク質によって形成されているが，これらのタンパク質の相互作用部位には数 nm 程度の分子が通過できるような小孔が存在しており，ミネラルをはじめとする水溶性の低分子物質の吸収経路（paracellular pathway）となっている[6]．この輸送経路は，栄養素を濃度勾配にしたがって吸収する受動拡散の系である．

　第 4 は細胞膜を透過しやすい疎水性物質などが細胞内に入った後，キャリアータンパク質などを介して細胞内を通過し，基底膜側に放出される細胞内経路である．脂溶性ビタミンやカロチノイド類はこの経路で吸収されるとされている．しかし，このような物質の細胞内への進入や細胞外への排出にはトランスポーターが関与する場合があることも近年明らかになってきており，第 4 の経路を独立の経路として分類することは難しくなっている．

　多糖類や少糖類は，基本的にはそのままではほとんど吸収されない．ある種の多糖類は，腸管の免疫装置の一つであるパイエル板（Peyer's patch）の M 細胞からトランスサイトーシスによって吸収され，粘膜固有層の免疫細胞を刺激することが知られているが，これは免疫応答を目的としたものである[7]．また，分子量が小さい少糖類の場合には，細胞間隙を拡散で透過する可能性があるが，これらの経路による糖質の吸収量は通常の状態ではわずかと考えられる．もっとも，腸管上皮細胞のタイトジャンクションは動的に調節されている装置であり，食事成分を含む様々な外因性・内因性因子によって開閉することがわかっている[8]．後述するナトリウム依存的グルコーストランスポーターにより，上皮細胞内にグルコースが急激に取り込まれ，それに伴って細胞内のナトリウムイオン濃度が上昇すると，細胞内のシグナル伝達の結果，タイトジャンクションが開き，管腔内のグルコースが細胞間経路を介して吸収されるという知見もある[9]．しかし，糖質吸収の主要な経路は，上記の消化酵素により分解されて生じた単糖類がトランスポーターを介して吸収される経路である．

6.3　グルコーストランスポーター

　小腸上皮細胞に存在する糖の主要なトランスポーターとしては，ナトリウム依

存的グルコーストランスポーター1 (sodium-dependent glucose transporter；SGLT1)，グルコーストランスポーター2および5 (glucose transporter；GLUT2およびGLUT5) がある[10]．

SGLT1は上皮細胞の管腔側細胞膜に局在している14回膜貫通型のトランスポーターであり，ナトリウムの存在下でグルコースを輸送する[11]．SGLT1はエネルギー依存的なトランスポーターであるが，これはグルコースとともに細胞内に取り込まれたナトリウムイオンが，基底膜側に存在するNa^+/K^+-ATPase（ナトリウムポンプ）によって細胞外に排出される際にATPが必要であることによる（図6.3）．SGLT1はグルコースだけでなくガラクトースも同様に輸送する性質をもっており，グルコースやガラクトース輸送のKm値は0.1〜0.4 mMと高親和性である．したがって，管腔内のグルコース濃度が低い場合のグルコース輸送はほとんどSGLT1によって行われると考えられる．

一方，GLUT5は管腔側，基底膜側の両方の細胞膜に存在している促進拡散型のトランスポーターである．フラクトース構造を認識して，これを管腔側から細胞内へ，さらには基底膜側へと輸送する．また，GLUT2は細胞の基底膜側（血液側）の細胞膜に主に存在する促進拡散型のトランスポーターで，細胞内に入ったグルコース，ガラクトース，フラクトースを血液側に輸送する役割を果たしている（図6.3）．

これらのトランスポーターの活性は，食事として摂取する糖質によって制御されることが知られている．たとえば，長期間，糖質含量の高い餌を与え続けてい

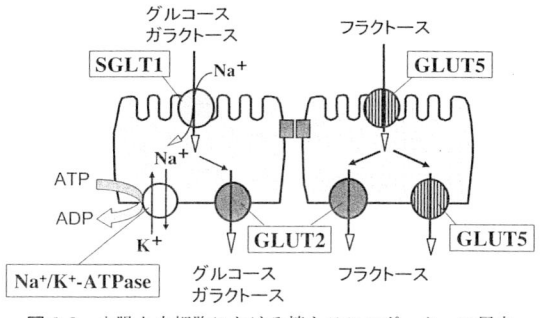

図6.3　小腸上皮細胞における糖トランスポーターの局在

たラットでは，小腸のグルコース輸送速度が上昇する．この活性変化は，小腸のSGLT1タンパク質の量の増加を伴っていることが報告されている[12]．しかし，グルコース添加に対するSGLT1mRNA量の変化は少なく，SGLT1の活性化には翻訳レベルなど転写後の調節機構が関与していると考えられた．一方，フラクトースによるGLUT5の活性変化は短時間の間に起こることが知られている．Kishiら[13]は，フラクトース溶液をラット腸内に注入して3時間後にはGLUT5のmRNA量が2倍に増加することを見いだしており，GLUT5のこの活性化機構は転写レベルでの変化に起因していることを示した．このように，食事性糖質に対するSGLT1とGLUT5の応答機構は異なっているようであるが，これらのトランスポーターと刷子縁膜の糖質分解酵素の間には共通した調節機構が存在しており，フラクトースによるGLUT5mRNAの転写亢進に伴ってスクラーゼ-イソマルターゼ遺伝子やラクターゼ遺伝子の転写速度も増加することや，その調節にCdx-2のような転写因子が関わっていることなどが報告されている[13,14]．すなわち小腸では，食事性糖質の摂取に応答して，その分解酵素やトランスポーターが遺伝子発現・タンパク質発現レベルで活性を調節しながら連携して働いているのである．

6.4 糖質の消化吸収を調節する食品

腸管内での消化分解を受けにくい多糖類/少糖類，いわゆる難消化性糖質は，健康維持や疾病予防機能をもった食品，いわゆる機能性食品の素材として近年注目されるようになった．これらの糖質は消化吸収されないために，そのままの形で腸管管腔内を移動し，腸管下部に至る．

小腸下部（回腸）から大腸（結腸，直腸）には多数の細菌が生息しており，この細菌叢（マイクロフローラ）の状態が，腸管機能や健康状態に重要な意味をもつことが知られている．一般に，ビフィズス菌や乳酸菌の比率が高くなると，腸内環境は酸性になり，*E. coli*や*Clostridium*などの腐敗菌，病原菌の増殖を抑制する．また，ビフィズス菌や乳酸菌が産生する短鎖脂肪酸（乳酸，酪酸，プロピオン酸，酢酸など）は腸管上皮細胞の増殖や機能分化を促進するとともに，腸管の平滑筋や神経系を刺激して，腸管の運動性を高めることも期待される．難消

化性糖質,特に少糖類（オリゴ糖）は,このようなビフィズス菌や乳酸菌の栄養源（プレバイオティクス）となり,その増殖を促進することによって腸管の機能を整える機能があることが明らかになっている．厚生労働省によって認可されている機能性食品である「特定保健用食品」は2005年12月時点で569品目に上るが,そのうちの約30％が難消化性糖質（難消化性デキストリンや各種オリゴ糖）を機能性成分として利用した整腸機能をもつ食品である．

近年,難消化性多糖類には整腸作用以外の機能も見いだされるようになった．その一つは血糖値の上昇を抑制する機能である．たとえば,難消化性デキストリンは,アミラーゼの活性を阻害することによって腸管内でのデンプンの消化分解を抑制し,糖の腸管吸収を遅延させる．アラビノースのような単糖にもスクラーゼやα-グルコシダーゼなどの糖質分解酵素を阻害する活性が見いだされており,これらを含む食品の摂取は食後血糖値の上昇を抑制することが報告されている[15]．血糖値が気になる人のための特定保健用食品として認可されたものの中には,それ以外にも,小麦アルブミンを含む飲料,ポリフェノールを含む茶飲料,発酵大豆抽出物を用いた茶飲料などがある[16]．小麦アルブミンにはアミラーゼインヒビターが含まれており,これが腸管内でα-アミラーゼによるデンプンの分解を阻害する．ある種の茶ポリフェノールは,アミラーゼ,α-グルコシダーゼの活性を阻害するばかりでなく[17],グルコーストランスポーター（SGLT1やGLUT）の輸送活性をも抑制することが報告されている[18,19]．このように,糖質の腸管内での消化,分解や吸収に影響する食品成分は,カロリー過剰摂取の先進国では有用な健康食品素材として利用されている．

〔清水　誠〕

文　　献

1) 武居能樹（1990）．糖質の膜消化酵素．臨床生理学シリーズ「腸」（星　猛,入来正躬編）,pp.22-26,南江堂．
2) 合田敏尚（1990）．ラクターゼの特殊性．臨床生理学シリーズ「腸」（星　猛,入来正躬編）,pp.27-31,南江堂．
3) 清水　誠（2004）．小腸粘膜上皮における物質輸送機能と細胞間相互作用の解析．ビタミン,**11**(11),555-563．
4) 原田悦守（2004）．新生仔腸管における高分子物質の取り込みとgut closure．医学の歩み,**98**,959-964．
5) 小海康夫ほか（1997）．生体バリアの本体,タイト結合の分子構造と機能生物学．蛋白質核酸酵素,

42(2), 643-651.
6) 月田承一郎, 古瀬幹夫 (2000). タイトジャンクションを構成する4回膜貫通型タンパク質オクルディンとクローディンの発見— Paracellular Pathway の新しい生理学に向けて, 生化学, **72**(3), 155-162.
7) Hathaway L. J. and Kraehenbuhl J. P. (2000). The role of M cells in mucosal immunity, *Cell Mol Life Sci.*, **57**(7), 323-332.
8) 清水 誠ほか (1999). 腸管上皮のタイト結合を介した物質透過性とその食品因子による調節, 蛋白質核酸酵素, **44**(7), 874-880.
9) Turner J. R. (2000). Show me the pathway!: Regulation of paracellular permeability by Na^+-glucose cotransport, *Adv. Drug Deliv. Rev.*, **41**, 265-281.
10) Wright E. M. *et al.* (2003). Intestinal absorption in health and disease: sugars, *Best Prac. Res. Clin. Gastroenterol*, **17**(6), 943-956.
11) Wright E. M. *et al.* (1998). Structure and function of the Na^+/glucose cotransporter, *Act Physiol Scand.*, **163** (Suppl.643), 257-264.
12) Ferraris R. P. (2001). Dietary and developmental regulation of intestinal sugar transport, *Biochem. J.*, **360**, 265-276.
13) Kishi K., *et al.* (1999). Enhancement of sucrase-isomaltase gene expression induced by luminally administered fructose in rat jejunum, *J. Nutr. Biochem.*, **10**, 8-12.
14) Goda T. (2000). Regulation of the expression of carbohydrate digestion/absorption-related genes, *Br. J. Nutr.*, **84** (Suppl.2), 245-248.
15) Seri K. *et al.* (1996). L-arabinose selectively inhibits intestinal sucrase in an uncompetitive manner and suppresses glycemic response after sucrose ingestion in animals, *Metabolism*, **45**(11), 1368-1374.
16) Shimizu T. (2003). Health claims on functional foods: the Japanese regulation and an international comparison. *Nutr. Res. Rev.*, **16**, 241-252.
17) Honda M. and Hara Y. (1993). Inhibition of rat smack intestinal sucrase and α-glucosidase activities by tea polyphenols, *Biosci. Biotechnol. Biochem.*, **57**(1), 123-124.
18) Kobayashi Y. *et al.* (2000). Green tea polyphenols inhibit the sodium-dependent glucose transporter of intestinal epithelial cells by a competitive mechanism, *J. Agric. Food Chem.*, **48**(11), 5618-5623.
19) Shimizu M. *et al.* (2000). Regulation of intestinal glucose transport by tea catechins, *BioFactors*, **13**, 61-65.

7. 砂糖と健康

7.1 砂糖の誤解

a. 砂糖と肥満

1) 肥満と健康

　肥満は多くの人にとって健康上，美容上の最大の関心事であり，「砂糖，すなわち甘いものを摂取すると肥満や生活習慣病になる」という誤解が巷に蔓延している．

　砂糖が肥満とは直接関係ないことを述べる前に，そもそも肥満は本当に体に悪いのかということを検証してみよう．

　現在，肥満の定義はBMI（body mass index）で測られる．これは体重をキログラムで表した数をメートルで表した身長で2回割ったものである．正常は18.5～24.9であり，25～29.9が過体重，30以上が肥満とされている．また18.4以下はやせに属する．

　アメリカで1971～75年に最初のNational Health and Nutrition Examination Survey（NHANES-1）が行われた．これには25歳から74歳までの人たち11,340人が参加し，体重などについてのインタビューや身体検査を受けた．その追跡調査の結果が1982～84年に集計された．NHANES-IIは1976年から80年まで行われ，92年まで追跡された．NHANES-IIIは1988～94年に行われ，2000年まで追跡された．

　NHANES-Iはまだ心臓病の死者が非常に多い時期であったし，また喫煙の有無も調べられていなかったので，その後の調査ほど正確ではないとされる．ここでは正常の体重，すなわちBMIが18.5から24.9の人の死亡数を0にし，それよりも死亡が多いか少ないかを調べている．図7.1に示すように，過体重の人の死亡率は正常の人と変わらない．さらに軽度肥満の人（30 < BMI < 34.9）の人

7.1 砂糖の誤解

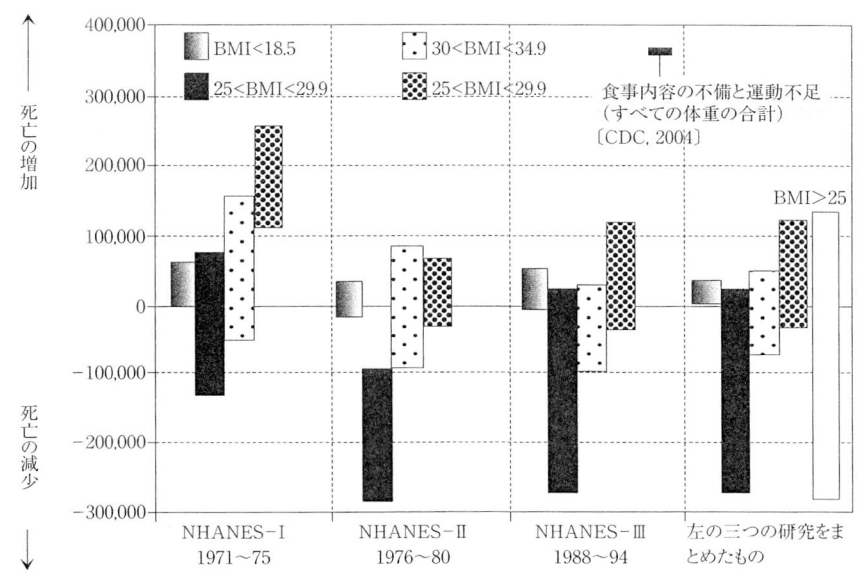

図 7.1 米国における体重に関連する死亡率[1]

(凡例) BMI<18.5 / 25<BMI≦29.9 / 30<BMI≦34.9 / 25<BMI≦29.9 / 食事内容の不備と運動不足（すべての体重の合計）〔CDC, 2004〕

縦軸：死亡の増加／死亡の減少
横軸：NHANES-I 1971～75／NHANES-II 1976～80／NHANES-III 1988～94／左の三つの研究をまとめたもの

たちがわずかに死亡率を高めている．ところが，その後の NHANES の調査では，過体重の人は正常の人より死亡率が低く，軽度肥満，高度肥満の人も正常の人と死亡率が変わらないということがわかった．また NHANES-I から III のすべてをまとめても，過体重の人の死亡率は正常より低く，BMI が 25 以上のすべての人の死亡率と正常体重の人の死亡率では，BMI25 以上の人の死亡率の方がやや低いというような結果になっている．このことは，肥満が必ずしも病気の原因になっているとはいえないということを示す．それどころか，過体重（日本ではこれも肥満に入る）の人は，正常といわれる体重の人より長生きだということになっているのだ．

2) 砂糖摂取と肥満

砂糖摂取量が減っているのに肥満は増えているといわれるが，現実には女性の BMI はあらゆる年代で毎年減っている．男性では BMI は増しているものの，その増加も正常域の範囲であり，BMI が 1 増加するのに 20 年かかっている．つまり日本人はそれほど肥満になってはいないといえる．

イギリスの Bolton–Smith らは，砂糖をエネルギー源として多く摂取している人と，脂肪を相対的に多く摂取している人の肥満度を調べた[2]．すると砂糖摂取の量が多い分画の人は肥満が少なく，脂肪摂取の多い分画の人は肥満が多いことがわかった．つまり砂糖摂取は肥満を起こさないといえる（図 7.2）．

さらに，イギリスでも肥満者は急増しているが，摂取カロリー量も脂肪摂取量も減っていることから，テレビを見る時間や自動車の保有数の増加にみられる運動量の減少の方が肥満の原因として大きいという議論もある[3]．さらに，日本においては肥満は増しているとされるが，砂糖消費量は（供給ベースで）減少し続けており，さらに炭水化物の摂取量もこの 25 年間で 18% も減少している．それにもかかわらず肥満が増えているなら，肥満と砂糖や甘いものの摂取とは直接の因果関係はないといえよう．

b. 砂糖と糖尿病

現在，日本では糖尿病の患者は急速に増えている．厚生労働省の統計では，糖

5,768人の男性

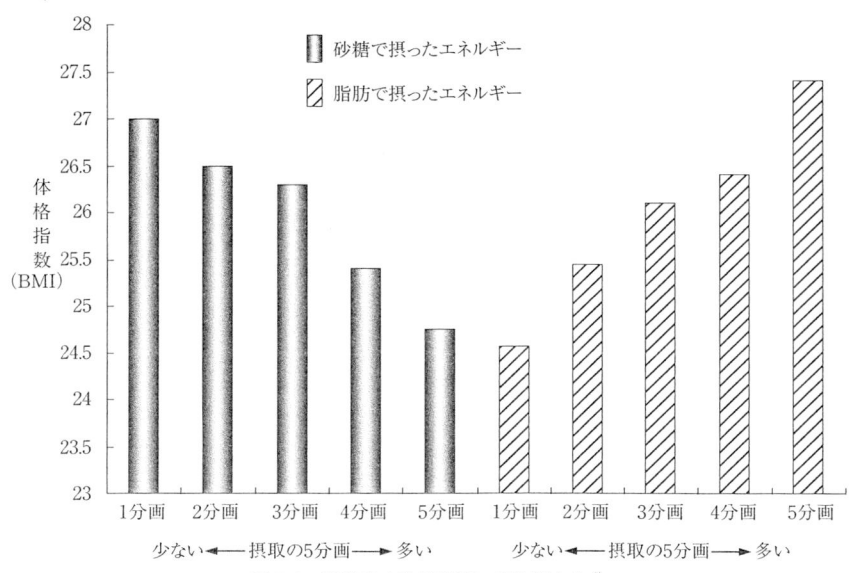

図 7.2 肥満度は砂糖消費に反比例する[2]

尿病を強く疑わせる人は700万人を超え，可能性を否定できないという人は900万人いるとされる．

糖尿病というから糖の摂取に問題があると考えるのは当然かもしれない．

糖尿病は2つに分類される．1つは1型糖尿病といわれる．これはインスリン依存性の糖尿病ともいわれ，インスリンを分泌する膵臓のランゲルハンス島のβ細胞が障害された状態である．原因は，自己免疫疾患によりβ細胞に対する抗体ができたり，ウイルスによりβ細胞が攻撃されたりして，インスリンが産生されなくなったことによる．この糖尿病は若いときから発症するので若年性糖尿病ともいう．しかしこれは全糖尿病の5％くらいにしかすぎない．問題は中年以後の成人に発症する2型糖尿病である．これはインスリン非依存性の糖尿病ともいわれる．

この糖尿病の場合にはインスリンは存在し，分泌される．しかしインスリンが作用しにくいのである．そもそもインスリンは細胞の中にブドウ糖が取り込まれるのを助ける．ブドウ糖は細胞膜にあるブドウ糖輸送体により取り込まれる．インスリン輸送体には13種類があるが，最も重要でインスリンに依存性の輸送体はGLUT4といわれ，筋肉細胞にある．

インスリンが受容体に結合すると，その情報が細胞内に送られ，細胞内の小胞の膜に存在するGLUT4が細胞膜に融合し，細胞膜のGLUT4が増える（図7.3）．ところが肥満になるとGLUT4の膜上の数が減り，さらにインスリンとの反応が妨げられる．このためにブドウ糖が細胞内に入ることができず，血液のブドウ糖量が増える．その結果糖尿になるのである．

さて，肥満になるとインスリンの作用が効果を失う理由として，最近，アディポカインといわれる，脂肪細胞，特に内臓脂肪の分泌する物質に関心が集まっている．まずShimomuraらは，脂肪細胞が作るアディポネクチンがインスリンの作用を高め，動脈硬化の発症を防ぐことを示した[4,5]．さらに脂肪細胞の脂肪が増えるとアディポネクチンの分泌が抑えられ，脂肪細胞からはレジスチンや血管狭窄を引き起こすHB-EGF，インスリンの作用を阻害するTNF-αなどが分泌される．このために肥満になり，特に内臓脂肪が増えると糖尿病になるとされた（図7.4）．

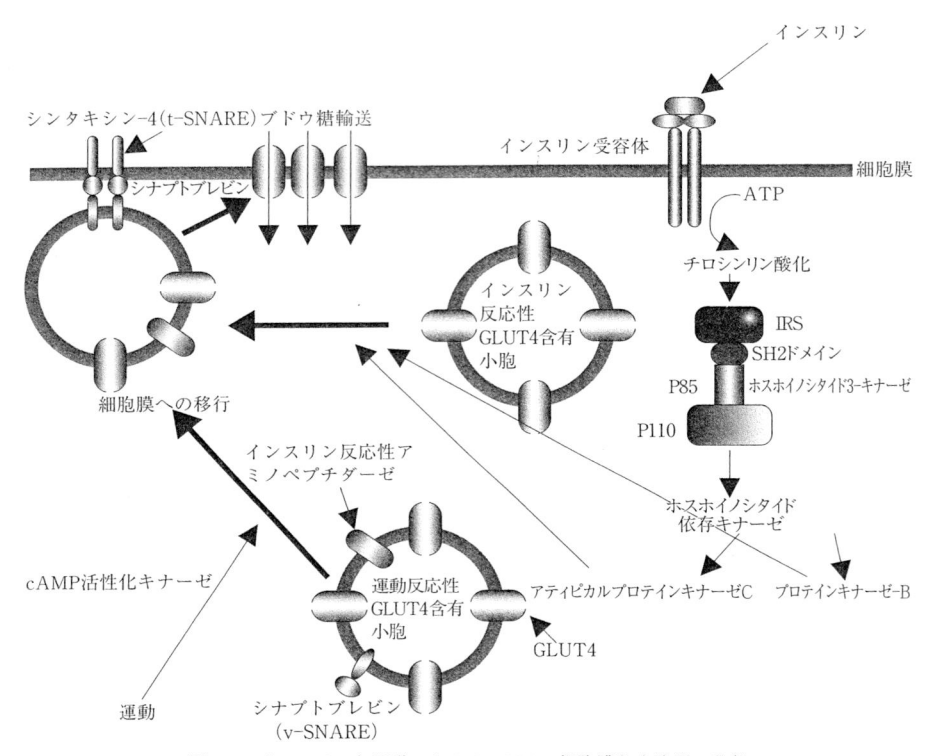

図 7.3 インスリンと運動による GLUT4 の細胞膜と小胞間の移行

インスリンが受容体に結合すると受容体と IRS (insulin receptor substrate) をリン酸化する．IRS は SH2 を介して p85, p110 とドッキングする．ホスホイノシタイド依存キナーゼの活性化がインスリン依存性のブドウ糖輸送に重要な過程である．運動はホスホイノシタイド 3-キナーゼとは関係なく，cAMP により活性化されるキナーゼにより GLUT4 の移行を引き起こす．

ところが最近やせている人の糖尿病が増えている．さらに糖分の摂取が減っているのになぜ糖尿病が増えているのかという問題もある．これについて，倹約遺伝子を提唱した Neel は，脳はブドウ糖を必要としており，もしブドウ糖の供給が十分でないなら，脳は末梢の細胞のブドウ糖の取り込みを阻害し（インスリン抵抗性にし），脳へのブドウ糖の供給を確保する，と述べている[6]．

これについて，肥満の場合にはアディポネクチンなどが少ないためにインスリン抵抗性になり，さらに脳へのレプチン（脂肪細胞から出て，摂食を抑制する）の作用が低下し，摂食が増える，という経路も提案されている[7]．

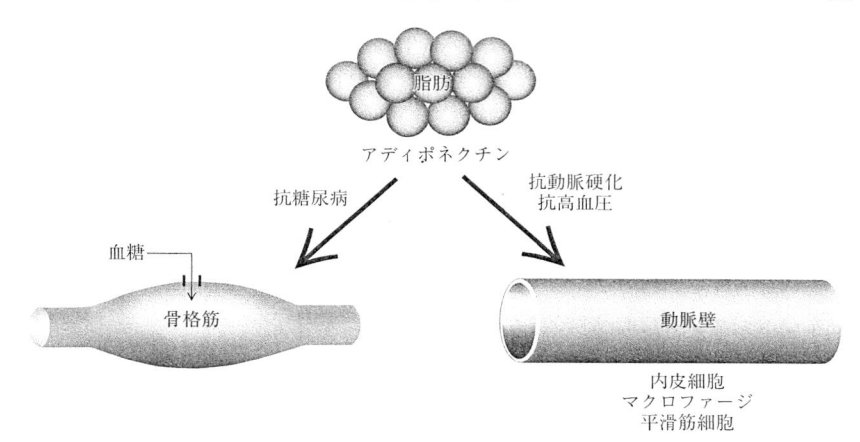

図7.4 アディポネクチンの生理機能

　一方，ブドウ糖の摂取が少ない，つまりやせているときには，脳は末梢の細胞のインスリン抵抗性を増す．さらに貯蔵していた脂肪を分解する．そしてブドウ糖にして，脳へ供給する．これが続くと体はブドウ糖を使えなくなり，糖尿病になるのである（図7.5）．

　糖尿病も肥満が原因ではなく，肥満にさせる生活習慣に問題があるという考え方が最近出されている．たとえば運動をしない，NEAT（non‒exercise activity thermogenesis；運動によらない活動による熱発生）によるカロリー消費が少ないと肥満になることも示されている（図7.6）[8]．

　実際，運動は糖尿病の危険率を下げるという報告は多い．Wei らは運動の程度と糖尿病の発症率の間の関係を調べ，運動の量が多いと糖尿病の危険率は非常に低くなることを示した[9]．

　肥満を砂糖摂取に結びつけることは誤りであるだけでなく，食べ物の摂取に結びつけることも正しいとはいえない．運動，間食の有無，摂食の回数と時間などの生活習慣の改善がなければ，肥満を防ぐことはできない．

3）砂糖のエネルギー

　砂糖は構造的にブドウ糖と果糖からなっている．そのため，ブドウ糖がつながっているデンプンなどと比べ，重量あたりのエネルギーには差がない．10ｇの米，

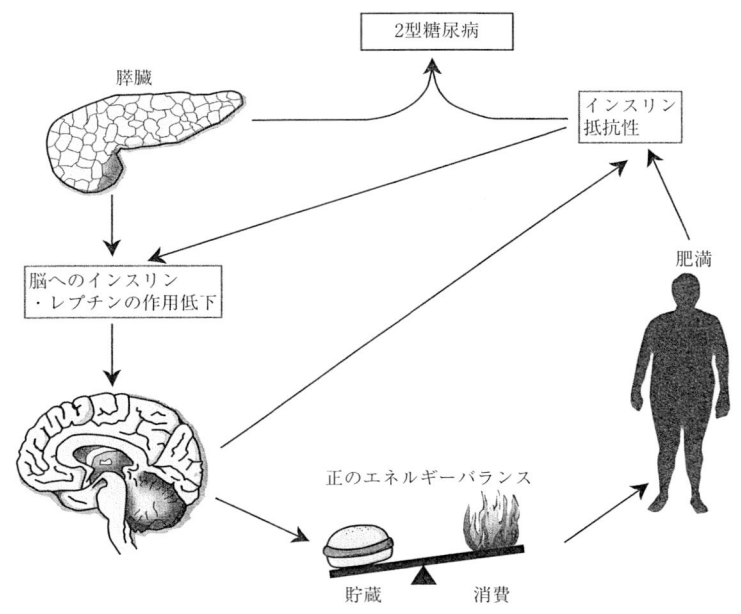

図 7.5 糖尿病のメカニズム

肥満をインスリン抵抗性や 2 型糖尿病の原因として結びつけるモデル. 体重が増加して肥満が進むにつれ, インスリン抵抗性は悪化していき, インスリン分泌への要求が高まる. β 細胞欠乏による脳や末梢神経におけるインスリンの機能低下と結びつくと, 2 型糖尿病が発症する[7].

小麦粉, そば粉のエネルギーは 10 g の砂糖とあまり違わないのだ. このことは, 砂糖には何か特別に人を肥満させる要素が含まれてはいないことを示す.

さらに大事なことは, 果糖が体に入ると, ブドウ糖と似たように代謝経路に入り, 分解されることである. つまり砂糖 1 分子はブドウ糖 2 分子と同じような物質といえる.

脳はブドウ糖以外をエネルギー源として利用できない. さらに 70 kg の男性の 1 日の炭水化物の必要摂取量は 370 g である. 脳はこの 24% を使用する. つまり 89 g のブドウ糖を必要としている.

現在, コーヒーに入れるスティックには, 砂糖が約 3 g 入っている. これは脳が必要とする糖分の 3.4% にすぎない. また全身が使用する糖分の 0.8% である. つまりコーヒーをブラックで飲んでも, そのエネルギー量はたかが知れていて, 肥満を防止する量とはほど遠いといえる.

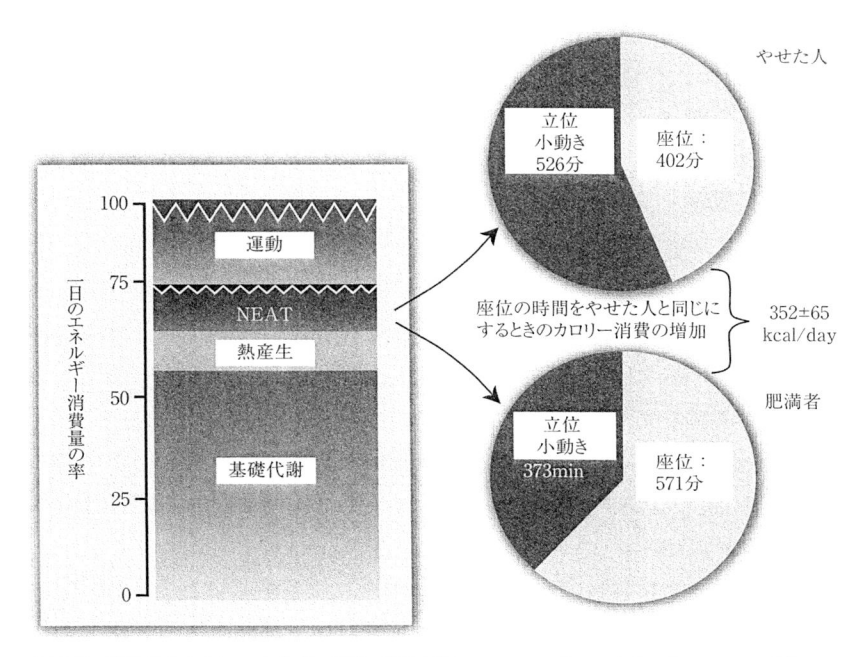

図7.6 運動によらないエネルギー発散（NEAT：non‐exercise activity thermogenesis）計画的な運動よりも，立ったり，体の姿勢を正したり，小動き（家事）する方が体重を減らす[8]．

実際，現在日本人の砂糖摂取量は，一人当たり供給量ベースで1日50 gといわれる．しかし実際には，菓子，ケーキの食べ残し，砂糖を入れた料理の食べ残しなどを考慮すると，35 gくらいかと考えられる．これは全糖分摂取量の9.4%であり，全摂取エネルギーを2,000 kcalとすると，その7%にすぎないのである．

7.2 砂糖が脳と心に及ぼす影響

砂糖は脳と心にどのような影響を与えるのであろうか．まず砂糖のもつ甘さの脳に及ぼす作用がある．これは砂糖摂取が脳内のドーパミンやオピオイドの分泌を促し，快感や意欲を増加させることが大きく関係する．

a. ブドウ糖の脳への取り込み

動物，ヒトでも脳の活動を脳血流の増加，酸素の消費，ブドウ糖の取り込みで

調べている．それは脳がエネルギー源としてブドウ糖以外を使うことができないからである．

　脳血流の増加も，活動している部位にできるだけ多くのブドウ糖を送ろうという仕組みの一端であり，酸素の消費も取り込まれたブドウ糖の燃焼に酸素が使われるために増加する．

　このようにブドウ糖は脳に取り込まれるのだが，脳の毛細血管はグリア，特に星状細胞により取り囲まれ，物質を容易に通過させないことは知られている．毛細血管の内皮細胞にあるブドウ糖の輸送体はGLUT1である．この輸送体はインスリン依存性ではない．さらにグリアにはGLUT3がある．局所的にはGLUT4もあり，ミクログリアにはGLUT5がある．

　さてブドウ糖がニューロンに運ばれる経路は2種類ある（図7.7）．1つは星状細胞に入り，乳酸になって運ばれる経路，もう1つは直接GLUT3を介してニューロンに入る経路である．

　ブドウ糖は，星状細胞に取り込まれる場合には解糖系により乳酸になり取り込まれる[10]．この乳酸はニューロンにある乳酸脱水素酵素1（LDH1）によりピルビン酸になり，これがTCA回路に入り，ATPを作る（図7.7）．神経が活動し主な伝達物質であるグルタミン酸を放出すると，これがグルタミン酸の輸送体によりグリアに取り込まれる．この際にグルタミン酸の1分子について3個のナトリウムイオンが取り込まれ，このナトリウムイオンはナトリウム-カリウムポンプ（ナトリウム・カリウムATPase）を用い，外部に出される．このときにATPが消費される．一方，解糖系ではブドウ糖1分子について2分子のATPが作られ，消費したATPが補充される．残りの1分子のATPはグルタミン酸をグルタミンに変え，これは輸送体により，ニューロンに取り込まれる．放出されるグルタミン酸が多ければ，解糖系がより活性化される．このことはブドウ糖がより多く脳に取り込まれることを示している．このようなブドウ糖の取り込みの増加は，急に脳のある部位が活性化された場合に用いられる過程であろう．では，脳のある部位が慢性的に活性化されているような場合，あるいは逆に長く活性の程度が弱く保たれている場合には，これ以外の仕組みが働くだろうか．

　脳血管内皮細胞とグリア，ニューロンにあるブドウ糖の輸送体の数が，その部

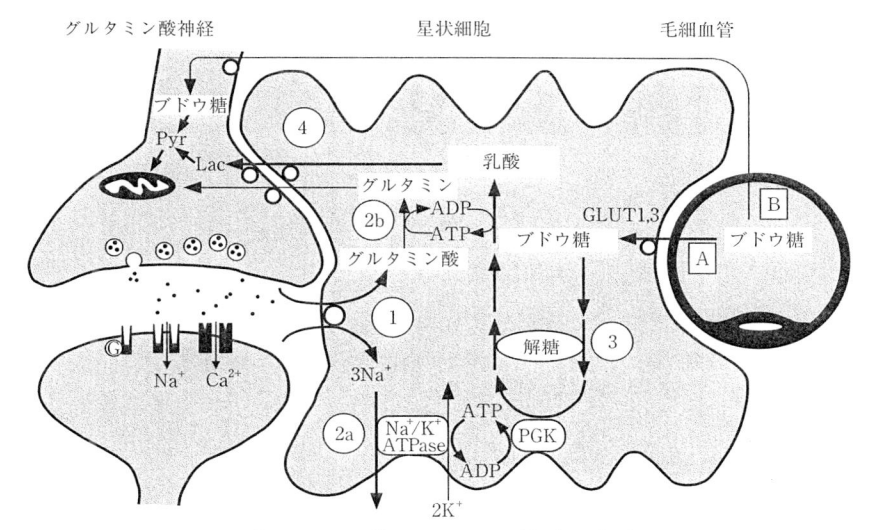

図 7.7 ブドウ糖がニューロンに運ばれる経路

グルタミン酸の輸送体は GLAST1（または EAAT1），GLT1（または EAAT2）でほとんどグリアにある．EAAC-1（または EAAT3）はニューロンにあるが，シナプスのグルタミン酸の輸送には関係しないらしい．グルタミン酸は Na と共輸送される．これは Na^+/K^+ ATPase を活性化させる．Na^+/K^+ ATPase の活性化は解糖を活性化する．PGK：ホスホグリセラートキナーゼ．「B」は basal な状態でのブドウ糖のニューロンへの取り込み．

位の活性に比例して増えたり減ったりすることが明らかにされている[11]．まず脳の血管内皮細胞，星状細胞のブドウ糖輸送体は GLUT1 である．一方，ニューロンの輸送体は GLUT3 である．血管内皮細胞における GLUT1 の分布を見ると，血管腔に向いている側と，脳実質に向いている側に多く，また，この両者では脳実質に向いている方が多い．

たとえば脳のいろいろな部位をニコチン溶液で刺激すると（グルタミン酸神経が刺激される），GLUT1 と 3 の数が増す．一方，低血糖で脳がブドウ糖を必要とするような場合にも GLUT1 と 3 の数は増すのである（図 7.8）．つまり GLUT1 や 3 の発現はブドウ糖の必要度に応じて，さらに局所の神経細胞の活性の程度により調節されているといえるのである．

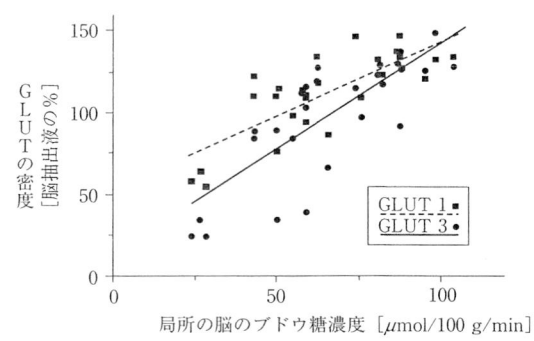

図7.8 ブドウ糖輸送体濃度と局所のブドウ糖利用度との相関 両者の間には密接な相関が示される ($r = 0.78$, $P < 0.01$)[11].

b. ブドウ糖の記憶などの脳機能への影響

ブドウ糖投与の記憶に及ぼす影響については,たとえばTならTから始まる言葉を1分間に何語思い出せるか,あるいは物語を読んで聞かせて,その内容をどのくらい覚えているかといったことが調べられている[12]. すると,ブドウ糖投与群が常にこれらの記憶が優れていることがわかった. また記憶の程度は血糖値に比例し,血糖値の高い者ほど記憶が良かった.

このような記憶へのブドウ糖の影響は高齢者についても調べられている. アルツハイマー病の患者にブドウ糖またはサッカリンを投与し,記憶の改善への影響を調べた結果,ブドウ糖投与は言語の記憶に著効を呈した[13]. 最も改善したのは文章の記憶であるが,顔の記憶などへの効果は少なかった (図7.9). 同じような傾向は大学生を対象にした調査でも見られた. ブドウ糖投与とサッカリン投与を比較すると,ブドウ糖を投与された群は言語の記憶が著しく改善したが,顔の記憶などの改善は少なかった[14].

では,記憶にブドウ糖が重要な役割を果たすということを示す脳内変化の研究はあるのだろうか. Goldらはブドウ糖を投与した場合の,迷路実験をしているラットの海馬のブドウ糖量の変化を調べた[15]. また,迷路でテストをされ,海馬の活動が著しく高まっている場合,迷路テストをしていないラットに比べ,海馬のブドウ糖量は非常に低下していたことがわかった (図7.10). さらに,ブドウ糖投与のラットと生理的食塩水投与のラットを比較すると,迷路テスト中の海

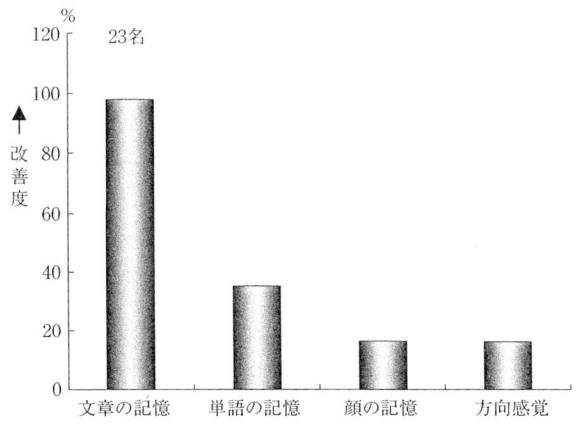

図 7.9 アルツハイマー病患者へのブドウ糖の効果
縦軸はサッカリンを投与した場合に比べて，ブドウ糖の投与がどのくらい記憶を改善したかを示す．

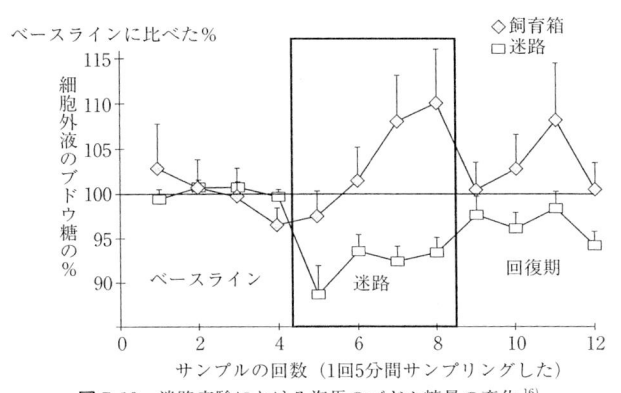

図 7.10 迷路実験における海馬のブドウ糖量の変化[16]

馬のブドウ糖量はブドウ糖投与群の方が高かった（図7.11）．これらのことは，記憶の神経活動の際にブドウ糖が使われること，さらにブドウ糖の投与は記憶の神経細胞の周囲のブドウ糖量の低下を防いでいることを示している．

c. ブドウ糖の精神安定作用

現在うつ病の人に用いられる抗うつ剤の主なものはSSRI（選択的セロトニン再取り込み阻害剤）という．うつ病の人はセロトニンの量が少ないとされる．そこで，薬としては，シナプス間隙に放出されたセロトニンが再度もとの神経末端

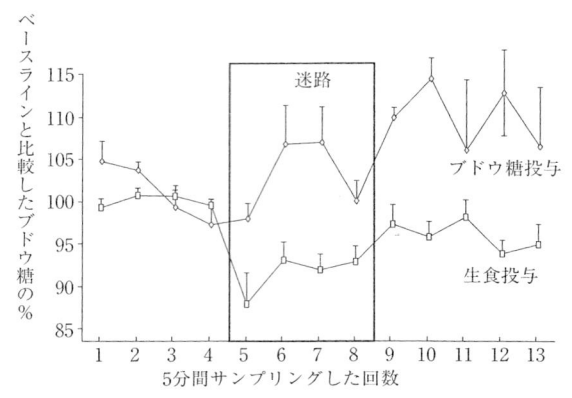

図7.11 迷路試験の際の海馬のブドウ糖量へのブドウ糖投与（100mg, i.p）の効果[16]

に取り込まれるのを妨ぎ，長くシナプス間隙に存在し，受容体を刺激し続けるようにさせるものが用いられる．普通は再取り込みされた後に再利用される場合もあるが，多くはMAO（モノアミン酸化酵素）で分解される．MAOを抑える薬も抗うつ剤として使用されている．

さらに，これでも効果があまりないような場合には，セロトニンとノルアドレナリンの両者の再取り込みを阻害するSNRIという薬が用いられている．

一般に，SSRIは「脳内のセロトニンを増やす薬」といわれるが，決してセロトニンを増やすのではなく，セロトニンの再利用をさせるものである．セロトニンはトリプトファンというアミノ酸からしかできない．トリプトファンは必須アミノ酸で，私たちの体では作られない．食べ物として摂る必要があるのである．さらにトリプトファンは肉など動物性のタンパクに多く含まれ，野菜，果物などの植物性のタンパクにはあまり多く含まれない．

イタリアのカリヤリ大学のFaddaらは，ラットにトリプトファン欠乏食を食べさせ，血中トリプトファン，脳内のセロトニン量の変化を調べた[17]．すると血中のトリプトファンは半日くらいでほとんどなくなった．脳内のセロトニン量は脳の海馬に細い透析管（microdialysis）を入れて，そこから細胞外液をとって調べる．すると4日くらい後には脳内のセロトニンはゼロ近くまで下がったのだ．

アメリカのエール大学の精神科のDelgadoらは，うつ病の患者にトリプトファ

ン欠乏食を食べさせ，トリプトファンの血中濃度と気分に与える影響を調べた[18]．すると，欠乏食を食べてから8時間くらいすると，もう血中のトリプトファン濃度は10%くらいにまで低下してしまった．

では気分の変化はどうだったのだろうか．Delgadoらはうつ病患者の気分の変化をうつ病指数を用いて調べた．これは患者にいろいろ質問して，その結果でうつ病の重度を計るものである．ハミルトンのうつ病指数を用いると，35点以上は大うつ病，20〜34点は中等度うつ病，8〜19点は軽度うつ病と分類される．正常の範囲は7点以下である．トリプトファン欠乏食を1回与えただけで精神的にはうつ状態になる．

ところで，トリプトファンが血管内から脳内に取り込まれるには，インスリンが必要ということがわかっている[19]．インスリンはブドウ糖摂取で分泌されるから，糖分，砂糖などを一緒に摂ることが必要なのである．じつは脳にトリプトファンを運ぶ輸送体はトリプトファンだけでなく，長鎖中性アミノ酸といわれる，ロイシン，イソロイシン，フェニルアラニン，バリン，チロシンも利用している．血中にはこれらのアミノ酸が多いので，輸送体は長鎖中性アミノ酸により使われてしまう．ところがインスリンがあると，これらの長鎖中性アミノ酸は筋肉などに運ばれ，トリプトファンが残るので，今度はトリプトファンが容易に脳内に入ることができるのだ（図7.12，図7.13）．

トリプトファンは脳内でセロトニンに変わる．セロトニンは精神の安定をもたらし，心を癒す脳内物質である．トリプトファンの脳内への取り込みを促進する，すなわちセロトニンの量を増加させるという観点からも，ブドウ糖や砂糖がストレスに抗して精神的安定を得るのに必要な食べ物だということがわかる．

d. 砂糖と行動異常

砂糖の摂取がいわゆる「切れる」子どもを作り出すという話が世間の関心を引いたことがある．これは砂糖の摂取が急速に血糖値を高めるために，インスリンの分泌を早め，その結果血糖値が下がる．そのために脳に必要なブドウ糖の供給が少なくなるために，行動の異常が起こるというものである．

誤解の一つは砂糖が血糖値を異常に高めるという点である．しかし，食後の血

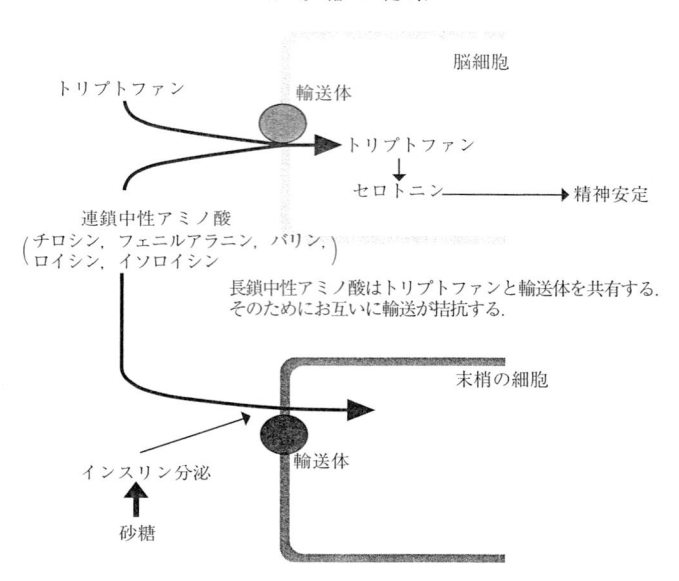

図7.12 脳へのトリプトファンの取り込み

糖値の上昇を示すグリセミックインデックス (glycemic index) を調べると，砂糖はそれほど高いインデックスをもっていない（図7.14）．それは砂糖がブドウ糖と果糖からなり，果糖は細胞内でブドウ糖と同じように代謝されるにすぎないからである．

次に，低血糖のときの症状は「切れる」症状とは異なる．低血糖になると，気分が悪くなり，冷や汗が出る，あくびが出る，意識が朦朧とするなどといった症状が続き，さらに，血糖値が下がると意識を失う．ここには「切れる」という症状は出ないのである．さらに，糖尿病の耐糖試験の際には75gのブドウ糖が投与される．これは今まで何万人という人に試みられている検査であるが，これにより「切れる」症状を出した人は報告されていない．

このように考えると，砂糖摂取の結果，「切れる」というような行動異常を起こすことはないと考えられる．

〔高田明和〕

7.2 砂糖が脳と心に及ぼす影響

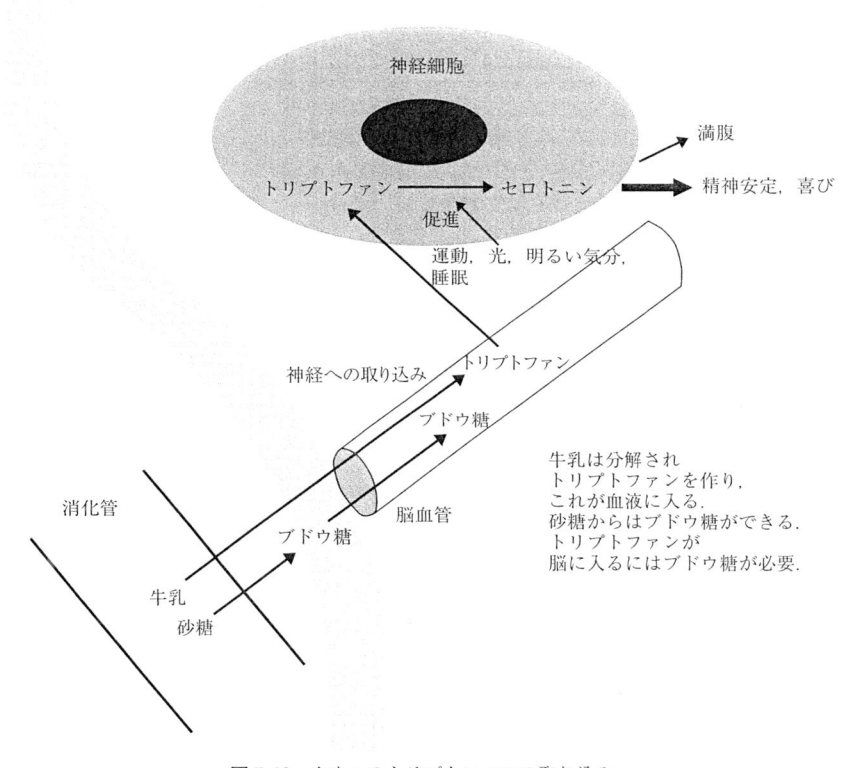

図中のラベル:
- 神経細胞
- トリプトファン → セロトニン → 満腹
- セロトニン ⇒ 精神安定，喜び
- 促進
- 運動，光，明るい気分，睡眠
- 神経への取り込み
- トリプトファン
- ブドウ糖
- 脳血管
- ブドウ糖
- 消化管
- 牛乳
- 砂糖

牛乳は分解され
トリプトファンを作り，
これが血液に入る．
砂糖からはブドウ糖ができる．
トリプトファンが
脳に入るにはブドウ糖が必要．

図 7.13 血中へのトリプトファンの取り込み

文　献

1) Gibbs W. W. (2005). Obesity: An overblown epidemic?, *Scientific American*, **292**, 70-77.
2) Bolton-Smith C. and Woodward M. (1994). Dietary composition and fat to sugar ratios in relation to obesity. *Int. J. Obesity*, **18**, 820-828.
3) Prentice A. M. and Jebb S. A. (1995). Obesity in Britain: Gluttony or sloth?, *BMJ.*, **311**, 437-439.
4) Shimomura I. *et al.* (2000). Role of adiponectin in preventing vascular stenosis: The missing link of adipo-vascular axis, *J. Biol. Chem.*, **277**, 37487-37491. PMID: 12138120 [PubMed-indexed for MEDLINE]
5) Shimomura I. *et al.* (2002). Association of adiponectin mutation with type 2 diabetes: A candidate gene for the insulin resistance syndrome, *Diabetes*, **51**, 2325-2328.
6) Neel J. V.(1962). Diabetes mellitus: A "thrifty" genotype rendered detrimental by "progress"?, *Am. J. Human Genet.* **14**, 353.
7) Schwartz M. W. and Porte Jr. D. (2005). Diabetes, obesity, and the brain, *Science*, **307**, 375.
8) Ravussin E. (2005). Physiology: A NEAT way to control weight?, *Science*, **307**, 530-531.

血糖インデックス（白いパン=100に対して）

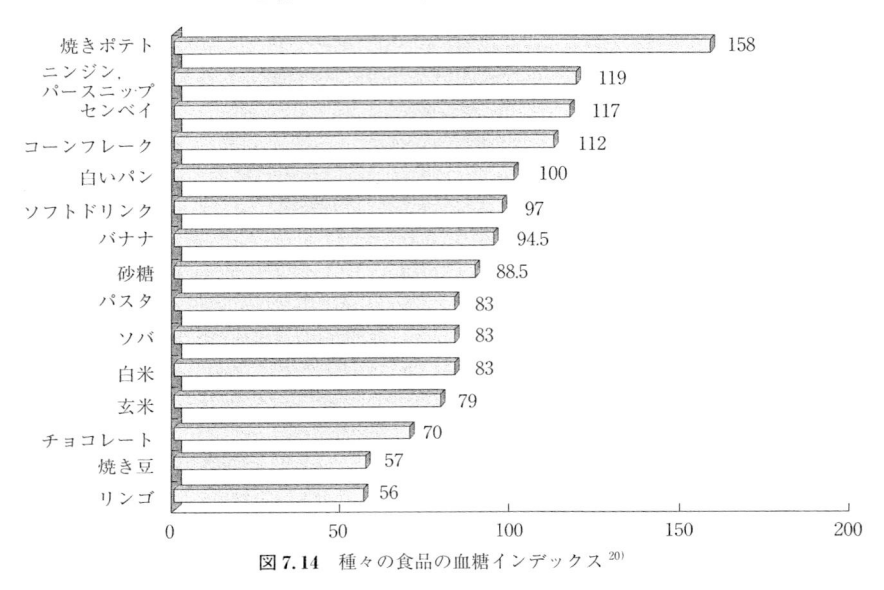

焼きポテト	158
ニンジン，パースニップ	119
センベイ	117
コーンフレーク	112
白いパン	100
ソフトドリンク	97
バナナ	94.5
砂糖	88.5
パスタ	83
ソバ	83
白米	83
玄米	79
チョコレート	70
焼き豆	57
リンゴ	56

図 7.14　種々の食品の血糖インデックス [20]

9) Wei M. et al. (2000). The association between physical activity, physical fitness, and type 2 diabetes mellitus. *Comp. Ther.*, **26**, 176-182.
10) Magistretti P. J. and Pellerin L. (1999). Astrocytes couple synaptic activity to glucose utilization in the brain. *News Physiol. Sci.*, **14**, 177-182.
11) Duelli R. and Kuschinsky W. (2001). Brain glucose transporters : Relationship to local energy demand. *News Physiol. Sci.*, **16**, 71-76.
12) Benton D. et al. (1996). The supply of glucose to the brain and cognitive functioning. *J. Biosoc. Sci.*, **28**, 463-479.
13) Korol D. L. and Gold P. E. (1998). Glucose, memory, and aging. *Am. J. Clin. Nutr.*, **67**, 764-771.
14) Gold P. E. (1995). Role of glucose in regulating the brain and cognition. *Am. J. Clin. Nutr.*, **161** (4 Suppl.), 987-995.
15) Gold P. E. et al. (2000). Decreases in rat extracellular hippocampal glucose concentration associated with cognitive demand duringspatial task. *PNAS*, **97**, 2881-2885.
16) Canal C. E. et al. (2005). Glucose injections into the dorsal hippocampus or dorsolateral striatum of rats prior to T-maze training : Modulation of learning rates and strategy selectioin. *Leaning and Memory*, **12**, 367-374.
17) Fadda F. (2000). Tryptophan-free diets : A physiological tool to study brain serotonin function. *News Physiol. Sci.*, **15**, 260-264.
18) Delgado P. L. et al. (1990). Serotonin function and the mechanism of antidepressant action : Reversal ofantidepressant-induced remission by rapid depletion of plasma tryptophan. *Arch. Gen. Psychiatry*, **47**, 411-418.
19) Fernstrom J. D. and Wurtman R. J. (1972). Brain serotonin content : Physiological regulation by

plasma neutral amino acids, *Science*, **178**, 414.
20) Foster-Powell K. *et al.* (1995). International tables of glycemic index, *Am. J. Clin. Nutr.* **62**, 871–893.

7.3 砂糖が筋肉に及ぼす影響

　筋肉作りをしっかり進めることは，スポーツのパフォーマンスを高めるために最も大切なことである．なぜなら，スポーツ界の歴史を見ればわかるように，筋肉を含めて体タンパク質合成の活性化作用をもつステロイドホルモンや成長ホルモンなどの禁止薬物をドーピングすると，確実に記録を向上させ競技力を強化できるからである．これを自然な正しい方法で実現するには，レジスタンス・トレーニング（ウエイト・トレーニングなど）を日常化することが必要である．事実，全く注目されていなかった韓国男子マラソン陣は，筆者のアドバイス（1991年11月24日韓国ナショナルトレーニングセンターでの特別講義）を聞き入れてウエイト・トレーニングを日常化した．その成果であるが，バルセロナオリンピック大会（1992年）では優勝確実視されていた日本の森下と谷口を完璧に抑えて黄選手が金，そして4年後のアトランタオリンピック大会（1996年）では李選手が銀と，2大会連続でメダルを獲得したのである．また，Jリーグ発足初年度（1993年）ファーストステージで，最下位確実といわれていた鹿島アントラーズが大番狂わせで優勝した．このハプニングにおいても，開幕3ヵ月前に，宮本監督の要請で筆者が特別講義を提供し，ボールけりをやめて2ヵ月間ウエイト・トレーニングに専念して「変身」できれば勝利もありうることを強調した．元ブラジル代表ジーコ選手の反対意見もあったが，勇気をもって筆者の提案を実行し，ウエイト・トレーニング，海岸のランニングと午睡をリズム化．ダッシュ力，ジャンプ力，キック力，ぶち当たり力，そして，ディフェンス力を抜群に強化して，最後の1ヵ月をジーコ主導のフォーメーション・トレーニングで仕上げてリーグ戦に突入．なんと最下位確実の予想を覆す優勝を実現した．ウエイト・トレーニングを重視すると競技力を向上できることを証明している選手は，そのほかにも多数いる．女子マラソンの野口選手もその1人であり，ストライドを伸ばす筋力をウエイト・トレーニングで高めて世界トップに立つに至っている．

スポーツ選手にとって，筋肉作りを促進することは，筋力作りにつながるという体力に直結する効果を期待できるが，もっと基本的に重要な効果は，日常のトレーニングで発生する疲労を速やかに回復して，次のトレーニングの内容を高めることである．一流の素質をもつ選手群の中で一つ頭を出すには，1日3回（早朝，午前中，夕方）ないし2回（早朝と夕方，または午前中と夕方），もしくは夕方1回だけのトレーニングを，内容の濃い，強度の高い内容で積んでいくことに尽きる．そのためには毎回のトレーニングで生ずる下記のような疲労状況をできるだけ早く回復させなければならないが，ほとんどがタンパク質の再合成・再補充促進によって実現する．①トレーニングは身体，特に筋肉にダメージを与えて，細胞・組織に生じたダメージの部分から，細胞内物質が血液中に漏出してしまう．②トレーニングは体内エネルギー代謝を活発化するため，特定の物質を消耗させ，特定のエネルギー源を消費・枯渇させる．①と②が進行中に体内に特定の物質を生産し蓄積させる．トレーニングで生じたこれらの状況を，早めに回復させるには，トレーニング終了後時間をおかずに栄養（タンパク質と糖質を主体に）補給することが重要である．すなわち栄養補給のタイミングが重要であり，インスリンの分泌を促しながらタンパク質を補給することに注意を払わなければならない．インスリンはタンパク質合成を促進するほか，グルコース代謝を活発化してタンパク質代謝のためのエネルギー供給を高める．砂糖は，このことに関連して，スポーツと筋肉の問題に一つの役割を果たすことができる．上記の②に関連して，筋肉のグリコーゲンがトレーニングで枯渇するため，次のトレーニングまでに再補充されなければならない．筋肉グリコーゲンの回復を促進するには，トレーニング終了後できるだけ早いタイミングで炭水化物（デンプン，デキストリン，砂糖，麦芽糖，グルコースなど）を摂取することが最も効果的である．合わせて，グリコーゲン合成酵素を活性化するインスリンの分泌を高めるために，砂糖や麦芽糖，グルコースのような単純糖をデンプンなどと組み合わせることが望まれる．

a. タンパク質の摂取タイミング効果

筋肉繊維は，毎回のスポーツ・トレーニングによって微細な断裂を発生させる．

その修復をスピーディーに進めることは，次のトレーニングを充実した内容にするために必須である．筋肉細胞膜にも損傷が生じるため，細胞内の各種タンパク質が血液に漏出してしまう．それらは酸素の貯蔵体であるミオグロビンや，エネルギー代謝系の酵素群などである．これらのタンパク質を早急に再合成・補充することは，次のトレーニングの有酸素エネルギー代謝能を高く維持するために必要である．また，赤血球はトレーニング中に破壊されて減少するので，スタミナ低下を起さないために，骨髄における造血を促してヘモグロビン合成を活発化しなければならない．骨，腱，靱帯のタンパク質であるコラーゲンの分解がランニングなどによって高まるので，コラーゲン合成を活発化して骨量と骨強度を高く維持し，骨折，腱の断裂，靱帯の剥離などの事故を起こさないように努力する必要がある．これらの障害が発生するとトレーニング計画の変更に終わらず，最悪の場合には選手生命を絶たれることもある．したがって，トレーニング終了後には体タンパク質合成を活性化して，筋肉組織のダメージの修復を急ぎ，消耗・漏出した物質を再合成・再補充しなければならない．そのためには，基本的にトレーニング終了直後など，できるだけ早いタイミングで，インスリン分泌刺激性の砂糖のような糖分とタンパク質を合わせて摂取するのが効果的である．

1） 運動直後のタンパク質摂取

①イヌのトレッドミルランニング実験（大塚製薬・佐賀研究所）

イヌにトレッドミルランニングを負荷したあと，アミノ酸混合物とグルコースを門脈経由で肝臓に注入した場合と，運動終了2時間後に注入した場合で比較すると，後肢筋のタンパク質合成と分解に対する栄養効果は著しく異なる．運動2時間後の投与に対して，運動直後の投与は，筋肉タンパク質の合成を30％大きくし，分解を30％小さくした（図7.15）．これは，筋肉タンパク質の合成を促進し分解を抑制する作用をもつインスリンが，運動直後の筋肉では受容体と効率良く結合し，グルコースとアミノ酸の筋肉への取り込みを効率良く進めるためである（図7.16）．

②ヒトの自転車こぎ運動実験（アメリカ・バンダービルト大学）

ヒトに自転車こぎ運動を負荷し，タンパク質（10 g）と砂糖（15 g）を，運動終了直後に与えた場合と，3時間後に与えた場合で比較すると，筋肉のタンパク

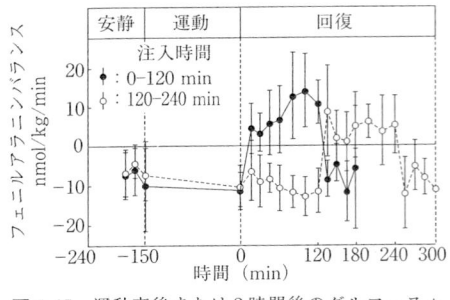

図7.15 運動直後または2時間後のグルコース＋アミノ酸注入下における後肢筋のタンパク質の合成と分解（イヌ）[1]
平均値±標準偏差（10匹）

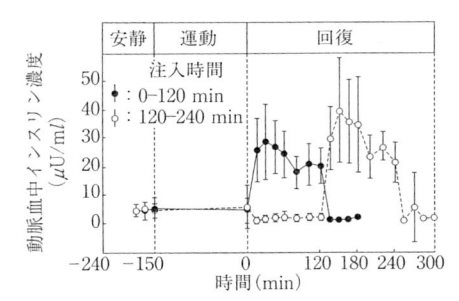

図7.16 運動直後または2時間後のグルコース＋アミノ酸注入下における大腿筋動脈血中インスリン濃度（イヌ）[1]
平均値±標準偏差（10匹）

質合成は運動直後の栄養補給で300％も大きかった．筋肉タンパク質の分解とのバランスで決まる運動後24時間における筋肉タンパク質の蓄積量は，運動直後の栄養補給ではプラスであったが，3時間後の栄養補給ではマイナスであった（図7.17）．そして，脚筋肉によるグルコースの取り込み量と代謝量は，運動直後の栄養補給でそれぞれ300％と45％も大きかった．

③高齢者のレジスタンス・トレーニング実験（デンマーク・コペンハーゲン大学）

高齢者にレジスタンス・トレーニングを日常化してもらい（12週間），トレーニング直後にタンパク質（10 g）と砂糖（15 g）を合わせて摂取してもらうと，トレーニング終了2時間後に摂取した場合に比べて，大腿筋肉の増量と筋力の顕

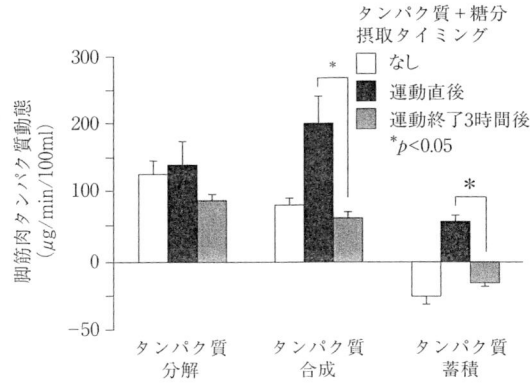

図7.17 運動直後のタンパク質＋糖分の摂取タイミングと脚筋肉タンパク質の合成，分解と蓄積（ヒト）[2]

著な増大を認めた.

このように,運動後速やかに,アミノ酸混合物やタンパク質をグルコースや砂糖と一緒に摂取することは,筋肉タンパク質の代謝(合成亢進・分解抑制)をより望ましいものにする.それは,運動直後において筋肉タンパク質の合成と分解のいずれもが最大に達していること,そして合成促進・分解抑制作用をもつインスリン効果が最大に発揮される状況にあることなどによる.

2) インスリン分泌刺激性糖分のタンパク質(アミノ酸混合物)との同時摂取の必要性

インスリンは,筋肉に限らず,体タンパク質の合成を促進し分解を抑制する.スポーツ栄養においては高インスリン反応性糖分(砂糖,麦芽糖,グルコースなど)が重要な役割を担っている.

ビーグル犬での実験トレッドミルランニングの直後に,アミノ酸混合物とインスリン分泌刺激性糖分のグルコースを合わせて門脈に注入する場合と,アミノ酸混合物のみを注入する場合とで,24時間の尿中尿素排泄量を比較した結果,アミノ酸混合物とグルコースの組み合わせを投与した場合に,尿素排泄が有意に小さくなることがわかった(図7.18).このことは,運動後に供給されたアミノ酸がエネルギーに分解されるのではなく筋肉タンパク質作りに利用されるためには,インスリンの支援が必要であることを示唆する(図7.19).

ラットでの長期実験 インスリンが筋肉作りに重要であることをさらに明解

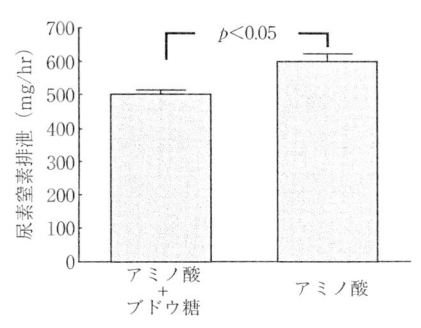

図7.18 尿素窒素排泄はアミノ酸+ブドウ糖の摂取で抑制[3]

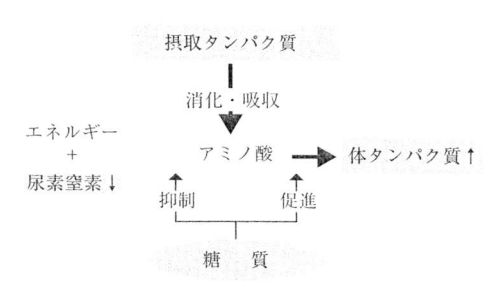

図7.19 糖質は摂取タンパク質の体タンパク質合成への利用を高める[3]

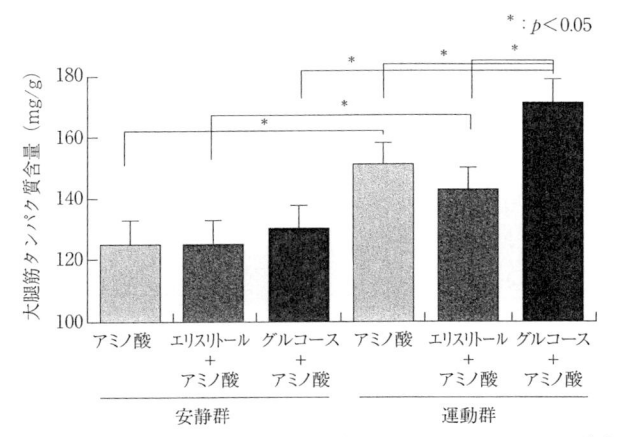

図7.20 レジスタンス運動直後のグルコース＋アミノ酸，エリスリトール＋アミノ酸またはアミノ酸投与（8週間）と大腿四頭筋タンパク質含量（ラット）[4]

に確認するために，ラットにレジスタンス運動（スクワット運動）トレーニングを負荷した．運動直後にアミノ酸混合物をインスリン分泌刺激性のグルコースと組み合わせたもの，インスリン分泌刺激性のない人工甘味材エリスリトールと組み合わせたもの，そしてアミノ酸混合物のみ，の3種類を投与した．その結果，8週間後において，大腿筋のタンパク質含量はアミノ酸-グルコース投与で大きくなった（図7.20）．一方，筋肉タンパク質の分解を示す指標である尿中3-メチルヒスチジン排泄量は，アミノ酸-グルコース投与で小さかった（図7.21）．

さて，血中のグルコースとインスリンの反応を，スクワット運動の直後のアミノ酸混合物摂取に対する3時間にわたり調べた．その結果，アミノ酸のみの投与と，アミノ酸とエリスリトールの投与に対しては反応が見られなかったのに対して，アミノ酸-グルコース投与のみにおいて，強い上昇反応が認められた（図7.22）．タンパク質代謝を調節するインスリンに注目すると，アミノ酸-グルコースを投与した場合のみ，投与30分にピークを示す60〜90分間のインスリン上昇反応が認められた．したがって，筋肉タンパク質代謝の栄養調節は，運動直後から60分くらいのきわめて短時間内に効果的に進行していると考えられる．

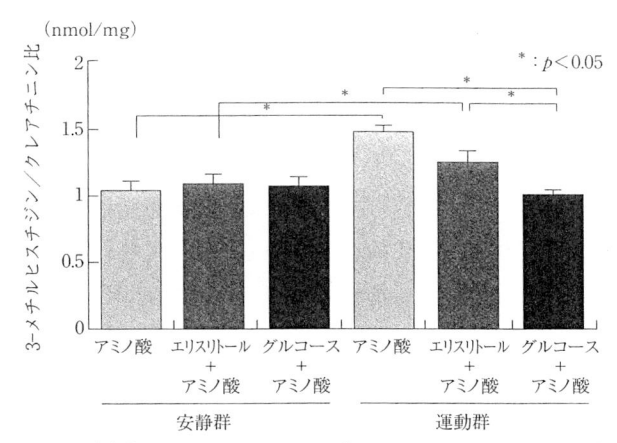

図7.21 レジスタンス運動直後のグルコース＋アミノ酸，エリスリトール＋アミノ酸またはアミノ酸投与（8週間）と尿中3-メチルヒスチジン排泄（ラット）[4]

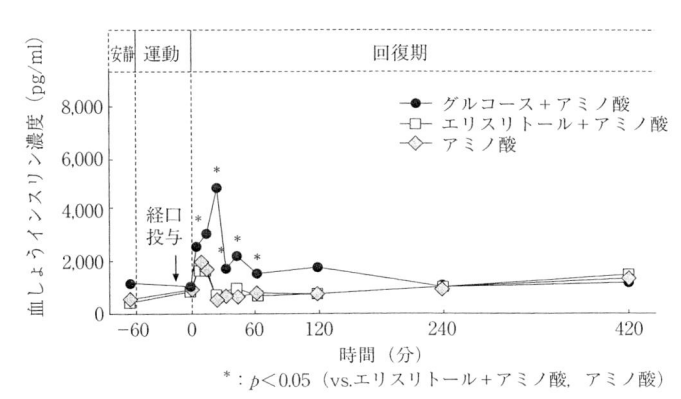

*：$p<0.05$（vs.エリスリトール＋アミノ酸，アミノ酸）

図7.22 レジスタンス運動直後のグルコース＋アミノ酸，エリスリトール＋アミノ酸またはアミノ酸経口投与に対する血中インスリンの反応（ラット）[4]

3) 食事3時間後の高タンパク質・砂糖スナックの筋肉作り効果

一般的な栄養問題は，基本食（朝食，昼食，夕食）で必要な栄養素を摂取することを土台にして対策を立ててもらうが，スポーツ栄養の分野ではスポーツ飲料などに見られるように，スポーツの前，途中，そして後の3つのタイミングも栄養供給に使われる．筋肉作りにおいても，トレーニング直後のタンパク質・砂糖

サプリメントのようなものが有効であることを解説した．筆者らは，この筋肉作りについて，栄養学の基本に立ちもどって，基本食の中間（3時間後あたり）で高タンパク質・砂糖スナックを摂取することが，きわめて効果的に筋肉作りを促す食べ方であることを明らかにしてきた．

　食事から摂取されたタンパク質は小腸でアミノ酸に消化され，血中に吸収され，門脈を経由して肝臓に向かう．その後肝臓から心臓に送り出された後，筋肉や骨などに分配される．小腸と肝臓は消化・吸収臓器とされ，心臓の先で吸収されたアミノ酸を待つ筋肉は末梢組織と位置づけられる．小腸と肝臓は優先的にアミノ酸を取り込み利用できる立場にあるが，筋肉は小腸・肝臓が取り残したアミノ酸をもらうという従属的立場におかれている．したがって，もし基本の食事で十分量のタンパク質が摂取されない場合，タンパク質の消化産物のアミノ酸は小腸と肝臓でほとんど使われてしまい，心臓から筋肉まで届くものがなくなってしまう心配がある．スポーツ選手の場合，筋肉が必要とするアミノ酸量が異常に大きい場合が日常化している可能性がある．

　筆者らは，このタンパク質栄養の課題について，高齢者に発生する筋肉減弱化防止の栄養法の開発というテーマで研究してきた．その結果，たとえば朝食後の10時のスナックタイムや夕食後のスナックタイムに高タンパク質・砂糖スナックを摂ると，血中アミノ酸濃度は顕著に増大して確実に筋肉にアミノ酸が供給され（図7.23），筋肉作りが促進されることがわかった（図7.24）．これを若年成人にタンパク質15ｇと砂糖25ｇを含むスナックを10時のスナックタイムに与えて血中アミノ酸濃度反応で調べても，スナック摂取後の末梢血にアミノ酸が顕著に上昇し，筋肉などに効率良く供給されることが確認された（図7.25）．

　なぜ，このような確実な栄養供給がスナックに可能なのかであるが，小腸と肝臓は基本食のタンパク質で十分量のアミノ酸をもらっているので，その3時間後あたりでスナックタンパク質由来のアミノ酸が届いても，「もう間に合っています」ということになって，それらをパスしてくれるからだと考えられる（図7.26）．このように，スナックタイムに摂取する高タンパク質・砂糖のスナックは，筋肉に確実にアミノ酸を届け，筋肉作りを促すので，ミサイル栄養効果をもつといえる．ミサイル栄養スナックとして，卵の白身，脱脂粉乳，おからなどのタンパク

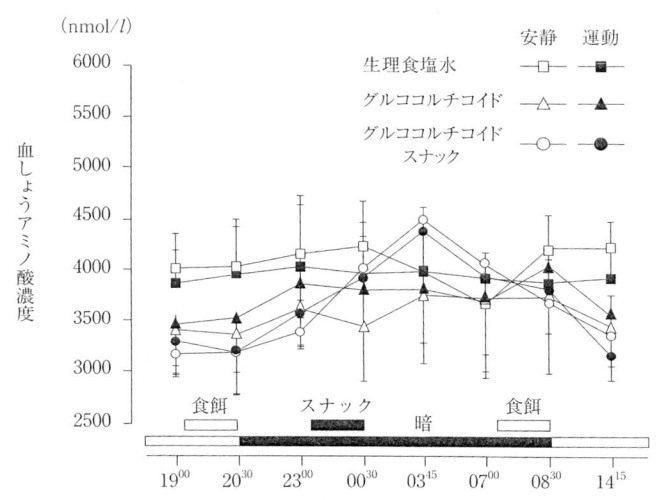

図 7.23 高タンパク質・砂糖スナックに対する血しょうアミノ酸上昇反応（ラット）

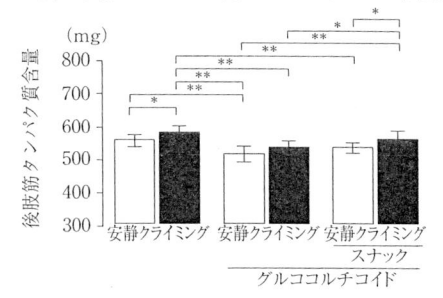

図 7.24 グルココルチコイドの筋肉タンパク質含量の減量作用に対するクライミング運動と高タンパク質・砂糖スナックの防止効果（ラット）
$^*p < 0.05$, $^{**}p < 0.01$

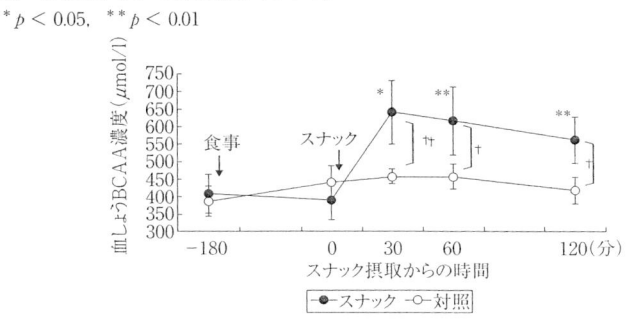

図 7.25 高タンパク質・砂糖スナックに対する血しょうアミノ酸濃度の上昇反応（ヒト）
$^†p < 0.05$, $^{††}p < 0.01$
$^*p < 0.05$, $^{**}p < 0.01$（対 0 分値）

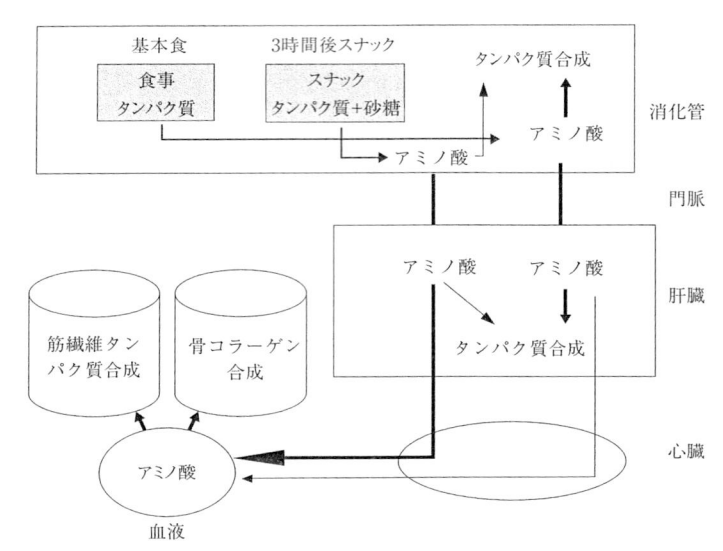

図 7.26 ミサイル栄養スナックで効率良く筋肉・骨形成

質食材に砂糖を加えて調製したものを提案できる.

4) 糖質の摂取タイミング―グリコーゲン・ローディング

　筋肉と肝臓にグリコーゲンを十分に貯蔵してスポーツのトレーニングや試合に臨むことが大切であることは，よく認識されている．その具体策として，糖質を十分量摂取すること，食後にオレンジジュースなどクエン酸を豊富に含むかんきつ類のジュースなどを飲んで，グリコーゲン合成を促進すること，そして試合前には3日間糖質を絶ち，その後に高糖質食を2, 3日間摂取することなどが常識化している.

　この場合，糖質源としては高グルコース・インスリン反応性のデキストリン，バナナ，ポテト，餅などがより効果的であり，砂糖，麦芽糖，グルコースなどの単純糖質は甘味材など補助的立場で有用である．しかし，最も効果的なグリコーゲン・ローディング法は，運動直後にカーボローディング食品などの高糖質食品を摂取することである．その効率は，運動直後の摂取と運動終了2時間後の摂取で比較した場合，直後の摂取で200％も高い．それは，グリコーゲン合成酵素活性が，運動直後では2時間後に比べて2倍も高いこと，そしてグリコーゲン合成

酵素活性化作用をもつインスリンの作用力が，運動直後の筋肉では 2 倍も高いことなどのためである．砂糖はインスリン分泌刺激作用をもつので，筋肉のタンパク質作りとグリコーゲン蓄積に大切な役割を果たすことができる．

〔鈴木正成〕

文　　献

1) Okamura K. *et al.* (1997). Effect of amino acid and glucose administration during postexercise recovery on protein kinetics in dogs, *Am. J. Physiol.*, **272**. 1023-1030.
2) Levenhagen D. K. *et al.* (2001). Postexercise nutrient intake timing in humans is critical to recovery of leg glucose and protein homeostasis. *Am. J. Physiol.*, **280**, 982-993.
3) Hamada K. *et al.* (1999). Effect of amino acids and glucose on exercise-induced gut and skeletal muscle proteolysis in dogs, *Metabolism*, **48**(2), 161-166.
4) 唐崎郁晃・鈴木正成（2000）．筋肉タンパク代謝に及ぼすレジスタンス運動直後のアミノ酸混合物と高または低-グリセミック糖質の同時摂取の影響，第 54 回日本栄養・食糧学会総会講演要旨, 266.

7.4　砂糖と虫歯

虫歯（う蝕；dental caries）は，歯の表面に蓄積した歯垢（dental plaque）中の細菌によって糖が代謝され，産生された有機酸によって歯の硬組織の構成体であるハイドロキシアパタイト（hydroxyapatite）の結晶構造が破壊され，歯に穴が開く病気である（図7.27）．虫歯になると，真珠のように光沢があるエナメル質（歯の表面構造）がチョークのように白く光沢を失った粗造な感じの構造

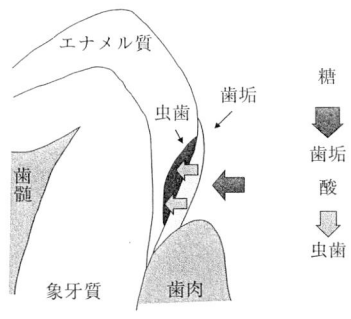

図 7.27　虫歯のでき方

に変化する．進行するとその下の象牙質に達し，冷たいものが凍みるようになる場合がある．さらに進行すると，歯の中の神経（歯髄）に達し，ずきずきとした痛みを感じ，放っておくと，顔が腫れるまでになることがある．歯の表面には口腔内の常在菌が繁殖し蓄積している．この歯垢 1 mg 中や唾液 1 ml 中には 10^8 個の生菌が存在し，歯の表面の歯垢を完全に除去しても，ただちに細菌は歯の上に蓄積し始める．酸を産生する歯垢中の細菌ならばう蝕の原因菌となりうるし，歯垢中の細菌に酸を産生させる基質となる化学物質ならば虫歯の原因となるとい

えるが，このような化学物質は，人間の通常の生活上はショ糖といってよい．

a. 虫歯の疫学

発掘された前史時代の歯を調べると，その数％にしか虫歯は認められない．前史時代の人類は虫歯に悩まされるようなことはほとんどなかったといって差し支えない．しかも，成人の歯（永久歯）に虫歯が認められるのであって，子どもの歯（乳歯）に虫歯が認められることはほとんどない．乳歯は生後6～7ヵ月に生え始め，数年からせいぜい10年程度で生え変わるのに対して，永久歯は6歳頃に生え始めると，生涯生え変わることはない．口の中に生えている時間が長ければ，それだけ虫歯になりやすかった時代といえる．文明が進み，17世紀から19世紀になると，数十％の人に虫歯が認められるようになる．現代の日本では，5歳児の65％が虫歯になった経験をもち，一人平均の経験した虫歯の数は3.7本である．30歳代の成人では，虫歯になったことのない人は数％以下で，一人平均13.7本の虫歯経験がある[1]．現代では，成人でも子どもでも同じように虫歯になるが，ひどい虫歯（rampant caries）というと，子どもでの発生が成人より

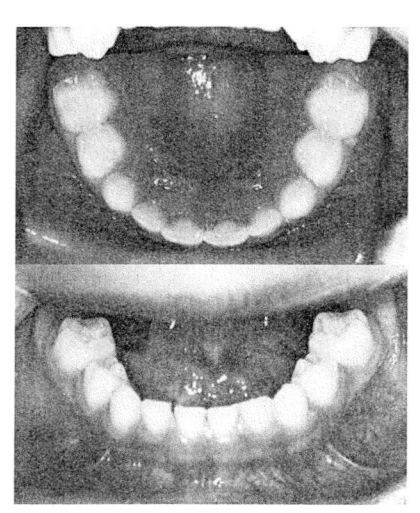

図7.28 虫歯のない4歳児の健康な口の中

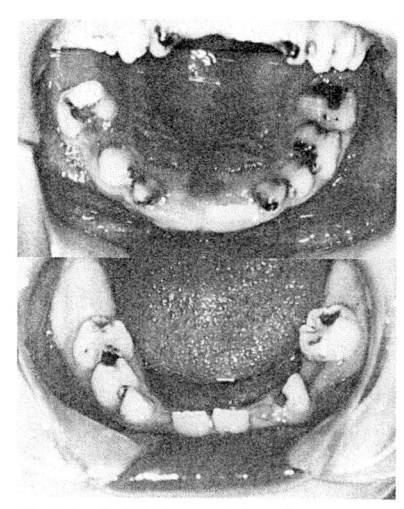

図7.29 乳歯がすべて虫歯になっている6歳児の口の中

注）上の歯（歯列）は鏡に映してあるため，上下が逆さまになっている．

も多いような観さえある（図 7.28，図 7.29）．

1960 年代，カナダエスキモー（イヌイット）の 2 つの村が，交通の発達によって数年の間に急激に文明化され，それまでの伝統的な食生活が一変した．この間に住民一人当たりがもつ虫歯の数は 1.5 倍から 3 倍にも増加した[2]．現代の虫歯の発生には何か「文明化された食生活」が関連しそうである．第二次世界大戦中，ヨーロッパ諸国の砂糖の生産量は年々低下し，それに伴い虫歯の罹患率も年々減少した．戦争が終了し，砂糖の生産量がもとに戻るにつれて，虫歯の罹患率ももとに戻った．1970 年代前後の世界各国の砂糖の消費量と虫歯の発生を調べてみると，両者の間には明確な正の相関関係が認められた[3]（図 7.30）．

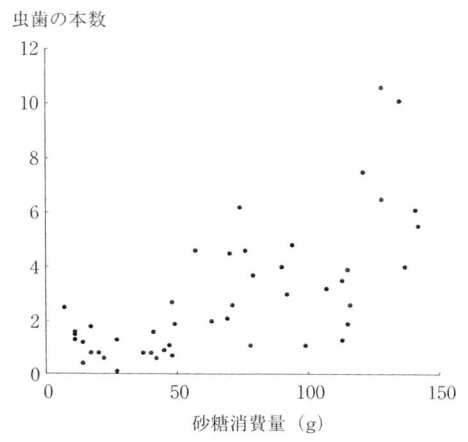

図 7.30 世界各国の 1 日一人当たりの砂糖消費量と 12 歳児における虫歯の本数との関係（1970 年頃） この場合の虫歯の本数とは，12 歳において実際に虫歯である本数と，それまでに虫歯であったものを治療したものの本数と，虫歯によって抜いた本数の総和を示す．

b. 虫歯の動物実験

ある実験動物に砂糖を含む食餌を与えると，急激に虫歯が発生することがわかった．実験動物の虫歯は他の実験動物に伝染することがわかったし，無菌的に育てた実験動物に砂糖を含む食餌を与えても虫歯は発生しなかった．無菌的に育てた実験動物に虫歯の病巣から得られた菌を移植すると虫歯が発生した．また，この虫歯は抗生物質によって抑制できることも明らかにされた[4]．これらの実験から，虫歯の発生には細菌の関与が不可欠であることがわかった．

c. 虫歯と細菌

歯垢中の細菌に易発酵性の糖が供給されると，糖は細菌の解糖系により分解さ

れ，乳酸などの有機酸が産生排出されて，周囲の pH は酸性になる．pH が 5.5 を下回ると，ハイドロキシアパタイトからカルシウムイオンやリン酸イオンが溶出し始める．砂糖を含む食事をとった後に小さな電極で歯垢の pH を測定すると，10 分後にはハイドロキシアパタイトを溶解する pH に達することが明らかになっている．酸の基質となる糖がなくなり，唾液の中和作用によって pH が中性に戻ると，カルシウムイオンやリン酸イオンはハイドロキシアパタイトに戻る．このようなごく少量のハイドロキシアパタイトの溶解は自然にもとに戻るが，頻回の易発酵性の糖の摂取によって歯垢の pH が長時間にわたって低いままであると，不可逆的なエナメル質の欠損が生じ，肉眼的に虫歯と認識できるようになる．

エナメル質の表面を研磨するようにきれいにしても，口の中では唾液の糖タンパクが速やかに吸着して，獲得皮膜（acquired salivary pellicle）と呼ばれる厚さ約 1 μm の膜がただちに形成される．この膜に多くの細菌が付着し始め，3 日から 5 日で成熟歯垢となる．歯垢中の細菌の大部分を占めるレンサ球菌の中の *Streptococcus mutans* は，他のどんな細菌よりも実験動物に虫歯を発生させる能力が高い．*Streptococcus mutans* は，ショ糖を代謝して酸を産生するだけでなく，菌体外に不溶性の多糖を産生し，それがエナメル質との強固な付着をもたらし，さらには，自らが産生した酸によって周囲の環境が酸性に傾き，通常の細菌が活動を停止したとしても酸を産生し続ける能力を有する．*Streptococcus mutans* は，このように虫歯を発生させる強い因子をもつことから，虫歯菌と呼ばれる場合がある．

d. 虫歯を発生させる食生活

1960 年代，オーストラリアのある町の施設に住む子供たちの虫歯の発生についての調査が行われた．この施設では，十分な量の栄養が与えられたが，砂糖やその他の精製炭水化物類は食事から除かれ，菜食主義者のような食事であった．子供達の歯の上には歯垢が付着しており，口の中はきれいな状態とはいえなかったが，ここで育てられていた子どもたちの虫歯の発生は，同年代の子どもの 10 分の 1 であった[5]．これは，口腔清掃状態が不良であっても，食事を変えるだけで虫歯の発生を十分に抑制できることを示している．また，この施設の子ども

たちがその後そこを離れ，食生活が変わると，急激に虫歯が増加した．一方，スウェーデンではどのような砂糖の摂取の仕方が虫歯の発生と密接に関連するのかが調べられた．調査の内容は，ある施設の成人が，数年間栄養的に十分な食事のもと，虫歯がゆっくりとした速度で増加

表7.1 糖の摂取形態による虫歯の増加数

基本食のみの群	0.22/年
基本食＋食事中に砂糖溶液	0.33/年
基本食＋食事中に砂糖入りパン	0.32/年
基本食＋食間にタフィー	3.21/年
基本食＋食間にキャラメル	1.03/年
基本食＋食間にチョコレート	0.59/年

1年の間に何本虫歯になったか（本／年）を示す．文献[6]をもとに筆者が改変．

することを確認した後，いろいろと種類や与え方を変えた砂糖摂取法が，虫歯の発生増加にどのように関係するか，であった．その結果，砂糖を食事中に摂取してもあまり虫歯は増加しないが，食事と食事の間に摂取すると虫歯は急激に増加し，特に歯に粘り付くような食品形態で摂取すると虫歯は飛躍的に増加することがわかった[6]（表7.1）．口の中に砂糖が長い時間停滞するような食生活は，虫歯を発生させやすいことになる．間食の回数が多いほど，虫歯の発生が増加するというデータは，このことを裏づけている[7]．

虫歯を発生させる「文明化された食生活」とは，人間がその生命を維持するために絶対必要な糖というよりも，豊かな食生活を送るために摂取する食間のショ糖である．食間のショ糖は通常の食事以外にも歯垢のpHを低下させ，さらに口腔内に停滞するような食品形態で摂取されると，長時間にわたってハイドロキシアパタイトが分解され続け，歯に穴が開く虫歯になる．

e. 代 用 糖

甘い砂糖が虫歯を発生させることは広く知られているので，母親は子どもに「甘いものを食べると虫歯になりますよ」と注意することになる．しかし，甘いものでも歯垢中の細菌に代謝されなければ虫歯になることはないし，甘くないもの（甘味度の低いもの）でも歯垢中の細菌に代謝され，速やかに酸となれば虫歯の原因となる．たとえば，乳糖は甘味度は低く，粉末を舐めても甘さをほとんど感じないが，ある細菌によっては速やかに代謝されるので，摂取の仕方によっては虫歯の原因となる．ここでは，虫歯にならない甘味料として使われるものを，代用糖（sugar substitute，ショ糖代替甘味料）と呼ぶことにする[8]．キシリトールやア

スパルテームは食品として摂取可能であり,歯垢中の細菌に代謝されることはないので,虫歯の原因とならない甘味料である.ショ糖は毎日の食生活の中で常に存在するものであるし,食品を調理するときにも使われるものである.このショ糖を代用糖で完全に置換することができれば,ほとんど虫歯は発生しないことは容易に想像できるが,人間が虫歯のために食生活を変えることは大変困難なことであり,そのようなことは現実的ではない.しかし,間食に摂取するショ糖の代わりに代用糖を摂取するのは,虫歯をできにくくするために現実的な方法である.上記の代用糖は事実上虫歯を発生させないといえるが,ある食品の中に代用糖が含まれているからといっても,そのほかに虫歯を発生させる糖が含まれていれば,虫歯にならないとはいえないことになる.

f. 虫歯の予防法
1) 歯垢の除去
歯垢を除去するのが歯磨きである.歯磨きは安全で最も効果的な歯垢の除去法である.歯垢の除去の結果としての口の清潔度と虫歯の発生率の間には有意な相関が認められる一方で[9],必ずしも歯磨き回数とう蝕罹患との間に明確な相関が認められないとする結果もある[10].歯を磨くということと,歯が磨けている(歯垢が除去できている)こととは一致しない場合が多い.

2) 糖の摂取方法
歯垢をエナメル質が溶けるような低い pH に保つ頻回の易発酵性の糖の摂取や,口腔内に長く糖があり続けるような形態での摂取は,虫歯の発生を増大させる.乳児を授乳させながら就寝させると,乳汁が歯に停滞し,乳汁中の乳糖が虫歯を発生させることもある.

3) フッ素の利用
ハイドロキシアパタイトを酸に溶けにくく変えるのがフッ素である.フッ化物入り歯磨材や歯科医師が塗布または処方する形態で利用する.世界で広く行われている水道水にフッ素を添加することは,日本では行われていない.

以上述べてきたように,虫歯は歯垢(細菌)・食餌(糖)・歯が相互に作用して

発生する複合疾患であるが，予防可能なものである．理論的には，いずれかの因子を完全に除去すれば，虫歯は発生しないはずである．しかし，どの因子も完全に取り除くことは不可能で，各発生因子を低下させることによって，虫歯の発生を抑制するほかはない．すなわち，専門家によって正しい歯磨きとフッ化物の利用法の指導を受け，間食を含めた規則正しい食生活を励行することによって，虫歯を発生させないようにするべきである． 〔畑　真二〕

文　　献

1) 厚生省 (1999). 歯科疾患実態調査報告.
2) Mayhall J. (1975). Canadian Inuit caries experience, *J. Dent. Res.*, **54**, 1245.
3) Sreebny L. M. (1982). Sugar availability, sugar comsumption and dental caries, *Comm. Dent. Oral Epidermiol*, **10**, 1-7.
4) Keyes P. H. (1960). The infectious and transmissible nature of experimental dental caries, *Archs. Oral Biol.*, **1**, 304-320.
5) Harris R. S. (1963). Biology of the children of Hopewood House, Bowral, Australia. IV. Observations of dental caries experience extending over five years, *J. Dent. Res.*, **42**, 1387-1398.
6) Gustafsson B. E. *et al.* (1954). The Vipeholm dental caries study : The effect of different levels of carbohydrate intake on caries activity in 436 individuals observed for five years, *Acta. Odont. Scand.*, **11**, 232-388.
7) Weiss R. L. and Trithart A. H. (1960). Between-meal eating habits and dental caries experience in preschool children, *Am. J. Public Health*, **50**, 1097-1104.
8) 大嶋　隆, 浜田茂幸 (1996). う蝕予防のための食品科学―甘味糖質から酵素阻害剤まで, 医歯薬出版.
9) Tucker G. J. *et al.* (1976). The relationship between oral hygiene and dental caries incidence in 11-year-old children, *Br. Dent. J.*, **141**, 75-79.
10) Amiano J. and Parviainen K. (1979). Occurrence of plaque, gingivitis and caries as related to self reported frequency of tooth brushing in fluoride areas in Finland, *Comm. Dent. Oral Epidermiol*, 7, 142-146.

【参考書】
Nikiforuk G. (1985). *Understanding dental caries, basic and clinical aspects, 1 Etiology and Mechanisms, 2 Prevention*, Kargel.

8. 味覚について

8.1 甘　味　度

a. 各種糖類の甘味度

　糖類のうち，一般的に単糖やオリゴ糖は甘味を有し，多糖類には甘味がない．甘味物質の甘味度は，通常，ショ糖を基準にして官能検査を用いて測定するが，測定方法により数値は異なる．糖質系甘味料の甘味度については，その一例を表8.1に示したように，ショ糖を100とすると，グルコースは64〜74，フラクトースは115〜173，乳糖は16となる．同じ糖質でもα型とβ型では甘味度が異なる．

b. 閾値と濃度の関係

　甘味の基本となる閾値（感覚を生じない量とはじめて感覚に刺激を与える量との変移点）の量は[2)]，測定したヒトや方法により異なることもあるが，通常，ショ糖では0.171〜0.548%，グルコースは0.721〜1.621%である．次に，糖類の濃度と甘味度の関係を見ると，たとえば，濃度10%，40%のグルコース溶液では，ショ糖の甘味度のそれぞれ65%，83%に相当するように，濃度によりその甘味度は変化する．一方，ショ糖とフラクトースを混合すると，甘味度が10%程度向上するように，異種の糖類を混合すると，相乗効果や相加効果が現れ，甘味度は向上する．10%ショ糖溶液と10%グルコース溶液を混合すると，ショ糖の甘味曲線

表8.1　主な糖質系甘味料の甘味度[1)]

糖の種類	甘味度
ショ糖（スクロース）	100
グルコース	64〜74
α-グルコース	74
フラクトース	115〜173
α-フラクトース	60
β-フラクトース	180
α-ガラクトース	32
β-ガラクトース	21
乳糖（マルトース）	16
パラチノース	42
麦芽糖（マルトース）	40
マルトトリオース	30
マルトテトラオース	20
マルトペンタオース	15
ラフィノース	23

から求めた甘味の計算値は 16.5％，グルコースの甘味曲線から求めた甘味の計算値は 18.4％となり，甘味の実測値は 18.4％となり，グルコース優位の相加効果が認められる．

c. 温度と甘味度 [3]

糖類の甘味度は，温度の影響で変化する．温度に対する甘味度の変化をショ糖 100 として示すと，図 8.1 のように，フラクトースは低い温度で甘味を強く感じるが，温度の上昇とともに甘味度は急激に減少する．一方，グルコース，マルトース，ガラクトースなどもフラクトースほどではないが，高い温度ほど甘味度は減少する．また，温度に対する甘味度の経時変化を見ると，温度が高いほど短時間で甘味度は低下し，低い温度ほどその変化は緩慢となる．

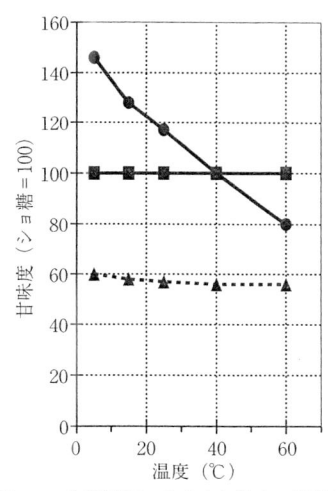

図 8.1 各種糖類の甘味度と温度の関係 [1]
■ ショ糖　▲ グルコース　● フラクトース

温度に対する甘味度の変化は，糖類の不斉炭化水素の立体配座が温度により変化することに起因すると考えられている．たとえば，フラクトースは温度の違いにより，甘味度の異なる β 型と α 型の存在比が異なる．甘味度の高い β 型のフラクトースは温度が低下するほど増加するため，β/α 比が大きくなり，甘味度が増加することになる．

d. ヒトの甘味感受性

甘味物質を口に含んだとき，ただちに甘さを感じる物質や徐々に甘さが増す物質，また口に含むや否や甘さを感じ，すぐに消えてしまう物質，なかなか甘さが消えない物質など種々あり，甘味に対するヒトの感受性は甘味物質により異なる．

ショ糖，フラクトース，グルコースにおける甘味に対するヒトの感受性を見ると，図 8.2 のように，甘味の発現はフラクトースが最初であり，甘味の消失も 3

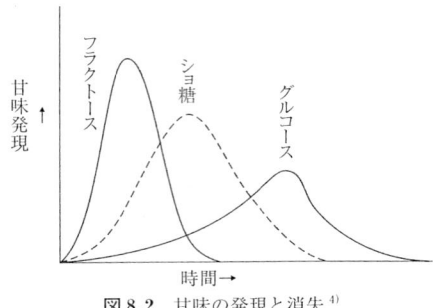

図8.2 甘味の発現と消失[4]

種の糖類の中でフラクトースが最も速い．反対にグルコースは，3種の糖類の中で甘味の発現，あるいは消失も最も遅く，ショ糖はその中間にある．

8.2 甘味と化学構造

a. 甘味と分子認識

甘味を呈する物質には，11章で示すように，糖質，アミノ酸，ペプチド，タンパク質，テルペン配糖体などがあるが，分子構造の中の甘味を呈する部位の立体構造をとって見れば，ある程度，類似の構造をもっているものと考えられる．甘味物質の立体構造と甘味の認識の関係については，図8.3のSchallenbergerらの修正説[5]があり，この説によると，甘味物質には共通して水素供与基（AH），水素受容基（B），疎水基（X）があり，一方，舌の甘味受容体にも水素供与基（AH），水素受容基（B），疎水基（X）に相当するところがある．

甘味物質が口腔内に入ると，舌の甘味受容体のAHに甘味物質のBが結合し，逆に甘味物質のAHは，舌の甘味受容体のBと結合することで甘味を生ずる．このとき，AHとBとの距離は2.5〜4 Å（平均3 Å）であり，XとAHとの間は平均3.5 Å，XとBは平均5.5 Åとなっている．甘味物質のXは，舌の甘味受容体のXと結合して，受容体と甘

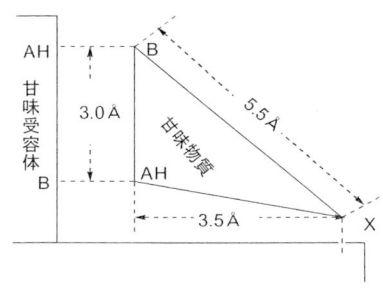

図8.3 甘味物質と舌受容体の関係
AH：水素供与基，B：水素受容基，X：疎水基

味物質の結合を安定化させる働きがあり，X と AH および B の距離が前述の距離に近い物質ほど甘味の強い物質である．甘味物質の水素供与基としては，$-OH$，$-NH_2$ など，水素受容基としては $-O-$，$=O$ などがある．

b. 甘味と糖類の光学異性体の関係

糖類の構造と甘味の関係については，図 8.4 に示した β-D-フラクトースのように，水素受容基として C_2 に結合した $-CH_2OH$ と水素供与基として C_2 に結合した $-OH$ が関係する．Schallenberger[6] によると，「分子内水素結合が強くなると，甘味が減少し，糖類が甘味をもつには，図 8.5 のように，隣合った水素基が重なり合わないことが必要で，一方，離れすぎても甘味がなくなる」とされている．

糖類の甘味の強さ（甘味度）[7] は，図 8.4 および図 8.5 に示したように C_2 に結合した官能基の配位によって決まり，C_2 部位にある $-OH$ 基の結合方向が重要な役割をもつことになる．すなわち，甘味の強さは，α 型と β 型で異なることになる[9]．グルコースの甘味は，α 型が β 型よりも 1.5 倍ほど甘く，逆に，フラクトースは β 型が α 型よりも約 3 倍甘い．グルコースやフラクトースの水溶液では，温度により甘味度は異なるが，これは前述したように，α 型と β 型の存在比が異なるためである．

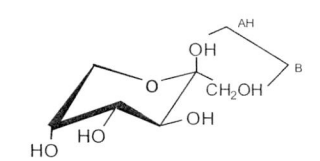

図 8.4　β-D-フラクトースの甘味発現構造[6]
AH：水素供与基，B：水素受容基

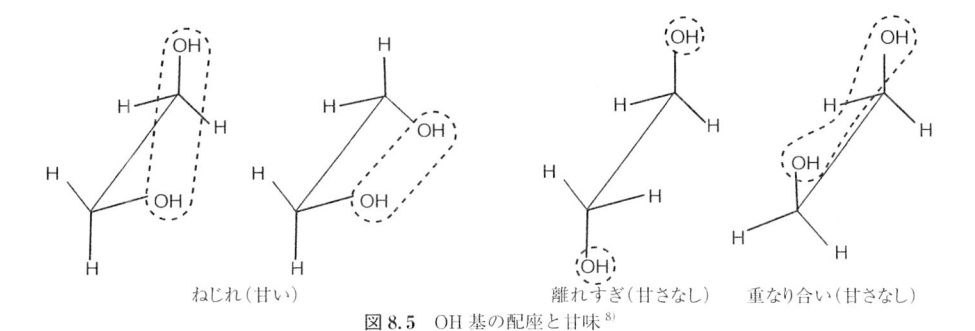

ねじれ（甘い）　　離れすぎ（甘さなし）　重なり合い（甘さなし）

図 8.5　OH 基の配座と甘味[8]

c. ショ糖の甘味

　ショ糖の甘味度は，フラクトースを除く他の糖質系甘味料に比較して非常に高い値を示す．普通，糖質系甘味料では，表8.1のようにグルコース，マルトース，マルトトリオースで明らかなように，通常，単糖が最も甘味度が高く，結合数が増加するに従い減少するが，ショ糖だけが例外である．

　甘味の認識については，単糖の場合には，前述のように合理的に説明されているが，ショ糖に関しては，前述の疑問を含めて合理的な説明がなされていない．Jakinovitchらは，図8.6に示したような甘味の発現機構を提案しているが，まだ仮説の段階で，確実な説とはなっていない．その上，還元基同士が結合しているため，ショ糖の溶液では温度を変えても α 型と β 型の変化がないので，甘味度は変わらない．

　一方，ショ糖にエタノールを加えると甘味が増加し，添加する増粘剤によってもショ糖の甘味が変わることも判明している[2]．

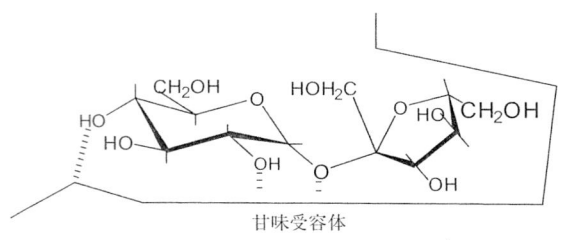

〔斎藤祥治〕

図8.6　ショ糖の甘味発現部位の仮説[10]

文　献

1) 日本化学会編（1999）．季刊化学総説 No.40 味とにおいの分子認識，学会出版センター．
2) Inglett G. E. 編．並木満夫，青木博夫訳（1974）．新しい甘味物質の科学，医歯薬出版．
3) 高田明和ほか監修（2003）．砂糖百科，糖業協会．
4) （1982）．ジャパンフードサイエンス，**21**(2)．
5) Shallenberger R. S. and T. E. Acree (1971). In Beidler L. M. (ed). *Handbook of sensory physiology IV*, Springer-Verlag, Berlin, pp. 221 - 277.
6) Birch G. G. and Parker K. J. (1979). *Sugar : Science and technology*, Applied Science Publishers.
7) 伏木　亨編著（2003）．食品と味，光琳．
8) 科学技術教育協会出版部編（1984）．砂糖の科学．
9) 新家　龍ほか編（1996）．糖質の科学，朝倉書店．
10) Birch G. G. *et al.* (1971). *Sweetness and sweeteners*, Applied Science Publishers.

8.3 甘味の嗜好性

a. はじめに

　食べ物の味の嗜好については，1970年にJ. Steinerがヒトの乳児の甘味，塩味，すっぱ味，苦味の反応の写真を発表してから新しい関心が注がれた[1]．

　Steinerはその後，生後数時間で最初に母乳を飲んだ直後の乳児の味覚を調べた．彼は乳児は本能的に，その後の教育と関係なく，食べ物とその栄養的価値について知っていると考えた．つまり胎児のときに羊水を飲み込むといったようなこと以外に，乳児は砂糖，キニンなどの味についての知識はないはずである．

　Steinerは最初，乳児の顔の表情は感覚に特異的なものだと考えた．つまり砂糖，塩，キニンなどの味に特異的な表情があるとしたのだ．しかしその後，これらの味に対する反応は2種類に分類されることが気づかれた．砂糖には陽性の「快感的」（hedonic）な反応を示す．舌を舐める，舌を突き出す，顔の表情をリラックスさせる，時おり笑い顔になるなどである．一方キニンのような苦い味には，拒否的に口を開ける，舌を引っ込めて顔をしかめる，目の回りの筋肉をせばめる，鼻にしわを寄せる，手足をばたばたさせる，その味から遠ざかろうと頭を引っ込めるなどという回避的な反応をする（図8.7）[2]．塩味，すっぱ味への反応はこの中間である．さらにSteinerは，甘味，苦味に対する反応が，無脳児や水頭症のような脳に異常をもつ乳児にも見られることを示した[1]．

　その後の研究で，甘味，苦味などの感覚に特有の反応はなく，快感と回避の程度とミックスによることが示された．さらにこれらの反応はヒトだけでなく動物にも見られることがわかった．もし味に特異的な反応があるなら，その反応を調べることで，食べているものが何かわかるはずである．しかし特別な場合を除けば，その表情から食べているものの内容を推察することはできない．苦味に特異的な反応は，濃い塩味，すっぱ味でも引き起こされる．甘味特有の反応はミルクや薄い食塩水などでも引き起こされる．このように観察者は乳児の表情を見ることで正確に感覚情報を得ることはできない．しかしその表情を見ることで乳児がそれを好んでいるかどうか，つまりlikeかどうかを知ることはできる．

　ヒトの乳児が食べ物に対してポジティブやネガティブに反応する唯一の存在で

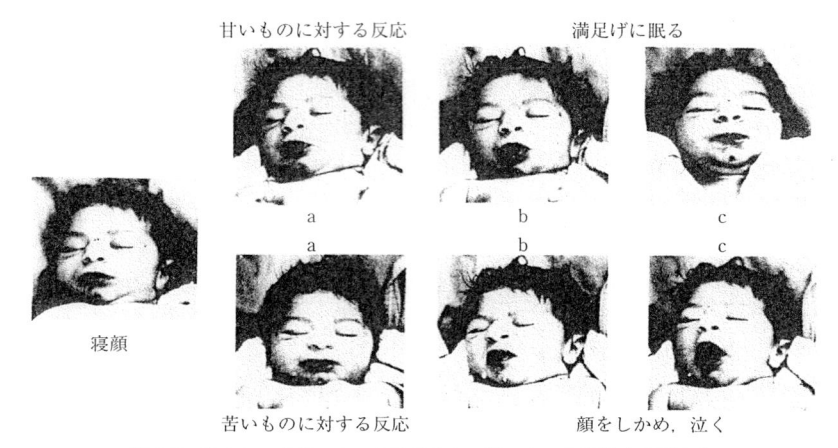

図8.7 生まれつき甘いものを受け入れ，苦いものを拒絶する反応 [3]

はない．大人も同じように反応する．しかし乳児の方が正直で，反応が大きい．これは人生経験の初期に情動の社会性を学び，さらに個人が表情の奥に隠された快感が察知されることを避けようとするために，自発的に表情をコントロールしようとするからであると思われる．このために，成人や年長の子供について味や匂いの程度を測定するのに顔の表情を用いることは，あまり成功しない．興味深いことに，ある種の人たちの場合には快感と表情にかなりの一致が見られる．それはアルツハイマー病やその他の神経疾患の患者の場合である．しかし一般的には乳児や動物を用いると快感の測定がやりやすい．

b. 霊長類の味覚反応の進化的連続性

一連の研究でSteinerとGlaserは，類人猿，旧世界サル，新世界サル，原猿亜目（prosimian）の乳児と成長したサルの反応を調べた [4]．ほとんどすべての霊長類はヒトで判断できる乳児の甘味，塩味，すっぱ味，苦味の反応に似た反応を示した．例えばキニンに対しては，チンパンジー，ゴリラ，オランウータン，その他のサルにおいて大きく口を開けるというような回避反応を示した．一方，砂糖には舌を突き出す，口を動かす，吸うなどという快感反応を示し，その他の味にはその中間の反応を示した．

8.3 甘味の嗜好性

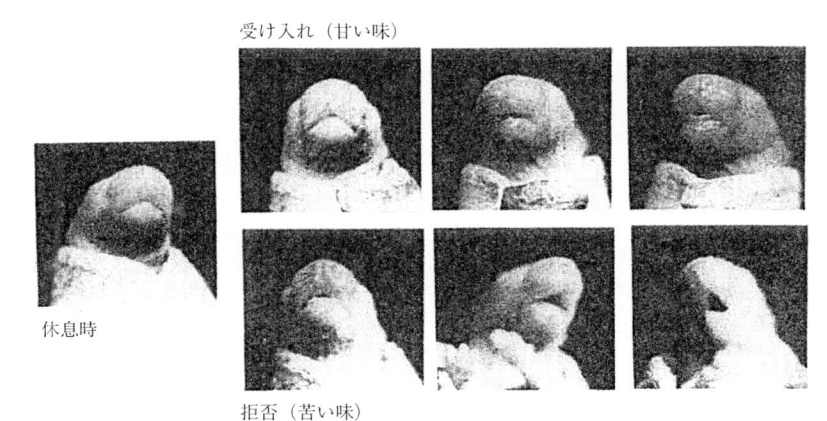

受け入れ（甘い味）

休息時

拒否（苦い味）

図 8.8 生まれたばかりのラットの甘いものと苦いものに対する反応[5]

Steiner らはさらに，ヒトの乳児と他の 12 種の霊長類の反応を比較した．もし砂糖などに対する快感反応が定性的にヒトの乳児に特異的なものであるなら，ヒトの乳児の反応は他の霊長類と異なるはずであるし，他の霊長類の反応はお互いに近いはずである．ところがヒトの乳児の砂糖に対する反応はチンパンジー，ゴリラ，オランウータンに非常に近いのである．そこで砂糖に対する反応を調べると，類人猿のグループは似ている一塊を作る．また旧世界，新世界サルは同じグループを作っている．さらにその表情の反応時間は体重に比例しており，類人猿は最も長く，旧世界サルの群，新世界サルの群と短くなり，齧歯類は別の群を作っている．これらの齧歯類が同じような反応をするのも図 8.8 に示してある[2]．

c. 快感領域の同定

動物を訓練し，レバーを押すと食べ物が出てきて，それを食べることができることを理解させる．ラットを空腹にしておき，レバーのある部屋に入れると，ラットはこのレバーを押して食べ物を得る．もしレバーを押して餌が出てくるなら，毎日この実験を繰り返しても，ラットはレバーを押して餌を得ようとする（図 8.9 (a)）．もし，レバーを押しても餌が出ないようにすると，ラットは最初の日にはレバーを押し続けるが，翌日から押す数が減る（図 8.9 (d)）．つまり報酬がな

いためにラットはレバーを押そうとする意欲を失う．

この原因を突き止めるために，ドーパミン受容体の拮抗剤であるピモジドを投与し，この反応を調べた．するとドーパミンの阻害により，レバー押しの程度は急速に低下した．ピモジドの用量の増加はこの程度を高めた（図 8.9 (b), (c)）．一方，餌の出ない状態で次第にレバー押しの程度が低下したような場合に，餌が出るようにし，しかもラットにピモジドを投与しても，レバー押しの程度は下がったままだった．つまり餌を与えてもドーパミン受容体が阻害されていると，レバー押しがもとに戻らないことを示す（図 8.9 (e)）．このような反応の低下が薬の蓄積の効果かどうかも調べられた．ラットをケージにいる間に毎日ピモジドを投与し，4日目にレバーのある実験のケージに入れた．するとラットのレバー押しの反応は正常と同じであった（図 8.9 (f)）．つまり3日間の薬の投与が影響を与

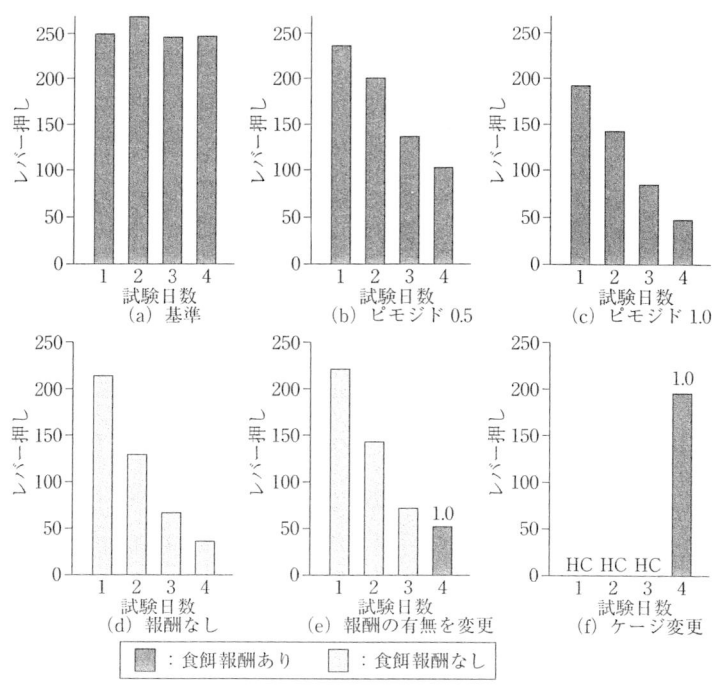

図 8.9 ドーパミン受容体阻害の食べ物を得るためのレバー押しへの効果[6]
レバーをあまり押さなくなったときに部屋を変えると，またもとと同じくらい押す．

えていないということを示している．

このような実験は，食べ物の摂取がドーパミン系を刺激するためだと考えられた．つまり，食べ物摂取の刺激がドーパミン系の神経を刺激し，快感を引き起こすためだとされたのである．では実際にドーパミン系の神経を傷害したり，神経核を除去したりすると，食べ物の摂取，好みに変化は起こるだろうか．

6-ヒドロキシドーパミン（6-OHDA）はドーパミン神経を傷害する．6-OHDAを上行性ドーパミン神経の部位に注入すると，これを破壊することができる．このような動物は極度の拒食になる．ラットの黒質に6-OHDAを注入して，極度の拒食，摂水拒否にさせたラットも快感反応は阻止されず，さらに回避反応を増加させることもなかった[7]．

そこで，上行性のドーパミン神経に6-OHDAを注入し，線条体のドーパミン量と側坐核のドーパミン量を極端に低下させたラットを作成する実験が行われた．この処置により線条体のドーパミンは90％減少し，その中には99％近い減少を示すものもあった．一方，側坐核のドーパミンレベルは74.1％低下した．線条体のドーパミンが98.8％低下したラットの側坐核のドーパミンは85％低下していた．側坐核と線条体の両者のドーパミンが99％以上低下したラットも3匹いた[7]．

このような動物は強制飼育しないと死んでしまう．そこでカニューレで口に1.0Mの砂糖水を入れてやる．すると，線条体や側坐核にほとんどドーパミンがないのに，砂糖による快感反応を示し，回避反応は示さないのである（図8.10）．このことはドーパミン神経系が快感を起こしているのではないことを示す．つまり，ドーパミン神経系は食べる意欲を引き起こすと考えられるのだ．

では快感の領域はどこだろうか．まずGABA受容体のアゴニストであるベンゾジアゼピン系のジアゼパムを投与すると，ドーパミン神経系が99％以上破壊されたラットにも快感反応が示される．もう一つはオピオイド神経系の作用である．βエンドルフィンのようなオピオイド神経の刺激物質が食べ物の快感を引き起こすという報告は多い[9]．Pecinaはモルフィンを脳内に注入し，モルフィンが節食と快感を引き起こす場所のfosの活性化をマップして，側坐核の殻の部位に快感を起こすオピオイド部位を見いだしている．

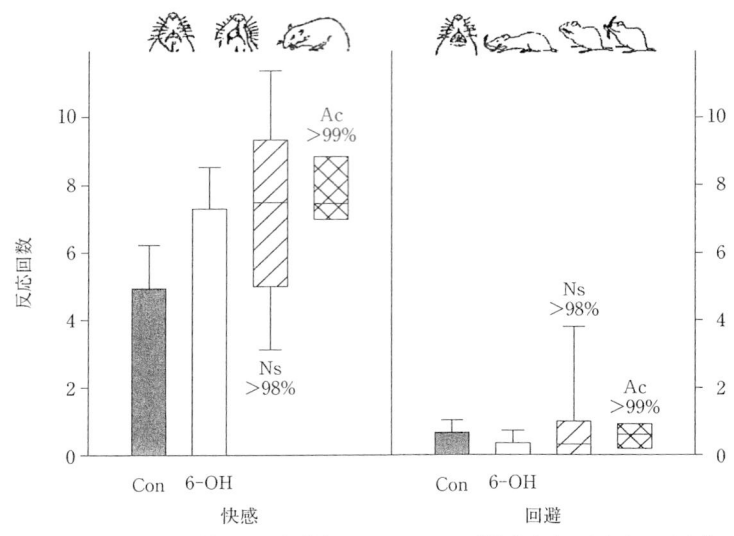

図 8.10　ドーパミン神経回路を破壊し，口に 1.0 M 砂糖水を入れたときの反応[8]
Ns＞98％の横線は中央値．上下の線は 25，75 パーセンタイルの平均値．Ac＞98％の横線は中央値．

　ベンゾジアゼピンをラットの末梢に投与したり，脳室に入れたり，後脳に注入したりすると，モルフィンと同じような快感を引き起こすことが知られた．最近，Berridge のグループはオピオイドの拮抗剤であるナルトレキソンを用い，ジアゼパムの liking（好む）反応への効果を調べた．その結果，苦味と甘味を一緒にした砂糖・キニンの溶液については，ジアゼパムは快感の反応を倍増させ，dislike の反応を半減させた．一方，ナルトレキソン自体は味により誘発される感情にあまり影響を与えなかった．しかし，ナルトレキソンはジアゼパムの快感反応を著しく高めた．このことは内因性のオピオイド神経がベンゾジアゼピンによる快感の亢進に必要だということがわかった[10]．

　このような研究から，快感領域（liking）と意欲（wanting）の領域を分けて考える説が出されている．側坐核の殻，外側視床下部，後脳のベンゾジアゼピン快感部位が快感領域として挙げられている．一方，意欲の場所として，扁桃の中心核，外側視床下部，中脳辺縁系のドーパミン神経（腹側被蓋から出る），後脳のボンベシン神経系などが挙げられる．

d. その他の食べ物の成分

いったいなぜ砂糖について脳は快感を感じ，砂糖を摂取しようとする意欲をもたせるのであろうか．さらに，この快感は大脳がなくても引き起こされるということは，砂糖の摂取が生体の生存に本質的な意味をもっていることにつながると考えられる．

最も考えられるのは，砂糖が炭水化物の成分であるブドウ糖を含むこと，さらに光合成を行うすべての植物に砂糖が作られるということから，砂糖の摂取が炭水化物の摂取を保証するという可能性である．つまり砂糖をおいしいと感じ，しかも快感をもたらすということから，砂糖を含む炭水化物の摂取を促進し，栄養不足にならないようにさせているということである．

では他の栄養素についてはどうだろうか．最近，タンパク質については，そのアミノ酸組成の一つであるグルタミン酸が「うまみ」の受容体を刺激し，「おいしさ」を感じさせるということがわかっている．このことはタンパク質摂取を保証させるものだと考えられる．

脂肪についてはどうだろうか．ラットの目の前に2つの瓶または食べ物をおき，一定期間内にそのどちらをどのくらい食べたかを調べる方法を用いる[11]．図8.11に示すように，ラットは脂肪酸を含む溶液を好む．この脂肪酸のカルボキシル基をアルコール，エステルなどに変えるとこの作用はなくなる．さらに舌咽神経を切断すると，このような脂肪溶液の摂取はなくなる．これは砂糖についても同じである．伏木らは舌の後半部分の有郭乳頭の溝に分泌されるリパーゼにより脂肪が脂肪酸になり，これが付近の上皮細胞にある FAT（fatty acid transportor）により取り込まれ，その刺激が舌咽神経を通って脳に伝えられるとした．

さらに，脂肪酸溶液の摂取はドーパミン阻害，オピオイド受容体阻害で阻害されることも示された[12]．つまり脂肪は舌で脂肪酸に分解され，これがトランスポーターにより上皮細胞に取り込まれ，さらにその刺激が中枢に伝えられ，ドーパミン神経，オピオイド受容体を刺激するというものである．これは砂糖の場合と非常に似ている．このように考えると，三大栄養素といわれる，炭水化物，脂肪，タンパク質はそれぞれ，砂糖，脂肪酸，グルタミン酸の脳の快感領域の刺激，意欲の領域への刺激により摂取の継続が保証されていると考えられる．

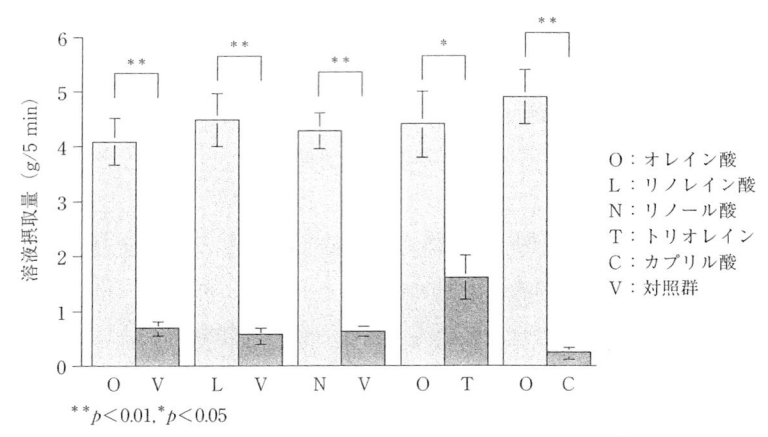

図 8.11 行動から見る：ラットを用いた 2 瓶選択実験 [11]

O：オレイン酸
L：リノレイン酸
N：リノール酸
T：トリオレイン
C：カプリル酸
V：対照群

**$p<0.01$, *$p<0.05$

　砂糖はどのほ乳動物にとっても快感をもたらす食べ物である．これは炭水化物の摂取を求め，それに喜びを感じ，摂取の継続を保証させるために進化してきた仕組みと考えられるのである．　　　　　　　　　　　　　　　〔高田明和〕

文　献

1) Steiner J. E. (1973). The gustofacial response：Observation on normal and ancephalic new born infants, *Symp. Oral Sens. Perception*, **4**, 254–278.
2) Ganchrow J. R. *et al.* (1990). Behavioral reactions to gustatory stimuli in young chicks (Gallus gallus domesticus), *Dev Psychobiol.*, **23**(2), 103–117.
3) Ganchrow J. R. *et al.* (1983). Neonatal facial expressions in response to different qualities and intensities of gustatory stimuli, *Infant Behavior and Development*, **6**, 473–484.
4) Steiner J. E. and Glaser D. (1995). Taste-induced facial expressions in apes and humans, *Human Evol.*, **10**, 97–105.
5) Ganchrow J. R. *et al.* (1986). Behavioral displays to gustatory stimuli in newborn rat pups, *Dev. Psychobiol.*, **19**, 163–174.
6) Wise R. A. *et al.* (1978). Neuroleptic-induced "anhedonia" in rats：Pimozide blocks reward quality of food, *Science*, **201**, 262–264.
7) Berridge K. C. *et al.* (1989). Taste reactivity analysis of 6-hydroxy-dopamine-induced aphagia：Implications for araousal and anhedonia hypotheses of dopamine function, *Behav. Neurosci.*, **103**, 36–45.
8) Berridge K. C. and Rocinson T. E. (1998). What is the role of dopamine in reward：Hedonic impact, reward learning, or incentive salience?, *Brain Res. Rev.*, **28**, 309.
9) Doyle T. G. *et al.* (1993). Morphin enhances hedonic taste palatability in rats, *Pharmacol. Biochem. Behav.*, **46**, 745–749.
10) Richardson D. K. *et al.* (2005). Endogenous opioids are necessary for benzodiazepine palatability

enhancement：Natrexone blocks diazepam-induced increase of sycrose-"liking", *Pharmacol. Biochem. Behav.*, **81**, 657-663.
11) 伏木　亨(2004)．食肉のおいしさ "うま味と脂肪による舌と脳の興奮",「食肉と健康に関するフォーラム」委員会報告書（2004年度），40-54.
12) Imaizumi M. *et al.*（2001）．Opioidergic contribution to conditioned place preference induced by corn oil in mice, *Behav.Brain. Res.*, **121**, 129-136.

9. 砂糖から見た日本人の食生活

9.1 進む砂糖消費の外部化

　図9.1は，1970年から2000年の砂糖の国民一人1日当たり供給量（平成14年度食料需給表[1]より）と摂取量（平成14年度国民栄養調査結果[2]より）の年次推移である．この場合の砂糖は，統計上正確には「砂糖＋甘味料類」であるが，これらを砂糖としてまとめても大きな誤差はない，と考えられる．

　始点の1970年は，戦後復興から高度経済成長を経て，一応，豊かな生活が実現し，食生活もそれ以前の急激な変化に比べれば安定的基調で推移し始めた頃とみなすことができる．その後，砂糖は，供給量，摂取量とも減少傾向をたどっている．この間，砂糖の供給量のうち，家庭で購入して消費する分（国民栄養調査に表れる摂取量に相当する）は，25％から14％と漸次低下し続けてきた．元来，砂糖の多くは，菓子類のみならず多種類の加工食品を通じての間接的な摂取量が多い食品であるが，さらに外部消費量（家庭外消費量）が増え続けている．

　図9.2に，砂糖の消費構造の推移をよりわかりやすく示す．砂糖の外部消費量の供給量に占める割合は，1970年代に急激に上昇し，80年代にやや鈍化したものの，この上昇の趨勢は続いている．

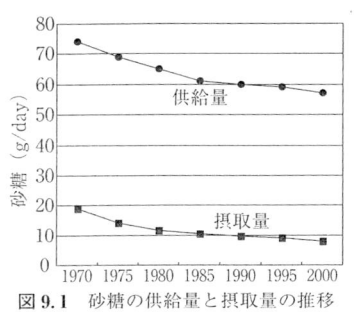

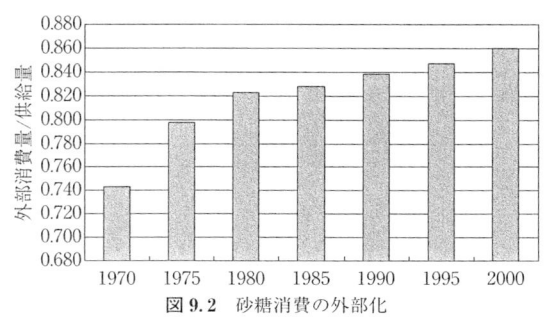

図9.1 砂糖の供給量と摂取量の推移

図9.2 砂糖消費の外部化

砂糖消費の外部依存率の増加は，全般的な「家庭調理の外部化」を反映しているものと考えられ，近年の国民食生活の動向とよく符合する．砂糖は，家庭調理において，特に煮物類など「家庭の味」を作る基幹的な調味料の位置を占め，砂糖消費の外部依存率をもって，「食の外部化」の一つの指標とすることも可能であろう．この指標を用いれば，この30年間に，食の外部化率は，74%（1970年）から86%（2000年）に上昇したとみることもできる．砂糖消費ベースでの外部化率算定は，金額ベース（注）による指標よりも，より直接的に家庭における調理労働の外部化を反映しているとみることもできる．

（注）「食の外部化」指標には，家庭食費に占める「米＋生鮮食品」購入費を除いた金額の割合を指すことが多い．この算式では，外部化率は，現在70%程度と推定される．

9.2 高齢者ほど砂糖摂取量は多い

図9.3に，年齢階級別に，1日の摂取エネルギーに占める砂糖からのエネルギー摂取の比率（%）を示す．ここで示す砂糖からの摂取エネルギーには，菓子類な

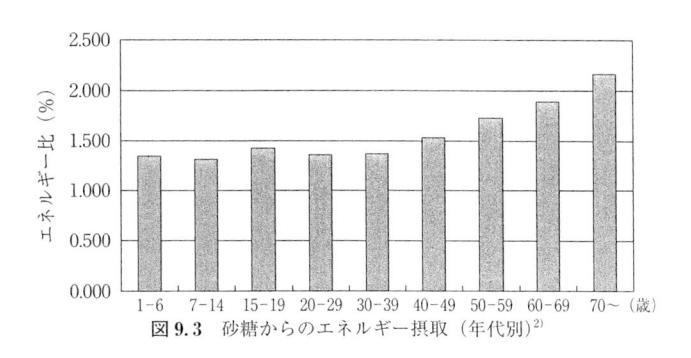

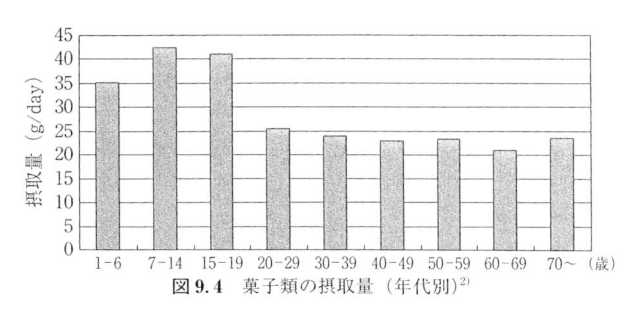

図9.3 砂糖からのエネルギー摂取（年代別）[2]

図9.4 菓子類の摂取量（年代別）[2]

ど加工食品は含まれておらず，あくまでも家庭で直接消費された砂糖に対応している．

ここから，年齢階級が高いほど，砂糖摂取のエネルギー比率が上昇していることがわかる．調理への使用，飲料の甘味づけなどに，高齢者ほど，家庭で砂糖を直接利用しているといえる．しかし，このことは高齢者層ほど甘味嗜好が強くなることを意味するものではなく，高齢者層においては，食の外部依存性が低いためと解釈される．実際，砂糖を原料として多用している菓子類の摂取量は，図9.4に示すように若年層で多く，中高年層ではかなり低い水準になっている．これは，甘味嗜好は若年層ほど強いという一般的な知見とよく一致している．

9.3 砂糖は日本型食材と補完する

平成14年度国民栄養調査結果による食品摂取量について，各食品の砂糖摂取量との年齢階級別相関を見ると，現代の食生活における砂糖の位置をおおむね知ることができる．年齢階級として，食習慣が固まり始める7〜14歳以上とし，1〜6歳は対象外とした．

緑黄色野菜摂取量と砂糖摂取量はきわめて高い相関にあることがわかる（図9.5）．また，淡色野菜を含めた全体でも強い正の相関がある（$R^2 = 0.70$）．野菜類は，多くが煮物として利用され，両者の高い相関は，砂糖が煮物の必須調味料であることをよく反映している．これらの野菜は，多くが伝統的な日本型調理品の食材であり，したがって砂糖は日本型食において重要な位置を占めていることをうかがわせる．

日本型食材の代表ともいうべき魚介についても，砂糖摂取量と高い相関を示す（図9.6）．

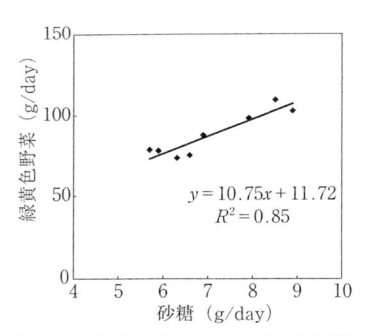

図9.5 砂糖―緑黄色野菜（年代別摂取量相関）

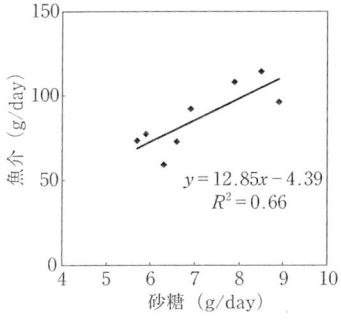

$y = 10.75x + 11.72$
$R^2 = 0.85$

図9.6 砂糖―魚介（年代別摂取量相関）

$y = 12.85x - 4.39$
$R^2 = 0.66$

さらに海藻類（$R^2 = 0.32$），きのこ類（$R^2 = 0.32$），いも類（$R^2 = 0.23$）などの他の伝統的な日本型食材の摂取量も，砂糖摂取量と正の相関にある．

また，果物類は，砂糖ときわめて高い相関にある（図9.7）．家庭における果物の食べ方に，砂糖の利用が大きな役割を果たしていることが推察される．

砂糖は日本型食における基本的な調味料であり，食の外部化が進んでも，外食，中食において，日本型の調理品が市場優位性を保つことが，砂糖消費量を支える基本的要因といえよう．

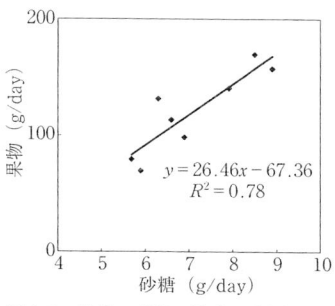

図9.7 砂糖—果物（年代別摂取量相関）

9.4　砂糖摂取量推移が示す食生活の転換点

いわゆる「食の洋風化（欧米化）」は，脂肪エネルギー比率（1日摂取エネルギーに占める脂肪摂取エネルギーの比率）の上昇を指標として示される場合が多い．国民栄養調査結果によれば，連年，この比率（適正比率25～30%）が上昇してきている（図9.8）．

特に注目されるのは，高度経済成長が本格化した1960年から10年間，脂肪エネルギー比と砂糖摂取量は並行して上昇しているが，1970（昭和45）年を分岐

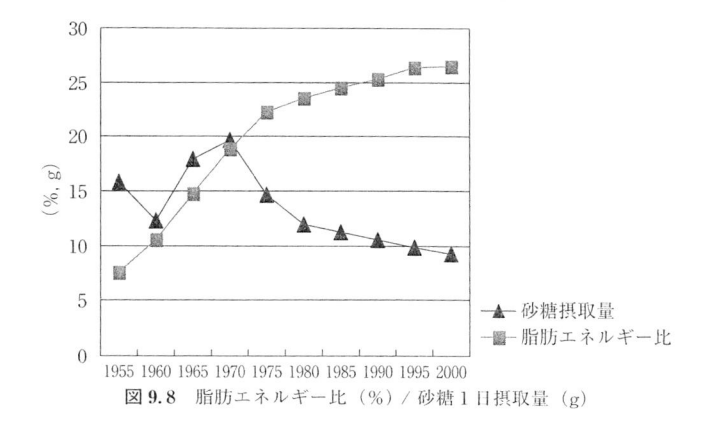

図9.8 脂肪エネルギー比（%）／砂糖1日摂取量（g）

点として，両者は乖離し始めた点である．なお，1960年以前は，戦後復興から経済発展への過程であり，古い日本型食事パターン（高炭水化物食，低タンパク・低脂肪食）が残っており，手作りの家庭料理が一般的であったと推測され，家庭において砂糖は相当量使われていたと見られる．

なお，一人当たり米消費量は，1963（昭和38）年にピークに達し，以降，かなりの速度で消費減退が続き，現在も漸減しつつある．米よりも数年遅れて，家庭における砂糖摂取量が減少に向かっている．1960年代は，新しい日本型食事パターンへの大きな転換期であったと見ることもできる．

この分岐点の頃から，日本人の食生活は，しだいに外部化の様相を呈し，家庭料理の比重が減り始め，同時に洋風パターンが広がってきたと考えられる．そして，最近では，若年世代に脂肪エネルギー比が適正域を超えている人が急増してきており，今後，肥満ならびに生活習慣病のリスクが急激に高まっていくだろうと予測されている．

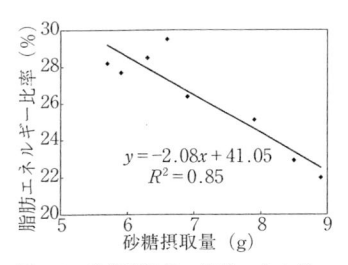

図9.9 砂糖摂取量―脂肪エネルギー比率（年代別相関）
$y = -2.08x + 41.05$
$R^2 = 0.85$

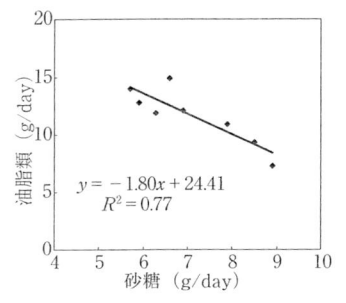

図9.10 砂糖―油脂類（年代別摂取量相関）
$y = -1.80x + 24.41$
$R^2 = 0.77$

9.5 砂糖摂取量は洋風食材と競合する

平成14年度国民栄養調査結果によれば，年齢階級別の砂糖摂取量と脂肪エネルギー比率の間には，顕著な負の相関が見られる（図9.9）．このことは，家庭で砂糖を多く取り入れる食事形態では，脂肪エネルギー比率が低くなり，ひいては過度の「食の洋風化」に歯止めをかけることになることを示唆している．

これを裏づけるように，油脂（図9.10），肉類（図9.11）の摂取量は，砂糖摂取量と高い負の相関を示す．これらの食材は，多くが洋風食材あるいは洋風主菜に属するものであり，食の洋風化は，家庭における砂糖の摂取量減少をもたらしてきた大きな要因といえ

よう．換言すれば，和風の料理形態は家庭における砂糖摂取量と密接に関連するといってよいであろう．

乳類は洋風食材であるが，砂糖摂取量との相関はほとんどない（$R^2 = 0.06$）．乳類は，昭和30年代から急激に増加し始めた食材であるが，この20年間，摂取量にあまり大きな変化は見られない．また，卵類は，和風と洋風の二面性をもった食材であり，砂糖摂取量との相関はきわめて小さい（$R^2 = 0.18$）．

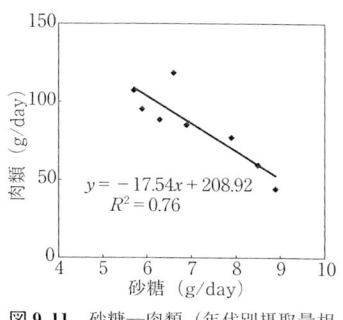

図9.11 砂糖—肉類（年代別摂取量相関）

9.6 砂糖は嗜好における「洋風度」「和風度」の目安

前述の通り，内食・中食・外食を問わず，食の洋風志向が強くなれば，砂糖の消費量減退は進んでいくことが示唆される．反面，和風志向が一定のレベルにとどまれば，全体的に砂糖消費量減退に歯止めがかかることが予想される．砂糖消費量の増減は，国民レベルでの食生活の趨勢に大いに依存していると考えられる．

経験的に，和風調理品においては，醬油と砂糖とのコンビネーションによる調味が基本となっている．このことは，日本人の食事メニュー（菓子，飲料は除いて）において，砂糖の使用度は醬油と並んで，食の「洋風度」「和風度」の目安となりうることを示唆している．

穀類については，砂糖消費量とほとんど相関性が認められず，砂糖に対して穀類は中立的であることが示唆される．このことから，1970年代以降顕著になってきた米の消費減退は，和風嗜好が低下し洋風嗜好が上昇してきたため，とする「嗜好性の変化」に帰することには無理があると考えられる．米消費の減退は，国民レベルにおける活動度の低下（1日消費エネルギー低下＝運動量不足）によって，タンパク源が低タンパク・高炭水化物食材の穀類から，乳・肉・卵などの高タンパク・低炭水化物食材へシフトしたことが主因とするのが適当であろう．その結果，脂肪エネルギー比率が上昇し，食品構成の面で「食の洋風化」が進んだと解釈することができる．

9.7　和風料理における砂糖の利用

砂糖が日本に伝来したのは奈良時代といわれ，その歴史は古い．しかし，きわめて高価な贅沢品であり，一般に広く利用される食材ではなかった．砂糖が一般家庭の料理に盛んに使われるようになったのは，明治以降，近代糖業が勃興してからである．その結果，砂糖の甘味を生かした様々な調理が工夫されてきた．

たとえば，調味料を煮物に加える順序を「さ・し・す・せ・そ」という．「さ」は砂糖で，煮物のとき最初に加える．砂糖分子は，「し」の塩や「せ」の醤油の成分分子よりもサイズが大きく，素材への浸透速度が遅いためである（食塩の分子量は砂糖の1/6）．結晶が大きくなるほど溶けるのに時間がかかるので，素材にゆっくり味を染み込ませたいときには，中ざら糖や白ざら糖を使うなど，料理への砂糖利用の様々な知恵が蓄積されてきた．砂糖は，近代日本人の料理文化，特に調味を豊かにすることに貢献し，現在の日本型食の嗜好性形成に重要な役割を果たしてきたといえる．

a.　甘辛の味つけでおいしくする

砂糖は，醤油と合わせる「たれ」として，和風の料理に多く使われる．この甘辛い味は，日本人の味覚感覚では「おいしい」とされ，調味の工夫が重ねられて，現代の日本料理の味覚面での骨格を作ってきたといえる．和風調理品が，ともすると塩分摂取過多になる理由も，塩分刺激が，砂糖の甘味に隠されて適度に緩和されるためとも考えられる．多数の料理について，それらの標準的な味つけ（調味％）が示されている（図9.12）．

b.　軟らかく煮上げる

適度の甘味が，塩分と調和して料理をおいしくするだけでなく，砂糖は，素材の吸水や軟化を促して，軟らかく煮上げる効果をもっている．この点でも，砂糖は煮物に必須の調味料といえる．砂糖を加えることで，食材は水分となじみやすくなり，料理を軟らかく仕上げ，でき上がった食品の軟らかさが保たれ，おいしい料理になるのである．

図9.12 糖分・塩分の調味%[3]

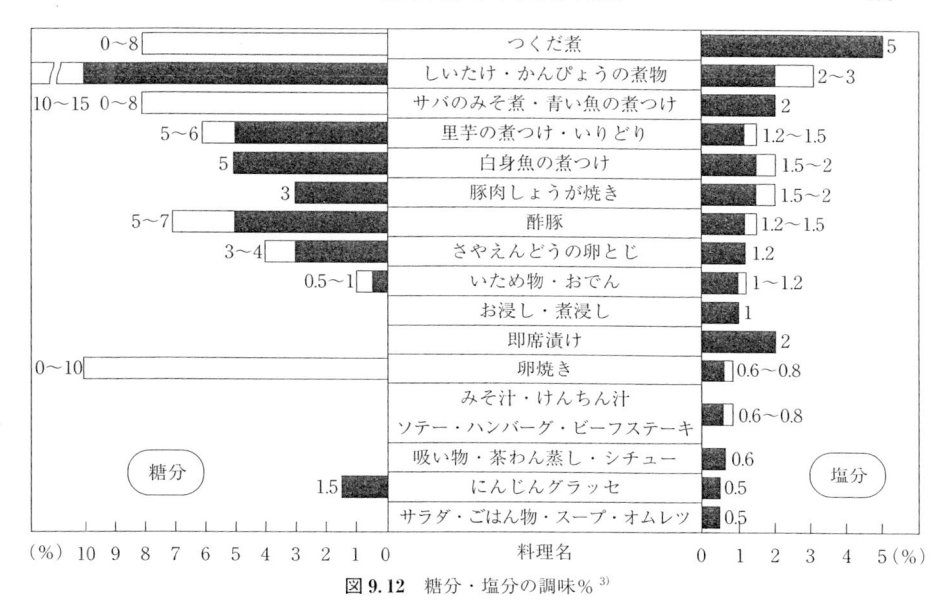

料理名	糖分(%)	塩分(%)
つくだ煮	0〜8	5
しいたけ・かんぴょうの煮物	10〜15	2〜3
サバのみそ煮・青い魚の煮つけ	0〜8	2
里芋の煮つけ・いりどり	5〜6	1.2〜1.5
白身魚の煮つけ	5	1.5〜2
豚肉しょうが焼き	3	1.5〜2
酢豚	5〜7	1.2〜1.5
さやえんどうの卵とじ	3〜4	1.2
いため物・おでん	0.5〜1	1〜1.2
お浸し・煮浸し		1
即席漬け		2
卵焼き	0〜10	0.6〜0.8
みそ汁・けんちん汁		0.6〜0.8
ソテー・ハンバーグ・ビーフステーキ		
吸い物・茶わん蒸し・シチュー		0.6
にんじんグラッセ	1.5	0.5
サラダ・ごはん物・スープ・オムレツ		0.5

餡や煮豆を作るときのように，砂糖を大量に使う場合は，数回に分けて入れるのが基本である．煮汁の糖分が急に濃くなると，浸透圧現象のために素材に含まれている水分が一気に煮汁に出て素材が硬くなりやすい．そのため，少しずつ加えることにより，砂糖を素材の中に時間をかけて浸透させ，煮汁の水分を素材の内部に引きつけ，また，素材中の水分を逃がさないことが大事になってくる．これにより軟らかく煮上げることができる．

c. 料理に焼き色・照り・つやを出す

砂糖を使った食品を加熱してできるこんがりとした焼き色や香ばしさは，砂糖の加熱による分解・重合反応（カラメル化）によるものである．この反応の生成物の中には，タンパク質やアミノ酸と反応（メイラード反応）するものがあり，これによって，さらに焼き色や香ばしさが出てくる．日本料理独特の魚の照り焼きの「照り」や「つや」を出すためには，砂糖は必須の調味料となる．

d. 強い親水性・保水性

砂糖分子は水分子との親和性が強く，一方，水分子を抱え込んで離さない保水性も強い．1 kg の砂糖がわずか 200 cc の湯に溶けてしまうほどである．この特性を生かして，素材と水分を短時間でなじませたいとき，たとえば乾燥しいたけを戻すときなどに砂糖は顕著な効果を発揮する．また，きんとんを作るとき，茹でたさつま芋は冷めると裏ごししにくくなる．そこで，さつま芋を茹でて軟らかくなったところで，茹で汁の中に砂糖の一部を入れて少し煮ておくと，冷めても容易に裏ごしすることができる．

また，砂糖はデンプンの劣化を防止し，餅菓子や羊羹の硬化を抑える働きがある．砂糖を加えると，デンプンに結合していた水分子がショ糖分子によって奪われ，自由水が減少するため，デンプン分子の再配列による老化を抑制することができるのである．

砂糖の防腐効果も，その強い親水性・保水性による．微生物の増殖には水分が必要である．食品中に含まれる水分のタイプには，自由水と結合水があり，このうち微生物が利用できる水は自由水のみである．砂糖は食品中の自由水と結合してこれを結合水に変えるため，微生物が増殖しにくくなる．羊羹や餡が腐りにくいのはこのためである．

このほかに，油脂酸化防止効果，タンパク質の起泡性強化効果，ペクチン質のゼリー化効果，タンパク質の凝固抑制効果など，砂糖独特の物性を利用して様々な調理法・加工法が工夫されて，料理文化を豊かにしている．

9.8 料理文化と砂糖の使い方

a. 日本料理

三温糖，黒砂糖は，煮物のコクと風味を出すために使われる．「隠し味」として少量の砂糖を使うことによって，表立って甘味を感じない程度の砂糖が，料理に味の深さ，まろやかさを与える．ほうれん草やグリンピースを茹でるとき少量の砂糖を使うと色や風味が良くなり，あくの強いふき，たけのこを茹でるとき，砂糖を少し加えることでおいしく仕上がる．また，すし飯に使う合わせ酢には砂糖が入っているが，砂糖の水分保持作用で，時間が経ってもご飯が軟らかく，「つ

や」よく保たれる．

b. 中国料理

料理の「色つや」を良くするために砂糖を使う場合が多い．炒めるなどの料理で，最後に入れる少量の砂糖は料理の「つや」を良くし，味を引き立てる．抜絲は，表面がカラッとする程度に揚げたサツマイモなどに140℃ぐらいに熱して飴状にした砂糖をからめたものである．芋を揚げてからからめることによってきれいにからまる．豚三枚肉の煮込みでは，醬油を使わなくても，糖分と脂肪，ゼラチンによって，深みのある色や「つや」を出すことができる．

c. フランス料理

日本料理と異なり，レシピにほとんど砂糖を使わない．一般にはデザートに多用する．ソースなどに焦がして色づけすることでコクと香りを出すのに使われることもある．ニンジンなどのグラッセは，フランス料理としてはめずらしく砂糖を使い，甘さをきかせることによって「つや」よく仕上がり，冷えてもおいしい．またフレンチで欠かせないピクルスやマリネは，砂糖が酢のもつ酸味を和らげる効果がある．

d. デザートの役割

正統派のフランス料理，中国料理では，一般に，食後に砂糖を十分きかせた甘いケーキや饅頭がデザートとして供される．これにより，喫食による満足感を与え，同時に暴飲暴食（過食）を抑制する効果が期待される．嗜好を充足させつつ健康的に食べるための知恵，と解釈することもできよう．

満腹感（＝充足感）は，食後血糖値の上昇によってもたらされる．砂糖は消化吸収が早く，血糖値を速やかに上げる効果があり，過食を防止するために甘いケーキなどのデザートを食べることには合理的な根拠があろう．

一方，対照的に，日本料理では通常，このような甘味度の強いデザートは登場しない．食後のサッパリ感を楽しむ果物，せいぜい水菓子程度である．砂糖入りの甘い和菓子類も，もともとは「茶の湯」に淵源するものであり，食後のデザー

トとして位置づけられてはいない．

　日常的には，デザートなしの食事はきわめて普通であり，食後にお茶あるいはコーヒー・紅茶を飲むくらいのものである．その代わり，日本料理のレシピ群においては，前述のように，砂糖が重要な調味料として使われる．しばしば，甘く煮た豆類や小魚類も「おかず」として楽しむ．洋風調理品と違って，和風の調理品の多くに砂糖が使われているため，食事中にすでにある程度の砂糖を摂取していることになる．このことは，あらためて食後に甘いデザートを要求する必要がない，あるいは欲求しないでも済むことを推察させる．

9.9　おわりに—砂糖からのメッセージ

　食材としての砂糖には，基本的に以下の4つの機能がある．これらの機能が複合して，毎日の食生活を通して，体に「砂糖のメッセージ」として届けられる．
　① 栄養機能—生命の維持（栄養素）：即効性エネルギー源（疲労回復）
　② 嗜好機能—感覚の満足（嗜好成分）：甘味
　③ 生理機能—体調の調節（生理機能成分）：脳機能活性化，ストレス緩和
　④ 文化機能—人間の関係（象徴として）：多彩な料理・食文化

　これらの機能から，砂糖の日常的な摂取にはきわめて重要な意味があることがわかる．砂糖の入った甘いお菓子は，精神的ストレスの解消，気分転換になるなど大事な役割がある．また，食事の量が少ない子供や高齢者にとっては，エネルギー補給源にもなる．近年のライフスタイルの変化で，朝食を食べない子供や30歳代の男性が増えているが，食欲や時間がないときの砂糖の摂取は，脳活動を活性化する即効力も期待されている．

　日本人の砂糖の摂り過ぎを懸念する声が強いが，平均一人当たり60 g/day，240 kcal/day（いずれも供給ベース）で，炭水化物摂取エネルギーの20％，総摂取エネルギーの12％程度であり，先進国中最下位にあるといわれる．

　砂糖は，私たちの食生活になくてはならない調味料である．「砂糖」といっても，形，色，風味など様々で，日本独特の砂糖の利用法（料理・和菓子など）は，伝統ある日本の食文化を継承していると考えられる．肥満・虫歯などの原因と結びつけられがちだが，摂取を控えるのではなく，特性を生かした使い方をすると，

食卓がさらに豊かに楽しいものになる． 〔五明紀春・古川知子〕

文　　献

1) 農林水産省総合食料局編（2004）．食料需給表（平成14年度），農林統計協会．
2) 健康・栄養情報研究会編(2004)．国民栄養の現状—平成14年厚生労働省国民栄養調査結果，第一出版．
3) 香川芳子監修（2005）．五訂増補食品成分表2006，女子栄養大学出版部．
4) 上田フサ（1979）．料理の中にどう生かすか—料理における砂糖の役割．砂糖（足立己幸編，女子栄養大学出版部）
5) 高田明和ほか監修（2003）．砂糖百科，糖業協会．

10. 原材料としての砂糖の利用

砂糖は甘味料だけではなく，環境に優しい有用な生物資源（バイオマス）として利用されており，たとえば燃料，保健用食品，医薬，洗剤，プラスティック，色素などの中で生分解性物質の原材料として使われている（図10.1）．

石油から作られる製品は砂糖からも製造可能であったものの，コストと生産量が問題であったが，石油価格が高騰したことで，砂糖からの製品も採算が取れるような時代となってきた．しかしながら，コスト上の問題だけで砂糖が脚光を浴びているわけではない．最も重要なことは地球環境問題であり，特に地球温暖化対策の観点からいま世界の注目を浴びているのが，砂糖を原料としたアルコール（バイオエタノール）である．石油，石炭のような化石燃料，すなわち再生不能な燃料を使って二酸化炭素（CO_2）を大気中に放出することは，できるだけ削減しなければならない．サトウキビをはじめとする生物資源からのアルコールはCO_2排出ニュートラルと評価されている．サトウキビからのアルコールを燃やしてCO_2を排出しても，そのCO_2はサトウキビが成長するまでに吸収したものな

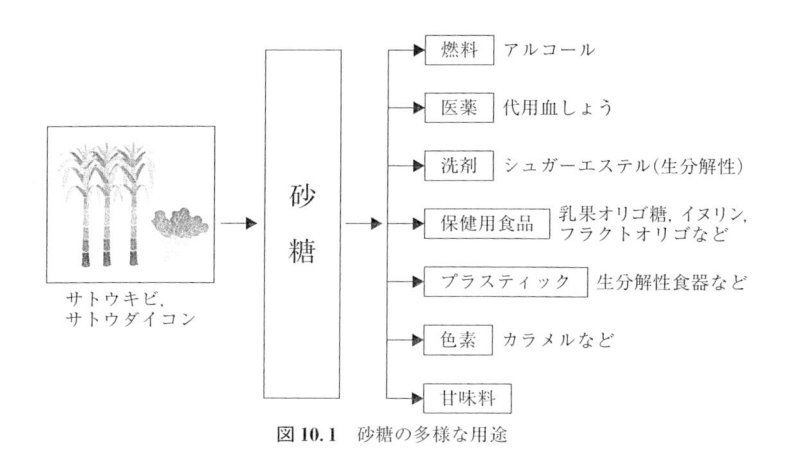

図10.1 砂糖の多様な用途

ので，地球上に CO_2 は増えない．

アルコールのほかにも，砂糖のもつ優れた特性を原料として利用した製品としては，酵素反応による各種のオリゴ糖，デキストラン，化学反応による利用としては各種のシュガーエステルなどがある．

10.1　バイオエタノール

化石燃料から作られたエタノール（合成エタノールと称する）と，植物資源（バイオマス資源）を発酵させ，蒸留して作られるエタノールとを区別するために，後者を「バイオエタノール」と称する．バイオエタノールは自動車用燃料として多くの国で利用されている．たとえばブラジルではサトウキビからバイオエタノールを作りガソリンに混ぜて自動車用燃料として使用されており，アメリカではトウモロコシから作られたバイオエタノールの燃料利用が進んでいる．エタノールはガソリンとは化学的に性質が違うが，自動車を動かす燃料としては十分使用できる．バイオエタノールは植物という自然の恵みを原料としているので植物を作り続ける限り再生可能なエネルギーであるのに対して，合成エタノールは化石資源の埋蔵量に依存している有限なエネルギーである．

a.　サトウキビからのバイオエタノール

各国でサトウキビからエタノールの生産が行われており，現在，最も大量に生産されているのはブラジルである．世界的には，砂糖の生産あるいは精製時に発生する糖蜜を利用してエタノールを生産するのが一般的であるが，ブラジルでは糖蜜とサトウキビの搾り汁（ケーンジュース）とを混合してエタノール発酵原料としている．ブラジルのサトウキビおよびエタノール生産地は北東部と中南部に分かれており，中南部が8割以上を占めている．北東部の収穫時期は9月～3月であり，中南部の収穫時期は5月～10月と季節が異なっている．耕地面積1 ha当たりではサトウキビが最もエタノールの生産性が高い．サトウキビのエタノールプラントではサトウキビの搾りかすであるバガスがエネルギー源として使用され，エタノール生産に必要なエネルギーのほとんどを賄っており，化石燃料の投入量が非常に小さいのが特徴である．日本でも生産研究が沖縄で行われており，

政府も実用化に向けての支援を行っている．

b. 自動車燃料としてのバイオエタノール

1920年～1930年代にはアメリカ・ブラジル・フランス・ドイツなど多くの国で燃料エタノールのテストが実施され，実用化されようとしていた．だが石油価格がエタノール価格に比べて低くなるにつれ，エタノールでも自動車が走るということが人々から忘れられるようになってきた．

1940年代の第二次世界大戦時には，台湾にあった日本の製糖会社は軍用燃料（ブタノール）を製造させられていた．日本内地にあった精製糖工場も，すべて砂糖の精製は中止させられ，軍の要請によりブタノールを製造していた．

アメリカで自動車用燃料としてエタノールが再び脚光を浴びたのは，1970年代に起こったオイルショックのときに，OPECの原油価格引き上げと輸出規制によって，ガソリンが不足したことがきっかけである．アメリカではトウモロコシを原料にしてバイオエタノールを生産し，ガソリンにブレンドした「ガソホール」と呼ばれるエタノール混合ガソリンの供給が始まった．バイオエタノールをガソリンに混合することは，原油の中東依存を低減させるだけではなく，含酸素ガソリンが普及することによって大気汚染を防止する効果がある．1970年代から現在までアメリカのバイオエタノールの増産が続いている．

アメリカ以上にバイオエタノールが普及しているのはブラジルである．ブラジルの自動車普及台数は約2000万台で，そのうちの19%（約380万台）がエタノール専用自動車である．72%に当たる1450万台がエタノール混合ガソリン自動車で，残りはディーゼル車である．

c. エタノールと大気汚染

ガソリンにエタノールを添加することは，化石燃料の削減だけではなく，大気汚染の防止にも効果がある．自動車の排気ガス中に含まれる大気汚染物質には，一酸化炭素（CO）・窒素酸化物（NO_x）・炭化水素（HC）・アルデヒド類などがある．これらのうちCOを減少させるために，酸素を含有するエタノールをガソリンに添加することが有効である．エタノールの分子中で酸素が占める割合は35%で

あり，酸素を含有しないガソリンにエタノールを適量添加することにより，含酸素ガソリンとなる．COはエンジンが不完全燃焼を起こすことによって発生する．含酸素ガソリンを使用することでこの不完全燃焼を抑えることができ，CO排出量を低減させることが可能となる．COは人体にとって健康被害を及ぼす汚染物質で，日本では環境省の定める環境基準を遵守すべく，自動車の排出ガス規制により大気中で一定の濃度以下になるよう厳しく管理されている．〔橋本　仁〕

10.2　オ リ ゴ 糖

　従来，食品には，生命維持のための栄養機能である一次機能，および食事を楽しむための嗜好特性や物理化学的特性を利用した味覚機能である二次機能が求められてきた．しかしながら，ライフスタイルの変化と食生活の欧米化に伴う食事内容の変化は，動物性タンパク質，脂肪の過剰摂取をもたらし，動脈硬化，高血圧，大腸ガンなどの生活習慣病増加の原因となってきた．また，急速な高齢化社会への移行と，健康への強い志向から，体調のリズム調整や生体防御，疾病予防，疾病回復，老化防止などの，健康を維持する体調調整機能である三次機能が食品に求められるようになってきた．

　エネルギー源や甘味料として用いられてきた糖質にも新たな機能が求められるようになり，オリゴ糖の開発研究が開始された．1980年代に入ると，日本では世界に先駆けてマルトオリゴシルスクロース（カップリングシュガー），パラチノースやフラクトオリゴ糖などが工業的に生産されるようになった[1,2]．ショ糖（砂糖）は，グルコースとフラクトースからなる非還元性の二糖類であり，麦芽糖や乳糖と同様にそれ自体がオリゴ糖（少糖類）である[3]．しかし，近年，食品としての保健機能から，「オリゴ糖」という場合には砂糖を含めないことが多い．オリゴ糖という言葉がこの意味で用いられるようになったのは，砂糖以外の様々なオリゴ糖製品が食品素材として開発され，実用化された1980年代後半のことであり，砂糖とは異なる有用な特性をもった糖を示している．さらに1996年5月24日に施行された「栄養表示基準」では，砂糖は糖類として定義され，消化吸収されにくい難消化性オリゴ糖とは区別されるようになった．本節では，オリゴ糖は「砂糖以外のオリゴ糖製品」を指すものとする．

オリゴ糖開発の特徴は，特異的にオリゴ糖を作る酵素の利用技術である．ショ糖を原料として酵素反応によって製造されるオリゴ糖は，使用する酵素と生成物の構造から4種に分けることができる．すなわち，①ショ糖にα-グルコシルトランスフェラーゼを作用させたショ糖の構造異性体(パラチノース，トレハロース)，②ショ糖とデンプンにサイクロデキストリン合成酵素を作用させショ糖にブドウ糖やマルトオリゴ糖を結合させたマルトオリゴシルスクロース（カップリングシュガー），③ショ糖にβ-フラクトフラノシダーゼを作用させフラクトースをショ糖に結合させたフラクトオリゴ糖，④ショ糖と乳糖の存在下β-フラクトフラノシダーゼを作用させフラクトースを乳糖に結合させた乳果オリゴ糖，がある．もう一方の特徴は，低カロリー，う蝕予防，整腸，ミネラル吸収促進などの生理機能に関する研究である．以下にこれらの機能を概説し，次に個々のオリゴ糖に関して，製法，物理的・生理的機能および用途について記述する．

a. オリゴ糖の生理機能
1) 低カロリー

ショ糖，マルトオリゴ糖，デンプンなどの消化性の糖質は，消化管内で消化・吸収されてエネルギーとなる．このときのエネルギー値は4 kcal/gとされている．ところが，乳果オリゴ糖，フラクトオリゴ糖は消化酵素によってほとんど消化されず，体内に吸収されない難消化性オリゴ糖である．これらの難消化性オリゴ糖は大腸に棲息する微生物によって資化され，菌体に取り込まれたり，水素ガス，炭酸ガスのようなガスや酢酸，プロピオン酸，酪酸などの揮発性短鎖脂肪酸（VFA）に変化し，そのVFAの一部は大腸から吸収されエネルギー源になる[4]．難消化性の糖質を含む食品の熱量算出に用いられる難消化性オリゴ糖のエネルギー換算係数は，ほとんどが2 kcal/gである．これらの難消化性オリゴ糖は摂取しても血糖値を上昇させないのでインスリン濃度にもほとんど影響を与えず，インスリン分泌非刺激性である[5]．

2) 低う蝕性[6]

多因性疾患である虫歯（う蝕）発生の重要因子は，*Streptococcus mutans* や *S. sobrinus* など口腔内微生物（微生物因子），砂糖のような酸発酵性の糖質（基質

因子），そして歯質や唾液など個性的な性質（宿主因子），さらには，これらの因子の重複が長期にわたった場合に虫歯が発生することから時間因子が挙げられる．糖質が虫歯の発生を抑えるためには，糖質自体が酸生成の基質にならないこと，不溶性グルカン生成の基質にならないこと，さらに，その糖質が砂糖を基質とする不溶性グルカンの合成を阻害することが必要である．抗う蝕を目的として開発されたオリゴ糖としては，カップリングシュガー，パラチノースなどが商品化されている．

3）ビフィズス菌による選択的利用性

腸内に棲息する細菌には，ヒトの健康に有効な役割を果たす乳酸菌やビフィズス菌のような有用菌と，有害物質を作り下痢や便秘などの疾病を引き起こす有害菌が存在し，これらがバランスを保って細菌叢を形成している．特にビフィズス菌は，①病原菌による腸管感染や有害菌の侵入・増殖を防ぐ，②腸内腐敗物質の生成抑制，③免疫力を高める，④ビタミンB群の体内合成，⑤便性改善，⑥肝機能の改善，などの生理作用を示すことが報告され，有用性が明らかにされてきている．このような機能をもつビフィズス菌を腸内に優勢に保つことが健康維持に有効である．フラクトオリゴ糖，乳果オリゴ糖，パラチノースオリゴ糖などのオリゴ糖は，大腸に棲むビフィズス菌によって優先的に資化され，増殖を促進する．これらのオリゴ糖は，ビフィズス菌によって資化されるとVFAを産生し，腸管内のpHを酸性に保ち，有害菌の増殖を抑えビフィズス菌を優位に保って腸内菌叢を改善し，アンモニアやインドールなどの有害物質の産生を抑制して便性状を改善する．また腸管からの水の分泌を促進するとともに腸の運動を活発にして排便を促進し，便秘を改善する．

4）ミネラル吸収促進

難消化性オリゴ糖にはミネラル吸収促進作用が見いだされている．このミネラル吸収促進作用は，ビフィズス菌によって難消化性オリゴ糖が資化されて，腸内の有機酸が増加することによりpHが低下し，吸収されやすい可溶性のCaが増加するためとされている．これまでにフラクトオリゴ糖などの難消化性オリゴ糖でCa吸収促進や骨強化について報告されている[7,8]．

b. ショ糖の構造異性体

グルコース（G）とフラクトース（F）が1→2結合したショ糖 [G-(α1→β2)-F] に α-グルコシルトランスフェラーゼを作用させると，フラクトースに対するグルコースの結合部位が異なった還元性の二糖が，理論的には5種類，すなわち，トレハルロース [G-(α1→1)-F]，ツラノース [G-(α1→3)-F]，マルチュロース [G-(α1→4)-F]，リュクロース [G-(α1→5)-F]，およびパラチノース [G-(α1→6)-F] が生成する可能性がある[9]。α-グルコシルトランスフェラーゼの起源によってその主要生成物は異なっている．実際，パラチノースおよびトレハルロースが，工業的に製造されている．

1) パラチノース

パラチノースの開発は1950年代にドイツの甜菜糖工場の甜菜洗浄排水中から分離された *Protaminobacter rubrum*[10] の菌体内に，ショ糖を効率良くパラチノースに変換する酵素が発見されたことに由来する．この菌はショ糖を含む培地で培養すると，誘導的に α-グルコシルトランスフェラーゼを菌体内に生産する．三井製糖（株）では1985年にこの菌体の固定化技術を開発し，結晶パラチノースを工業的に生産している[11]．

P. rubrum をショ糖含有培地で培養し，酵素含有菌体をウエストファリア型遠心分離機で回収する．これをアルギン酸カルシウムゲルで包括固定し，さらにグルタルアルデヒドで架橋して工業的に使用できる固定化酵素としている．この固定化酵素を充填した塔型の固定床反応器に殺菌した砂糖の水溶液（濃度40 w/w%，pH 5.5）を通し，パラチノース84%，トレハルロース12%，ブドウ糖と果糖4%の粗パラチノース溶液となる．この溶液をイオン交換樹脂で精製した後，濃縮してパラチノースを結晶化させる．結晶（1水和物）は分蜜後，乾燥して「結晶パラチノース」とし，振蜜はさらに濃縮して晶出するパラチノースを回収する．最終蜜は精製・濃縮して「パラチノースシロップ」となる．パラチノースシロップ（固形分75%）の糖組成はトレハルロース約55%，パラチノース約15%，グルコースとフラクトースで約30%という液糖製品である．パラチノースの工業的製造工程を図10.2に示す．

結晶パラチノースは結晶性の粉末であり，その甘味はショ糖の約42%で，甘

10.2 オリゴ糖

```
ショ糖
 ↓
溶解
 ↓
連続殺菌
 ↓
酵素反応
(固定化酵素)
 ↓
粗パラチノース液 ←─────────────┐
 ↓                            │
脱塩                         1番振蜜
 ↓                            ↑
濾過                    濃縮 → 結晶化 → 遠心分離 → 最終振蜜
 ↓                                    ↓         ↓
精製パラチノース液                  2番結晶    希釈
                                  1番結晶    ↓
                                      ↓    脱塩
                                    乾燥    ↓
                                      ↓    濾過
                                    冷却    ↓
                                           濃縮
                              パラチノース結晶  パラチノースシロップ
```

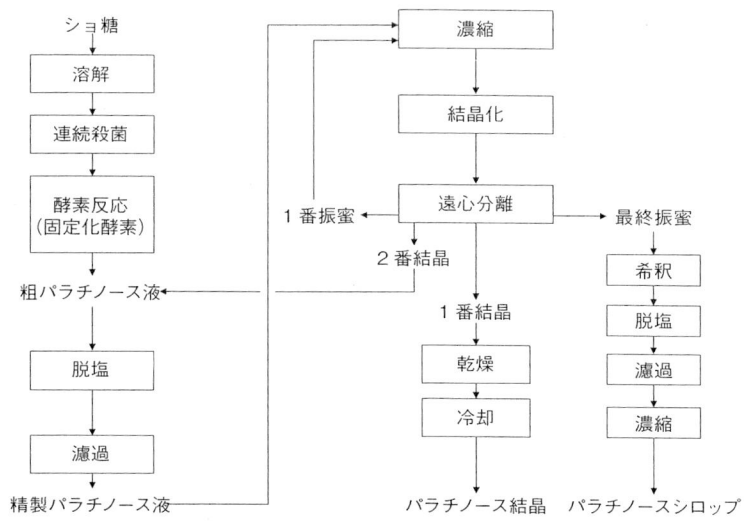

図 10.2　ショ糖からのパラチノースの製造工程

味質は良い．生理的機能としては非う蝕原性[6]であり，また，パラチノースは小腸でイソマルターゼの作用により消化されるが，その速度は遅く，食後の血糖値の上昇速度も緩やかであることが判明した[12,13]．パラチノースはほとんど完全にグルコースとフラクトースとなって吸収されるため，栄養学上のエネルギー値は 4 kcal/g で砂糖と同等である．

また，パラチノースからは簡単な加工によって別の機能性食品素材が得られる．パラチノースを高圧の水素ガス中で還元すると，パラチニットという糖アルコールになる．そのエネルギー値は砂糖の 30～50％と低く，甘味はパラチノースと同程度であり，食品加工特性も優れているので，ダイエット関連食品など広い用途に利用されている[14]．

パラチノース水溶液を極度に煮詰めたり，結晶を溶融して水分を蒸発させると，パラチノース分子同士が脱水縮合して，複数のパラチノース単位で構成される数種のオリゴ糖が生成する[15]．このようにして得られたパラチノースの 2, 3, および 4 量体を主とする重合体と，未反応のパラチノースからなる混合物を粉末化したものが，「パラチノースオリゴ糖」である．この甘味度はパラチノースよりやや低いが，水溶液の粘度が高く，溶解度も増し，食品加工上利用価値が高ま

る[16]．また，小腸ではイソマルターゼの作用を受けるが，部分的であることから，腸内細菌叢を改善し，便秘の改善や腸内有害産物を抑制するなどの整腸効果が認められた[17]．

2) トレハロース

「結晶パラチノース」製造の際，副産物として得られる「パラチノースシロップ」はトレハロースを55％含んでいるが，ショ糖を主にトレハロースに変換する酵素を利用して，トレハロース約85％，パラチノース約12％，グルコースとフラクトース約3％という「トレハロースシロップ」が製造される．

三井製糖（株）の研究グループは，1990年頃から，α-グルコシルトランスフェラーゼ生産菌を探索し，ショ糖から主にトレハロースを作る微生物として*Pseudomonas mesoacidofila* MX45 を見いだした[18]．

この微生物をショ糖含有培地で培養すると，誘導的にα-グルコシルトランスフェラーゼを生産し，酵素活性の高い菌体が得られる．前述した*P. rubrum*の場合と同様にして固定化酵素に加工し，同様なシステムで粗トレハロース溶液を得る．その糖組成はトレハロース約85％，パラチノース約12％，グルコースとフラクトース約3％となっている．これをイオン交換樹脂で精製して，固形分75％まで減圧濃縮し，「トレハロースシロップ」製品とする．

トレハロースは結晶性が低く，氷菓，アイスクリーム，ジャム，ゼリーなどに使用すると効果的である．また，パラチノースでは難しいが，トレハロースシロップではスポンジケーキに使用しても，焼き色や膨らみ，テクスチャーの良好なものが得られる．また，う蝕原性について，トレハロースシロップはパラチノースとほとんど同等の評価を得ている[6]．

c． グリコシルスクロース

1970年代，大阪市立工業研究所の岡田・北畑らは，α-アミラーゼのデンプンに対する作用を調べる過程で，基質濃度が高い場合には加水分解と並行してオリゴ糖も生成することを見いだした．このオリゴ糖生成反応は糖転移反応と呼ばれ，基質分子自身が受容体となり分子内で転移する分子内転移反応と，受容体として異なる糖が存在する場合に受容体分子に転移する分子間転移反応とがある．デン

プンに作用して分子内糖転移反応を触媒してサイクロデキストリンを合成するサイクロデキストリン合成酵素（CGTaseと略す）は，異なる糖が受容体として存在するときわめて効率良くマルトオリゴ糖を受容体に転移する反応（カップリング反応）を触媒する[19,20]．デンプンとショ糖の混合物にCGTaseを作用させると，ショ糖のグルコース側末端に，さらにグルコースが数個結合したオリゴ糖混合物が生成する．この物質は反応にちなんでカップリングシュガーと命名され，1979年に（株）林原生物化学研究所が製品化した．

　CGTaseによるカップリングシュガーの合成反応の模式を図10.3に示した[21]．工業的製造は，図10.4に示すようにデンプンを水に懸濁させ，液化酵素（α-アミラーゼ）により高温で液化し，中和・冷却後，ショ糖とCGTaseを順次加えて転移反応を行わせる．デンプンとショ糖の混合比率，液化の条件により構成する糖の組成は変化するが，規格上カップリングシュガーの主成分であるグルコシルスクロース（G2F）とマルトシルスクロース（G3F）の含量は22±4.0%となっている．製品の糖組成の一例はG2F 14.0%，G3F 10.0%，GとF 7.1%，GF 12.0%，マルトース9.0%，マルトトリオース6.0%，その他のオリゴ糖41.9%である．

　市販品は25%の水を含むシロップで水飴と同様の物性を示し，非結晶性である．ショ糖の50〜55%の甘味をもち，食品の甘さを抑えて素材の味を生かす働きがある．保水性が高く，砂糖の

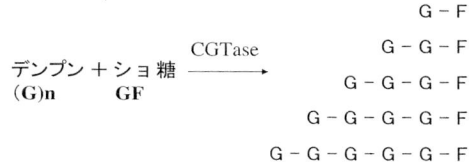

図10.3　CGTaseによるカップリングシュガーの合成

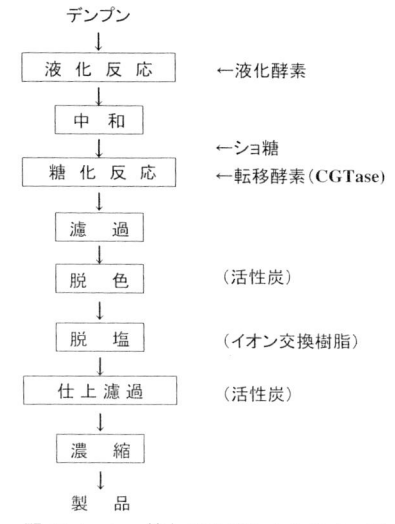

図10.4　ショ糖とデンプンからのカップリングシュガーの製造工程

結晶防止やデンプンの老化防止効果がある．粘度は高く，食感の改善や食品のつや出し，コク味つけに効果があり，耐酸，耐熱性が高い[22]．

カップリングシュガーは，α-アミラーゼや小腸粘膜のα-グルコシダーゼおよびスクラーゼによって容易に分解され吸収される[23]．一方で，虫歯予防効果がこのカップリングシュガーの特徴であり，新たな利用分野を開拓することになった．この虫歯予防効果に関する産学官が一堂に会して行った研究プロジェクトが，オリゴ糖の機能性開発の先駆となるものであった[24]．

d. フラクトオリゴ糖

酵母やカビ（*Aureobasidium*，*Aspergillus*，*Penicillium*）の生産するβ-フラクトフラノシダーゼ（β-FFase）の転移反応により生成するオリゴ糖の結合様式は酵素の起源によって異なるが，主に1級の水酸基に転移することから，ショ糖に作用させたときに合成される生成物は，フラクトシル基の転移位置によりフラクトースの1位（1-ケストース），フラクトースの6位（6-ケストース），グルコースの6位（ネオケストース）の3種が考えられる．これら3種を同時に生成する転移位置選択性の低い酵素，2種を同時に生成する酵素あるいは単一の糖のみを特異的に生成する酵素が存在する[25]．

フラクトオリゴ糖はフラクトースの1位水酸基にフラクトースがβ-2,1結合で1～3個のフラクトースが結合したものである．フラクトオリゴ糖は自然界に広く分布しており，日常食用に供される野菜類に含有されている．Edelmannはショ糖にβ-FFaseを作用させることにより，フラクトオリゴ糖が合成されることを報告している[26]．Hidakaらは糖転移活性の強い酵素生産菌として*Aureobasidium pullulans*や*Aspergillus niger*が菌体内に目的の酵素を生産することを見いだした[27]．本酵素は，ショ糖0.5％濃度では加水分解作用のみ触媒し，オリゴ糖は生成しないが，ショ糖5％濃度では加水分解と糖転移反応を触媒し，50％濃度では転移反応のみを触媒する[28]．ショ糖から本酵素を用いることによって工業的生産が可能となり，明治製菓（株）は1982年からメイオリゴとして販売している．図10.5にβ-FFaseの糖転移反応によるフラクトオリゴ糖の合成反応を示す．

10.2 オリゴ糖

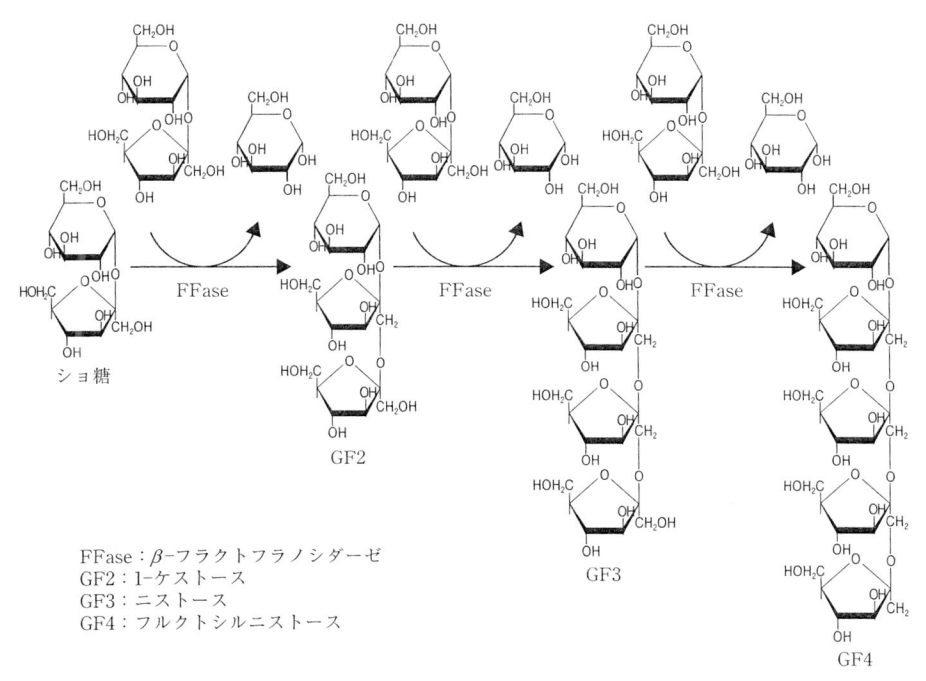

図10.5 β-フラクトフラノシダーゼの転移反応によるショ糖からのフラクトオリゴ糖の合成

FFase：β-フラクトフラノシダーゼ
GF2：1-ケストース
GF3：ニストース
GF4：フルクトシルニストース

工業的生産に用いる酵素は，A. niger ATCC20611 をショ糖濃度 5～10％含有する培地に 4 日間，28℃で振とう培養すると，菌体内にフラクトース転移活性をもつ菌体として得ることができる．この酵素を使用するフラクトオリゴ糖の製造法は，遊離酵素によるバッチ法と固定化酵素によるカラム法の 2 つがある[29]．

バッチ法は 50～60％濃度のショ糖溶液（pH 5.5）にショ糖 1 kg 当たり β-FFase を 2500 単位添加し，60℃で 20～25 時間反応させる．NaOH により pH を 6.0 に調整後，80℃で 30 分間加熱して酵素反応を止める．反応液を活性炭処理，イオン交換樹脂による脱色・脱塩後，濃縮してフラクトオリゴ糖（商品名メイオリゴ G）を得る．図 10.6 にその製造工程を示した．また，高純度品は，イオン交換樹脂を用いたクロマト分画によりグルコースとフラクトースを除いてフラクトオリゴ糖を 95％以上含む液を濃縮してメイオリゴ P 液が製造され，この液を乾燥後，粉砕して粉末にし，さらにこれを造粒してメイオリゴ P 顆粒が製造される．

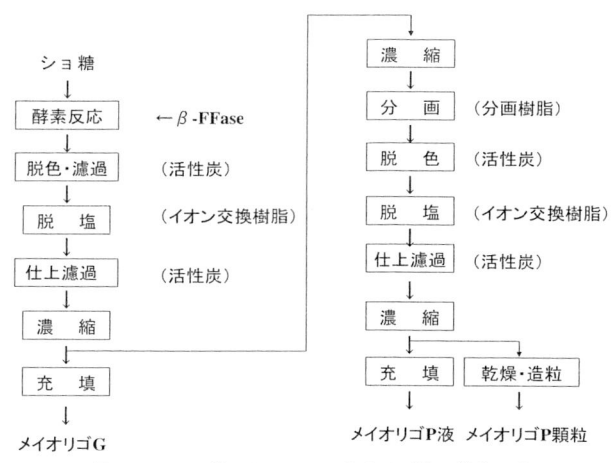

```
ショ糖
  ↓
酵素反応 ←β-FFase
  ↓
脱色・濾過   (活性炭)
  ↓
脱　塩     (イオン交換樹脂)
  ↓
仕上濾過    (活性炭)
  ↓
濃　縮
  ↓
充　填
  ↓
メイオリゴG


  ↓
濃　縮
  ↓
分　画     (分画樹脂)
  ↓
脱　色     (活性炭)
  ↓
脱　塩     (イオン交換樹脂)
  ↓
仕上濾過    (活性炭)
  ↓
濃　縮
  ↓
充　填   乾燥・造粒
  ↓        ↓
メイオリゴP液　メイオリゴP顆粒
```

図10.6　ショ糖からのフラクトオリゴ糖の製造工程

　明治製菓（株）で販売されている製品の糖組成は，低純度品であるメイオリゴGは単糖（G，F）が33%以下，ショ糖（GF）12%以下，1-ケストース（GF2）25%，ニストース（GF3）25%，フラクトシルシルニストース（GF4）11%であり，高純度品メイオリゴPはGF 5%以下，GF2 35%，GF3 50%，GF4 11%となっている．

　フラクトオリゴ糖の粘度は，高純度品ではショ糖よりやや高く，低純度品ではやや低い．加熱に対しては，pH 6以上ならば120℃でも安定であるが，pHが低いと100℃でも徐々に分解する．水分活性は低純度品ではショ糖よりやや低く，高純度品ではやや高い．また，デンプン老化抑制効果もある[30]．

　生理的機能としては，難消化性であり，1日1g以上の摂取でビフィズス菌を増加させ，3g以上の摂取で腸内菌叢の改善，便通・便性状改善効果などの整腸効果が確認されている．ビフィズス菌の増殖に伴う血糖上昇抑制作用や抗脂血作用などの食物繊維様効果[31]，ミネラル吸収促進作用が報告されている[7,8]．

　明治製菓（株）のグループは，*A. niger* ATCC20611の酵素にタンパク工学的手法を用いて改良することによってGF2の生成率を高め，GF3，GF4の生成率を低下させGF2を主な生成物とする酵素を開発した[32]．ショ糖からの反応で50%以上のGF2を特異的に生成し，さらにカチオン交換樹脂を用いたクロマト

分離により90%以上のGF2とし，これを濃縮し結晶化することによって結晶フラクトオリゴ糖（メイオリゴCR）として2004年4月から販売している．GF2はフラクトオリゴ糖と同様の生理機能をもち，吸湿しないことが大きな特徴となっている．

近年，ホクレン農業協同組合連合会の竹田らは，*Eurotium repens*のβ-FFaseを高濃度のショ糖に作用させたときにGF4/(GF2+GF3)の比率が0.05以下と，GF4の比率がきわめて低いことを見いだした[33]．この酵素を70%濃度のショ糖に作用させると単糖30.9%，GF 19.7%，GF2 31.7%，GF3 16.7%，GF4 1.0%の反応液となる．この反応液からイオン交換樹脂を用いた2段階のクロマト分離を行うことでGF2 80%以上の糖液を得る．この糖液を濃縮，結晶化することにより，純度98%以上の1-ケストースを製造することができる[34]．2回目のクロマト分離ではニストースも回収できるので結晶ニストースの製造も可能である．

e. フラクトースを含むヘテロオリゴ糖

1987年に大阪市立工業研究所と塩水港精糖（株）のグループは，ショ糖を原料としてフラクトースを含む有用ヘテロオリゴ糖の合成を目的に研究を開始し，フラクトシル基転移酵素を用いたオリゴ糖の合成について検討した．フラクトシル基転移酵素としては*Aerobacter levanicum*[35]，*Bacillus subtilis*[36]などの生産するレバンスクラーゼが知られている．レバンスクラーゼはショ糖に作用させるとβ-2,6結合の高分子フラクタンであるレバンを合成するが，受容体の存在下ショ糖に作用させると受容体にフラクトシル基を転移し，ヘテロオリゴ糖を合成する．しかしながら，レバンスクラーゼはそのほとんどが誘導酵素であり，ショ糖によって誘導されるため培地にショ糖の添加が不可欠である．このため培養液中にレバンを作り粘度が高くなるために扱いにくいこと，また酵素の生産性も低く，さらに耐熱性が低いことなどの問題点があった．またカビの生産するβ-FFaseはショ糖にはよく転移するが，受容体特異性の幅が狭く，フラクトースを含むヘテロオリゴ糖の生産には不向きであった．そこで上記の問題点を解決するため，耐熱性が高く，酵素を菌体外に生産し，受容体特異性の幅広いフラク

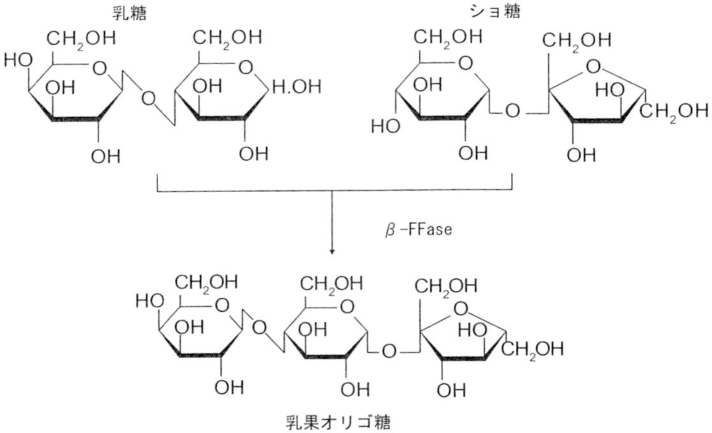

図 10.7　β-フラクトフラノシダーゼによるショ糖と乳糖からの乳果オリゴ糖の合成

トシル基転移活性を有する β-FFase を産生する微生物を検索し，*Arthrobacter* sp. K-1 株が目的とする酵素を生産することを見いだしている[37,38]．

1）ラクトスクロース

ラクトスクロース（乳果オリゴ糖，以下 LS とする）は，β-D-フラクトフラノシル 4-O-β-D-ガラクトピラノシル-α-D-グルコピラノシドまたは 4^G-ガラクトシルスクロースで示され，その分子構造の中にショ糖と乳糖の部分構造を有するのが特徴であり，ビフィズス菌を選択的に増殖させることが知られていた．1957 年に Avigad はショ糖と乳糖にレバンスクラーゼを作用させることによって合成したが[39]，塩水港精糖は *Arthrobacter* sp. K-1 株の β-FFase を用いて 1990 年から乳果オリゴ糖として製造している．図 10.7 に β-FFase の糖転移反応によるショ糖と乳糖からの乳果オリゴ糖生成反応を示す．

Arthrobacter sp. K-1 株はグルコース，乳糖，可溶性デンプンなどでも生育し，ショ糖で誘導されることなく酵素を生産する．酵素の工業規模での生産では，3％ショ糖と 5％コーン・スティープリカー（CSL）を含む培地で pH を 6.5 に調整しながら 37℃で 25 時間通気攪拌培養することで菌体外に酵素を生産し，しかも培養液中に粘質物を作ることもなく容易に酵素を得ることができる．

LS は乳糖とショ糖を約 1:1 の比で濃度 40％に溶解し，*Arthrobacter* sp. K-

10.2 オリゴ糖

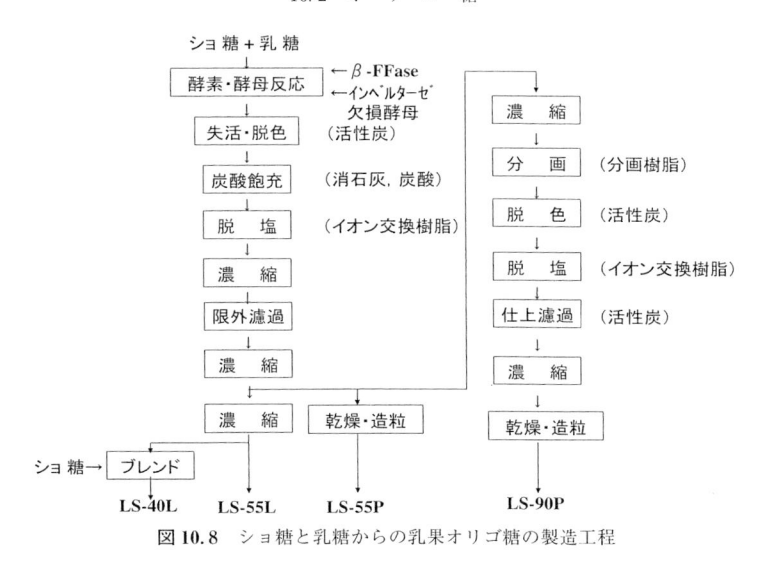

```
         ショ糖 + 乳糖
              ↓
         酵素・酵母反応  ← β-FFase
              ↓        ←インベルターゼ
         失活・脱色    欠損酵母        濃　縮
              ↓       (活性炭)         ↓
         炭酸飽充   (消石灰, 炭酸)    分　画   (分画樹脂)
              ↓                        ↓
         脱　塩    (イオン交換樹脂)   脱　色   (活性炭)
              ↓                        ↓
         濃　縮                      脱　塩   (イオン交換樹脂)
              ↓                        ↓
         限外濾過                    仕上濾過  (活性炭)
              ↓                        ↓
         濃　縮                      濃　縮
              ↓         ↓             ↓
         濃　縮     乾燥・造粒       乾燥・造粒
              ↓         ↓             ↓
ショ糖→  ブレンド
         ↓    ↓        ↓             ↓
      LS-40L LS-55L   LS-55P        LS-90P
```

図 10.8　ショ糖と乳糖からの乳果オリゴ糖の製造工程

1株の産生する β-FFase を作用させて合成する．その際インベルターゼ欠損酵母（オリエンタル酵母工業（株）製）を同時に添加し，30〜35℃で反応する．この反応工程では，生じるグルコースを中心とする単糖を酵母に資化させて，反応液中のLS含量，すなわち収量を上げる操作を行う．酵素反応および酵母処理を加熱によって停止したあと，60℃まで冷却した反応液に消石灰を固形分当たり1.5%添加し約15分間保持後，炭酸ガスを吹き込んで中和する．この操作によって糖類以外の不純物質は不溶性の金属塩に吸着され濾過によって除去できる．さらに分画分子量20,000の限外濾過膜（UF膜）を用いた限外濾過によって高分子物質を除去している．以下，図10.8に示す製造フローに従って精製し，LSを固形分当たり55%以上含む製品が製造される．乳果オリゴLS-55P（以下LS-55Pとする）は，仕込みの乳糖とショ糖の比率を55：45として反応し精製後，噴霧乾燥した粉末製品である．乳果オリゴLS-55L（以下LS-55Lとする）は，仕込みの乳糖とショ糖の比率を45：55とし，製品の乳糖の析出を防ぐため乳糖含量を10%以下に抑えた液状品である．また乳果オリゴLS-40L（LS-40L）は，LS-55Lに液糖を添加し，LS含量を固形分当たり42%以上，乳糖含量8%以下とした液状品である[40]．2003年にはイオン交換樹脂を用いたクロマト分離によ

り，LS 純度を 88％以上に高めた高純度品（LS-90P）も販売され，さらに 2004 年にはこの LS-90 を原料に冷却結晶化法により結晶乳果オリゴ糖も開発されている．

粉末品の吸湿性は非常に高いが，液状品の水分保持能力はショ糖より優れている．水分活性はショ糖と同程度であり，粘度はショ糖より若干高い値を示し，浸透圧，酸性条件下における加熱安定性や保存安定性は，ショ糖のそれらとほとんど同じである．味質が非常にショ糖に似ているので，飲料，乳製品，菓子，デザート，スープ，調味料，食肉加工品など広い分野で使用されている[41]．

難消化性の糖質であり，1 日当たり 1 g 以上の摂取でビフィズス菌増殖効果を示し，1 日当たり 2～6 g の摂取で便秘傾向者の排便回数の増加および軟便化など便性状改善効果が確認されている．また体重 1 kg 当たり LS として 0.6 g の摂取でも下痢の発生は見られず，下痢の起こりにくいオリゴ糖である．さらにカルシウムの吸収促進と骨強化や乳糖不耐症の症状の軽減などの効果も報告されている[42]．

f. 特定保健用食品

これらのオリゴ糖の生理的機能を利用して開発された食品が特定保健用食品である．特定保健用食品は，1991（平成 3）年に制度化されたもので，栄養改善法第 12 条第 1 項（又は同法第 15 条第 1 項）に規定される特別用途食品の一つである．食品の中に含まれる特定の成分の安全性と健康の維持増進に役立つことが試験管レベルから動物やヒトにおよぶ試験によって科学的に証明された食品に，健康への効用を示す表示（健康表示）を国（厚生労働省）が許可するものである．この制度は食品に健康表示を許可した世界最初の画期的でユニークな制度である．特定保健用食品は，さらに，2001（平成 13）年 4 月の保健機能食品制度創設に伴い，さらなる安全性や有効性を確保する観点から，食品衛生法施行規則第 5 条に基づく保健機能食品の一つとしても位置づけられ，2003（平成 15）年 5 月に施行された健康増進法に受けつがれている．

砂糖を原料とするオリゴ糖では，フラクトオリゴ糖と乳果オリゴ糖が整腸効果で，パラチノースが虫歯予防で，それぞれ特定保健用食品の素材として用いられている．2005（平成 17）年 2 月には特定保健用食品（規格基準型）が創設され

10.2 オリゴ糖

表 10.1 フラクトオリゴ糖（FOS）・乳果オリゴ糖（LS）を関与成分とする特定保健用食品（整腸）の食品形態

分類場番号	食品形態の範囲	食品の種類	商品名（関与成分）	申請者
69 9799	テーブルシュガー	テーブルシュガー	オリゴのおかげ，オリゴのおかげポーションタイプ，オリゴのおかげEX，オリゴのおかげEX 顆粒タイプ（LS）	塩水港精糖（株）
			MS メイオリゴ（FOS）	明治製菓（株）
			オリゴ 55，オリゴシュガー 39	（株）博文
72 522	菓子パン	菓子パン	オリゴで元気（LS）	（株）コモ
72 701	ビスケット類	クッキー	ヘルシーバランス〈オリゴ糖入り〉5種（LS）	山之内製薬（株）
		ビスケット	ビックオリゴビスケット（LS）	江崎グリコ（株）
72 711	キャンディー類	キャンディー	オリゴキャンデー（FOS）	明治製菓（株）
		キャンディー	ビックオリゴキャンディー（LS）	江崎グリコ（株）
		オリゴ糖加工食品	ビフィルン，オリゴチョキレ（LS）	（株）リコム
72 712	チョコレート類			
72 8034	充填豆腐	充填豆腐	お・な・か・にやさしくオリゴとうふ（FOS）	（株）丸美屋
73 241	はっ酵乳	冷凍醗酵乳	フローズンヨーグルトすこやか家族（LS）	江崎グリコ（株）
73 242	乳酸菌飲料	殺菌乳酸菌飲料	ベストメント（LS）	（株）全国月の友の会
		清涼飲料水	オリゴワン ヨーグルトサワー（LS）	（株）エイチプラスビィ・ライフサイエンス
		乳酸菌飲料	おなかにおいしいオリゴ糖（FOS）	協同乳業（株）
75 129	即席みそ汁	即席みそ汁	おみそチョキレ合わせ（LS）	（株）リコム
75 151	醸造酢			
76 111	鉱水	清涼飲料水	キレアウォーター，リブウェルディー エス ウォーター（LS）	五洲薬品（株），コミー（株）
76 1215	果実着色炭酸飲料	炭酸飲料	ワナナイトプレーン，スイート，ビター，ジンジャー（LS）	大塚製薬（株）
76 1221	果実飲料	清涼飲料水	オリゴ 2400・アップル，キャロット，グレープ（LS）	太子食品工業（株）
76 1226	コーヒー飲料	清涼飲料水	オリゴコーヒー（FOS）	明治製菓（株）
76 190	粉末清涼飲料	粉末清涼飲料	UCC イチゴミルクス，UCC コーヒーミルクス，UCC ココアミルクス（LS）	ユーシーシー上島珈琲（株）

注）食品形態は日本標準商品分類（総務庁統計局基準部編）をもとに設定
　　空欄はフラクトオリゴ糖，乳果オリゴ糖以外のオリゴ糖で許可例のあるもの

た．これまでに許可実績が十分であり，科学的根拠が蓄積されている関与成分に関しては，規格基準を定め，審議会の個別審査は必要なく事務局で判断し許可するものである．規格基準に適合するフラクトオリゴ糖とラクトスクロース（乳果

オリゴ糖）は，これまでにオリゴ糖が許可された食品形態（表10.1）については，他のオリゴ糖と重複することなく1日摂取目安量2～8gを含めば有効性試験は不要であり，当該食品として摂取する量の3倍以上の過剰用量における摂取試験による安全性が確認できれば従来と同様の特定保健用食品として認められることになる．保健効果の表示が唯一認められる特定保健用食品の存在意義はますます大きくなるものと思われる．

g. ま と め

エネルギー源，甘味剤として優れた食品加工適性をもつ砂糖の欠点を補い，さらに難消化性，低カロリー，抗う蝕など新たな機能性を付与することを目的に開発されてきたオリゴ糖は，新たな物理特性を有する素材，または特定保健用食品の素材として，その用途を拡大してきた．今後，免疫調節機能，肝機能改善，病原菌の腸管への接着阻害，疲労回復，抗酸化機能など，病気発症や生活習慣病予防，健康回復機能を有し，さらには脳神経系への対応を考慮した高次の機能を有する糖質の開発と利用技術の発展が期待される．　　　　　　　〔藤田孝輝〕

文　献

1) 中久喜輝夫（1995）．オリゴ糖の機能と利用，応用糖質科学，**42**，275-283．
2) 北畑寿美雄（1993）．転移酵素による糖質の合成．糖質エンジニアリングと製品化技術（畑中研一，石原一彦編），pp.106-125，サイエンスフォーラム．
3) 糖業協会編（2003）．糖業技術史―原初より近代まで，p.3，丸善プラネット．
4) 奥　恒行（1990）．糖質および食物繊維の開発と応用，pp.36-57，工業技術会．
5) 奥　恒行（1998）．難消化性オリゴ糖と水溶性食物繊維の保健効果，日本食品新素材研究会誌，**1**，23-30．
6) 大嶋　隆，浜田茂幸編著（1996）．う蝕予防のための食品科学―甘味糖質から酵素阻害剤まで，pp.4-35；pp.139-216，医歯薬出版．
7) 志村　進ほか（1991）．ラットのミネラル吸収に及ぼすガラクトオリゴ糖およびフラクトオリゴ糖の影響，日本栄養・食糧学会誌，**44**，287-291．
8) 太田篤胤ほか（1993）．フラクトオリゴ糖および各種小糖類のラットにおけるCa, Mg, Pの吸収に及ぼす影響，日本栄養・食糧学会誌，**46**，123-129．
9) 前掲書3），p.21．
10) Weidenhagen R. und Lorenz S. (1957). Palatinose [6-(-α-Glucopyranoside)-fructofuranose], ein neues bakterielles Umwandlungsprodukt der Saccharose. *Z. Zuckerind*, **82**, 533-534.
11) 中島良和（1988）．パラチノースの製法と用途，澱粉科学，**35**，131-139．
12) 合田敏尚，細谷憲政（1983）．ラット小腸粘膜の二糖類水解酵素によるパラチノースの水解について，日本栄養・食糧学会誌，**36**，169-173．

13) Kawai K. et al. (1985). Changes in blood glucose and insulin after an oral palatinose administration in normal subjects, *Endocrinol Japon*, **32** (6), 933-936.
14) Livesey G. (1990). On the energy value of sugar alchols with the example of isomalt. In Hosoya N. (ed). *Caloric evaluation of carbohydrate*, Research Foundation for Sugar Metabolism, pp.141-164.
15) Tanaka M. et al. (1993). Structure of oligosaccharides prepared by acidic condensation of palatinose, *J. Carbohyd. Chem.*, **12**, 49-61.
16) 小笠一雄ほか (1989). パラチノースオリゴ糖の製造法および性質, 精糖技術研究会誌, **37**, 85-92.
17) 樫村 淳ほか (1993). パラチノースオリゴ糖がヒトの腸内環境に及ぼす影響, 日本栄養・食糧学会誌, **46**, 117-122.
18) Miyata Y. et al. (1992). Isolation and characterization of *Pseudomonas mesoacidophila* producing trehalulose, *Biosci. Biotech. Biochem.*, **56**, 1680-1681.
19) 岡田茂孝ほか(1972). シクロデキストリンを生成する新amylaseについて, アミラーゼシンポジウム, **7**, 61-68.
20) Kitahata S. et al. (1974). Purification and some properties of cyclodextrin glycosyltransferase from a strain of *Bacillus* species, *Agric. Biol. Chem.*, **38**, 387-393.
21) 中村 敏 (1990). グリコシルシュクロース（カップリングシュガー）, 別冊フードケミカル4, 甘味料総覧, pp. 159-165.
22) 上村光夫 (1986). カップリングシュガー, 菓子総合技術センター.
23) 水野清子ほか (1980). 白ネズミ小腸粘膜の二糖類水解酵素によるグルコシルスクロースならびにマルトシルスクロースの分解, 栄養と食糧, **33**, 193-195.
24) 国立予防衛生研究所歯科衛生部編, 「虫歯と Coupling Sugar」第1回 (1975), 第2回 (1976), 第3回 (1977), 第4回 (1978), 第5回 (1979) 研究会議報告.
25) 中野博文ほか編 (1999). 工業用糖質酵素ハンドブック（岡田茂孝, 北畑寿美雄監修）, pp.38-39, 講談社サイエンティフィク.
26) Edelman J. (1956). The formation of oligosaccharides by enzymic transglycosylation. In Nord F. F. (ed.). *Advances in enzymology and related areas of molecular biology*, Vol. XVII. Intersceince Publishers, Inc., pp.189-232.
27) Hidaka H. et al. (1988). A fructooligosaccharide-producing enzyme from *Aspergillus niger* ATCC 20611, *Agric. Biol. Chem.*, **52**, 1181-1187.
28) Hirayama M. et al. (1989). Purification and properties of a fructooligosaccharide-producing β-fructofuranosidase from *Aspergillus niger* ATCC 20611, *Agric. Biol. Chem.*, **53**, 667-673.
29) Kono T. (1993). Fructooligosaccharides, In Nakanuki T. (ed.). *Oligosaccharides*, Gordon and Breach Science Publishers, pp.50-78.
30) 上村光夫 (1988). フラクトオリゴ糖, 菓子総合技術センター.
31) 斉藤安弘 (1990). フラクトオリゴ糖の生理活性とその応用, 別冊フードケミカル4, 甘味料総覧, pp. 73-82.
32) 窪田英俊ほか (2004). *Aspergillus niger* 由来の β-フルクトフラノシダーゼの反応特性の改変. 日本応用糖質科学会平成16年度大会講演要旨集, p.35.
33) 竹田博幸ほか (1992). 結晶1-ケストースの製造方法, 精糖技術研究会誌, **40**, 17-21.
34) 竹田博幸ほか (2000). フラクトシル転移酵素, 並びに該酵素を用いた1-ケストース及びニストースの分別製造方法, 特開 2000-232878.
35) Feingold D. S. et al. (1957). Enzymic synthesis and reactions of a sucrose isomer α-D-galactopyranosyl β-fructofuranoside, *J. Biol. Chem.*, **224**, 295-307.
36) 飯塚 勝 (1988). Levansucrase によるヘテロフルクトオリゴ糖の合成, 澱粉科学, **35**, 141-148.
37) Fujita K. et al. (1990). Purification and some properties of β-fructofuranosidase 1 from

Arthrobacter sp. K-1, *Agric. Biol. Chem.*, **54**, 913-919.
38) Fujita K. *et al.* (1990). Transfructosylation catalyzed by β-fructofuranosidase 1 from Arthrobacter sp. K-1, *Agric. Biol. Chem.*, **54**, 2655-2661.
39) Avigad G. (1957). Enzymatic synthesis and characterization of a new trisaccharide, α-lactosyl β-fructofuranoside, *J. Biol. Chem.*, **229**, 121-129.
40) 荒川勝隆ほか (2002). 乳果オリゴ糖の生産技術の開発と特定保健用食品を中心とする用途開発, *J. Appl. Glycosci.*, **49**, 63-72.
41) 藤田孝輝 (1998). ラクトスクロース. オリゴ糖の新知識 (早川幸男編著), pp.94-116, 食品化学新聞社.
42) 藤田孝輝 (2004). 乳果オリゴ糖の新規用途開発, *New Food Industry*, **46**, 17-23.

10.3 デキストラン

砂糖から工業的にデキストラン (dextran) を製造するには乳酸菌の一種 *Leuconostoc mesenteroides* が用いられ，次式のようにシュクロースに作用してフラクトースを遊離しつつグルコースを重合して多糖類を作る.

$$n-シュクロース \rightarrow (グルコース)n + n-フラクトース$$

グルコースの結合の仕方と割合は菌株により異なるが，$\alpha-1,6$ 結合が主体 (50～97%) で，$\alpha-1,4-$および$\alpha-1,3-$結合はほとんどないものから 40～50% 含むものまである.

自然発生するデキストランそのものは，サトウキビを切断して長時間放置すると，その断面に発生する．また製糖，あるいは精糖工程の糖液滞留部分にもデキストランが発生することがある．これらデキストランは濾過障害を起こすだけではなく，砂糖の針状結晶を生じて分蜜性の悪化を招くなど，製・精糖工程の邪魔物として知られていた.

発酵で生成する自然のデキストラン (native dextran) の分子量は数百万～数千万もあるので，有用なデキストランは，高分子デキストランを部分的に加水分解し，分画・精製して製造される．分解，精製工程を適切に調節し，用途に応じて異なった分子量をもつ製品が製造されている.

デキストランは他の類似多糖類であるデンプンやセルロースと異なり，冷温水に容易に溶け，優れた粘度をもち，化学的に安定な物質である.

a. デキストランの用途

デキストランは医薬品（代用血しょう，血しょう増量剤，血流改善剤），医薬添加剤（酵素安定化剤），化粧品，化粧品添加物（保湿剤），写真フィルム（写真用フィルム，X線フィルム添加剤）など多様な用途がある．

代用血しょうの研究開発は，欧米に限らずわが国においても第二次大戦前から精力的に進められてきた．日本において，代用血しょうとしてのデキストランの生産は1955（昭和30）年代後半に名糖産業（株）によって開始され，今日に至るまで同社によって独占的に生産されている．

b. デキストラン誘導体

これまでに多くの種類のデキストラン誘導体が合成され，商業利用を目指して開発が進められている．たとえば，デキストラン鉄によって貧血治療が行われるとともに，体内に鉄分を補給してヘモグロビンの造成を促すなどの保健薬に使われている．

デキストラン硫酸は，手術後の血栓症の予防や治療に用いられている．その他の誘導体とその利用としては次のようなものがある．

- カルボキシメチルデキストラン：化粧品添加物（コンディショニング，皮膜形成，保湿効果，感触改善）
- カチオン化デキストラン：化粧品添加物（コンディショニング，毛髪保護，保湿効果，ウェイブ保持力）
- デキストランメチルメタクリレート共重合体：コンタクトレンズ材料

10.4　シュガーエステル

シュガーエステル（ショ糖脂肪酸エステル，以下 SE と表記）はショ糖を親水基とし，高級脂肪酸を親油基としてエステル結合させて作る非イオン性の界面活性剤である．ショ糖1分子中には全部で8個の水酸基があるので，理論的にはショ糖1分子に脂肪酸1分子を結合したショ糖モノ脂肪酸エステルから，脂肪酸8分子を結合させたショ糖オクタ脂肪酸エステルまでを製造することが可能である．

脂肪酸の種類とエステル置換度を変えることにより，親水性から親油性まで幅

広い物性のエステルを得ることができる.

a. 開発の歴史

ショ糖を有機酸または脂肪酸と反応させるショ糖エステル化の研究は 1930 年代に盛んに行われていたが,本格的な界面活性剤としての SE の製造研究は,1952 年にアメリカの Snell によって開始され,1956 年から 1957 年にかけてその研究成果が公表された.この方法はショ糖と脂肪酸の共通の溶媒であるジメチルホルムアルデヒドに溶解し,炭酸カリウムを触媒として,減圧加温下でエステル交換反応を行うものである.この研究に基づき,大日本製糖(株)(現大日本明治製糖(株))が同社の精製技術を加えて世界で初めて SE の生産を開始し,1959 年に食品添加物として厚生省の認可が下りるとともに販売を開始した.その後 1971 年,界面活性剤メーカーである第一工業製薬(株)も,アメリカの新たな SE 製造法(Nebraska-Snell 法)を改良し,水溶液による SE の生産を開始した.

第一工業製薬の製造法は,まずショ糖,脂肪酸メチルエステル,脂肪酸石けんと水とを混合,加熱してミクロエマルジョンを形成させる.次いで,エマルジョン状態を保持させながら脱水し,少量の触媒(炭酸カリウム)を加えてエステル交換反応を行う.その後,石けん,残存する過剰のショ糖および触媒を除去精製して製品とする方法であった.

b. SE の特性と用途

ショ糖をベースとした界面活性剤 SE は優れた特性を有する.エステル結合の度合いと脂肪酸の種類を変えることにより,HLB(hydrophilic lipophilic balance)の幅を変えることができる.

SE はショ糖と食用油脂由来の脂肪酸とで構成されているので毒性がない安全な食品添加物である.さらに石油系界面活性剤と異なり生分解性であるので,急速かつ完全に微生物によって分解されるため環境に優しい界面活性剤である.したがって食品,薬品,化粧品から洗剤に至るまで広く使われている.主な特性と用途は下記の通りである.

1) 乳化作用

界面活性剤の最も代表的な作用である．本来混じり合わない物質を円滑に混ぜ合わせる作用をこのエステルは発揮する．食品への用途としてはアイスクリーム，製菓・製パン，畜肉製品やマヨネーズなどが中心であったが，缶コーヒーなどの飲料にも広く使われている．

洗剤への用途としては，いわゆる中性洗剤と総称される洗剤すべてに使われているが，衣服用だけではなく，食器や野菜・果物用などにも使われており，皮膚に優しいことから化粧品への用途も大きい．

2) 油脂結晶調節作用

油脂結晶の成長を促進する効果と，その逆に結晶の成長を抑え，油脂の酸化や過酸化物価の上昇を抑える作用がある．サラダ油の製造の際，固体脂の分離促進のために添加が行われる．抑制作用としては羊羹や餡の晶出防止，シャリ止めなどに用いられている．

3) 潤滑作用

錠菓子や錠剤の原料粉体の流動性を改善して打錠機への充填性を向上させるために使用されている．

4) その他の作用

粘度の調整，食品の湿潤，デンプンの老化防止，起泡，消泡などの目的のために添加剤として使われている．

10.5 カラメル

カラメルは，砂糖，ぶどう糖などの食用炭水化物を熱処理して得られたものであり，食品や飲料を褐色に着色するために広く用いられている食品添加物である．また，薬品や化粧品などにも用いられている．

欧米では古くから，家庭で砂糖を加熱して得られた手作りのカラメルが料理に利用されていた．19世紀には，商業的に生産されたカラメルが菓子や飲料，ビールなどに利用され始めた．日本には明治初期にドイツからカラメルが初めて輸入され，ほどなく国産カラメルの製造販売が開始された．大正から昭和初期においては，カラメルは主に醤油，ソース，佃煮などに利用されていた．昭和30年代

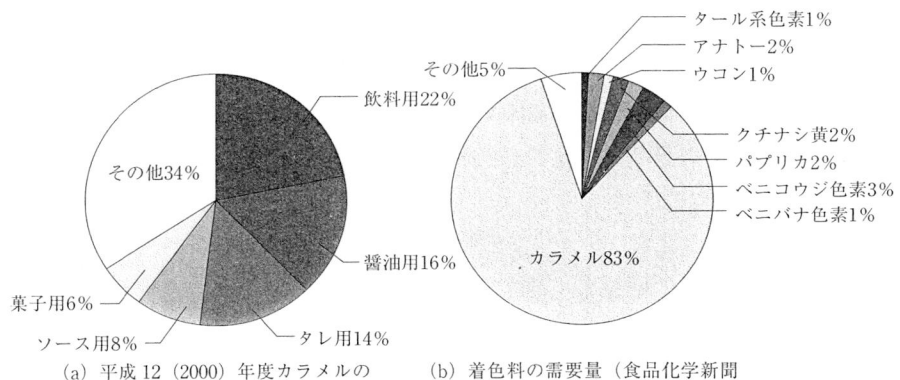

図 10.9 カラメルの用途別内訳（a）と着色料市場におけるカラメルの比率（b）

(a) 平成 12（2000）年度カラメルの用途別需要内訳（農水省調べ）：飲料用 22%、醤油用 16%、タレ用 14%、ソース用 8%、菓子用 6%、その他 34%

(b) 着色料の需要量（食品化学新聞 (2002年1月17日) より）：カラメル 83%、タール系色素 1%、アナトー 2%、ウコン 1%、クチナシ黄 2%、パプリカ 2%、ベニコウジ色素 3%、ベニバナ色素 1%、その他 5%

以降の経済成長により食の洋風化，多様化が進み，多くの加工食品が生まれ，カラメルの用途が広がった．食品産業の発展とともに，カラメルは種々の食品や飲料に利用されている（図10.9）．

カラメルを使用する目的で最も多いものは着色である．また，副次的効果として，食品や飲料へのロースト感の付与，フレーバーとの相乗作用，苦味付与，コク付けなどがある．

主な用途例としては，清涼飲料水，アルコール飲料，漬物，醤油，ソース，みそ，菓子，乳製品，加工食品，薬品，化粧品，ペットフードなどがある．このようにカラメルは食品や飲料の性質に合わせて使用されている．

天然系色素および合成色素を含めた日本の食品用着色料市場において，カラメルは数量ベースで 80% 以上を占め，需要量は約 1 万 9000 トンといわれている．

〔橋本　仁〕

文　　献

1) 名糖産業株式会社カタログ．
2) 名糖産業株式会社製品資料．
3) 糖業協会編（2006）．現代糖業技術史，丸善プラネット．
4) 三菱化学フーズ株式会社技術資料．
5) 渡辺隆夫（1990）．食品開発と界面活性剤―その基礎と応用，光琳．
6) 第一工業製薬（1984）．シュガーエステル物語．

7) Lichtenthaler F. W. (1991). *Carbohydrates as organic raw materials*, VCH Verlagsgesellschaft Mbh.

10.6 イヌリン

a. イヌリンの構造と性質

イヌリンとは水溶性の食物繊維に分類されている多糖類の一種で，キクイモ，エンダイブなどキク科植物の塊茎やチコリの根，そしてタマネギ，ニンニク，ニラといったユリ科植物などに含まれていることが知られている[1]．イヌリンは，そうした食材を通じて，われわれが古来より長年それと知らずに食してきている食品成分の一つである．その性質はデンプンとは異なり，温水に溶け，構造はスクロースのフラクトース側にフラクトースがβ-(2,1)結合で直鎖状に2～60分子結合した構造とされている（図10.10）．

β-(2,1)結合のフラクタンとしてはフラクトオリゴ糖（3糖～5糖）が知られているが，イヌリンはそれよりも多くのフラクトースが結合しているものであり，フラクトオリゴ糖の延長線上に位置するものであると考えられている．近年，イヌリンに様々な生理機能があることや，食品に添加した際には，食感を改善し，その品質を保持させる食品加工上の機能があることが明らかにされている．

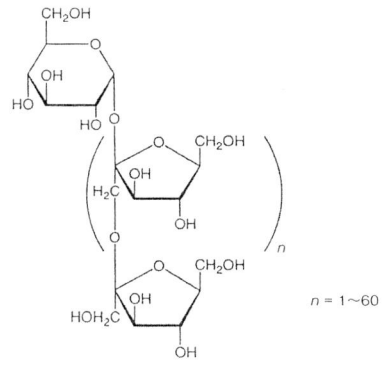

図 10.10 イヌリンの構造

b. 酵素法によるスクロースからのイヌリンの製造

筆者らはスクロースの有効活用研究の過程で，スクロースをイヌリンに変換する酵素生産微生物をバチラス（*Bacillus*）属に分類される株の中から見いだした．さらに酵素の精製を行い，その諸性質を調べた結果，スクロースから効率良くイヌリンを作る果糖転移酵素（フラクトシルトランスフェラーゼ）に分類される酵素であることがわかった[2]．スクロース原料液に酵素を加えて反応後，脱色，膜

分離による夾雑小糖類の除去，脱塩，噴霧乾燥を経て高純度のイヌリンが得られる．欧米ではチコリを栽培し，その根の抽出物からイヌリンを製造しているが，農産物ゆえに収穫量は作柄によって左右され，特に雨量によって影響されるといわれている．またチコリ自身にイヌリンを分解するイヌリナーゼと呼ばれる酵素が含まれており，収穫して保管中，イヌリンが自己分解し品質が安定しないことも指摘されている．スクロースから酵素を用いて作られるイヌリンの場合にはそういった心配がまったくないため，常に品質の安定したものが安定的に得られるという利点がある．

酵素法でスクロースから作られるイヌリンと植物由来のイヌリンの鎖長分布を比較した結果を図10.11に示した．植物由来のイヌリンは，鎖長の分布が10糖から60糖と広い範囲で分布しているのに対し，酵素法で作られるイヌリンの分布域は6糖程度から30糖前後と狭く，均質性が高いことがわかった．現在筆者らが酵素法で製造しているイヌリンの平均鎖長は16前後である．また，酵素で作られるイヌリンの平均重合度については，酵素反応条件を適宜変動させることによって調節が可能であることもわかっている[3]．

以下，本文では酵素法でスクロースから作られた平均重合度16前後のイヌリンについて詳述する．

c. イヌリンの生理機能
1) 体重増加抑制効果

イヌリンは難消化性デキストリンやポリデキストロースと同様，水溶性の食物繊維であり，ヒトの胃や小腸などの消化器官では消化・吸収されにくい難消化性の糖質である[4～6]．そのため，摂取されたイヌリンは，直接大腸に到達して腸内細菌によって発酵分解を受けて利用されるものと考えられる．わが国においては，イヌリンのエネルギー値は2 kcal/gと推定されている．難消化性に関しては，動物実験も行うことにより検証を行った．実験動物ラットにイヌリンを5%配合した餌を与えて12週間飼育した結果，イヌリン無添加食を食べていたラットに比べて約10%程度，体重増加が抑えられていることを確認している[7]．

低重合度 ⇔⇔⇔ 高重合度

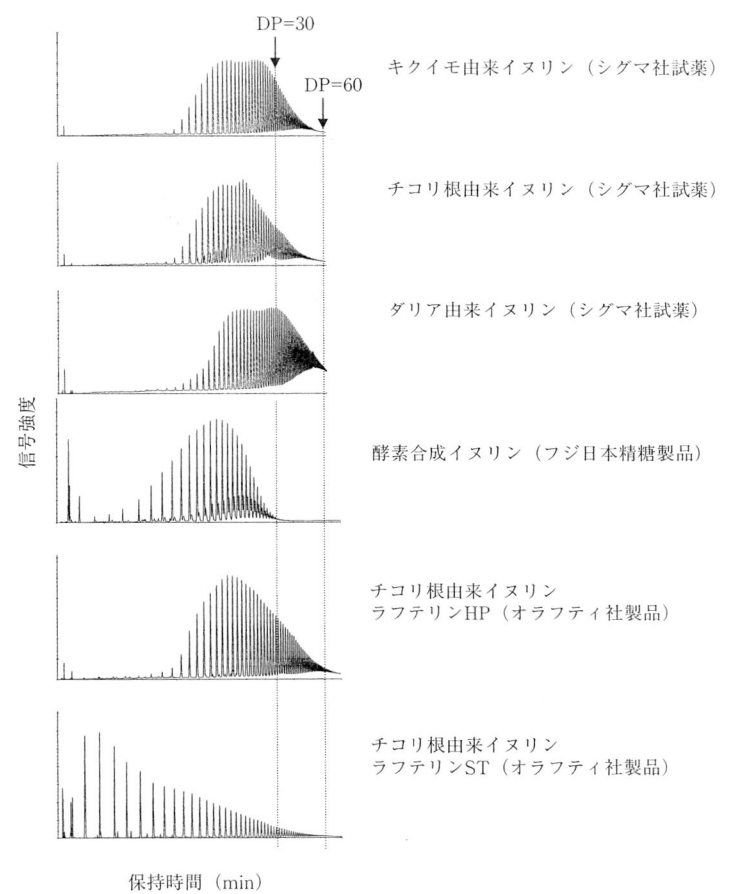

DP=30
DP=60

キクイモ由来イヌリン（シグマ社試薬）

チコリ根由来イヌリン（シグマ社試薬）

ダリア由来イヌリン（シグマ社試薬）

酵素合成イヌリン（フジ日本精糖製品）

チコリ根由来イヌリン
ラフテリンHP（オラフティ社製品）

チコリ根由来イヌリン
ラフテリンST（オラフティ社製品）

保持時間（min）

図 10.11 イオンクロマト分析装置による各種イヌリンの鎖長分布の違い

2) 血糖上昇抑制効果

フラクトースの重合体であるイヌリンは，難消化性の糖質であるため，それ自体は血糖値を直接的に上昇させることはない．欧米ではイヌリンによる血糖上昇抑制効果について古くから研究がなされており，糖尿病患者の病院食として実際的な利用がすでに進められている[8〜11]．

実験動物ラットの飼料へ5％添加した長期摂取試験を行い，血糖に与える影響

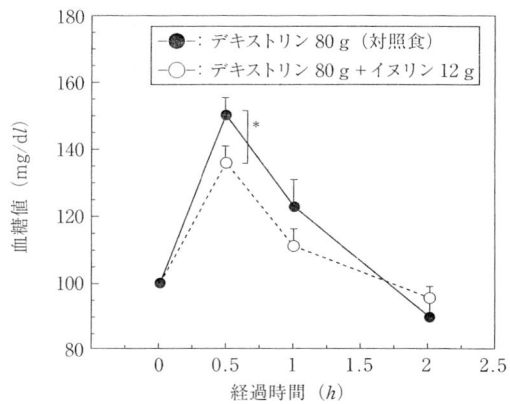

図 10.12 イヌリンによる血糖上昇抑制効果 ($n = 12$)
対照食は消化性デキストリン 80 g を摂取した際の血糖値の推移．試験食は対照食にイヌリン 12 g を摂取したもの．
*$p < 0.05$ で有意な低下を示す．

について調べた．12 週間にわたってイヌリンを摂取させたところ，イヌリンを食べていたラットの血糖値は 12 週間前の上昇度に比べて有意に低下することが確認された．

また，この低下効果についてはヒト介入試験での検証も行った．12 名の健常人を被験者として採用し，消化性の糖質に 12 g のイヌリンを加えた試験食を単回で与え，30 分ごとに 2 時間の採血を行って血糖値の推移を調べた結果，イヌリンの添加により血糖値の上昇は抑えられ，最大血糖で 10% の低減効果が確認された[7]（図 10.12）．

3) 腸内菌叢の改善効果

難消化性糖質であるイヌリンは，胃や小腸で分解を受けないため，直接大腸に到達し腸内細菌によって利用され，腸内環境が改善されることが多くの研究者によって明らかにされている[12~14]．腸内細菌を用いた資化性試験を行った結果，植物由来のイヌリンに見られるように，大腸に生息するビフィズス菌をはじめとする善玉菌の増殖を盛んにし，バクテロイデス（*Bacteroides*）やクロストリディウム（*Clostridium*）といった悪玉菌の増殖を停滞させることが確認された[7]．

4) 血中および肝臓脂肪の低減効果

近年,日本人の食生活が欧米化し,脂肪摂取量の増加などによるエネルギーの過剰摂取によって血中脂肪値の高い人が増加している.高脂血症は,心筋梗塞や脳梗塞につながる恐れがあるため,非常に気をつけなくてはならない症状といえる.欧米においては植物由来のイヌリンを摂取することによって血中脂肪が低減する効果について多くの研究がなされている[15〜18].

実験動物ラットにイヌリン5%を加えた高脂肪の餌を与え4週間飼育を続けた結果,血液中の中性脂肪の有意な低下が認められた.また,イヌリンの摂取を12週間続けた場合には,血液中の中性脂肪(トリアシルグリセロール)だけではなく,肝臓中の中性脂肪(トリアシルグリセロール)やコレステロールも有意に低下することがわかった[7](図10.13).

d. イヌリンの物性

1) 外観・味質・臭気

イヌリンは,白色の片栗粉に似た粉末であり,臭気もない.味質に関しては,ほとんど甘さは感じられないが,砂糖に対する相対甘味度を測定したところ17%であった.これはおおよそ乳糖並みの甘味度に相当する.

2) 溶解性

イヌリンは多糖類ではあるが,水に対して高い溶解性を示し,25℃の水に20%,70℃では40%の水溶性を有する.比較のため,チコリの根由来の市販イヌリンであるラフテリンST(平均鎖長=10)とラフテリンHP(平均鎖長=23)の溶解性についても示したが(図10.11),チコリ由来のイヌリンの場合は,鎖長分布が60糖にまで及んでおり,酵素で作られたイヌリンは30糖以上の分子量的に大きいイヌリンを含まないという特徴があるため,この画分の存在が溶解性に大きく影響を及ぼしているものと推察される.植物由来のイヌリンは,室温や冷蔵条件下で溶けにくいのに対して,酵素で作られたイヌリンの溶解性は非常に高く,食品に使用した際には,不溶化して濁りを与えたり,ざらつきを生じさせたりするような不都合が起きにくいという利点がある.

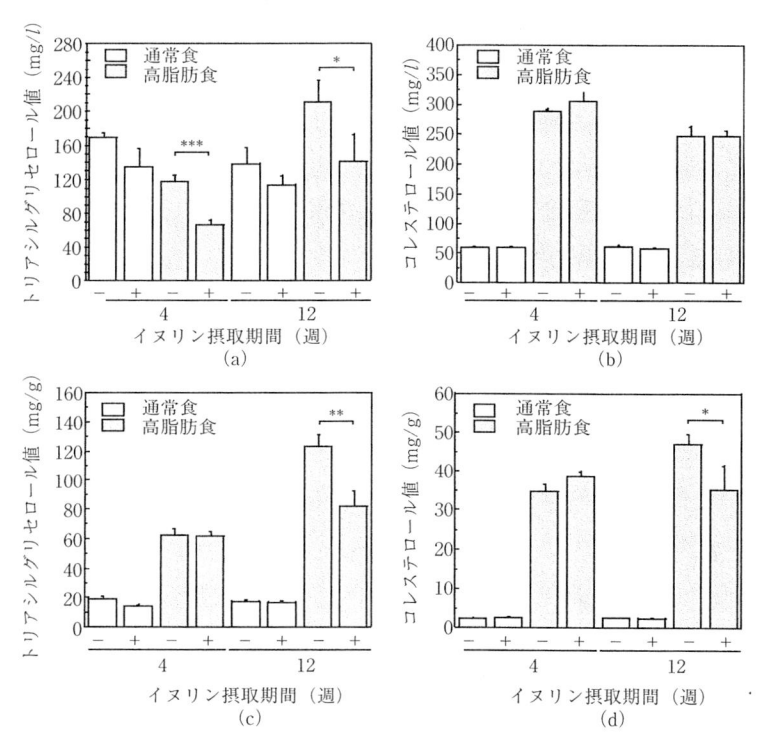

図 10.13 ラットを用いたイヌリン摂取(4, 12 週間)による血液および肝臓中の脂質への影響
雄性ラットを通常食あるいは高脂肪食にイヌリンを添加したものとしないものでそれぞれ4週間あるいは12週間飼育し，(a)血液中のトリアシルグリセロール値の変化，(b)血液中のコレステロール値の変化，(c)肝臓中のトリアシルグリセロール値の変化，(d)血液中のコレステロール値の変化を調べた．
図中の＋はイヌリン添加，−はイヌリン無添加．
$^*p<0.05$，$^{**}p<0.01$，$^{***}p<0.001$ で有意な低下を示す．

3) 粘度

イヌリンには，キサンタンガムやグァーガムなどの増粘多糖類に見られるような粘性はほとんど認められず，20%溶液の25℃における粘度はグラニュ糖とほぼ同程度であった．

4) 氷点降下

グラニュ糖や異性化糖の氷点降下は大きいが，イヌリンの場合，氷点の降下が大きくないため，凍りやすく，冷凍後の溶け出しも遅いという特徴がある．

5) 褐 変 性

イヌリンは非還元性の糖質であるため，メイラード反応による着色を起こさない．

6) 安 定 性

イヌリンの安定性はpHと温度によって変化する．中性領域では120℃での加熱に対しても抵抗性を示し損失はほとんどないが，pHが4以下になると分解が起きる．pH4で100℃30分間後の残存率は80％であった．また，低温領域ではpHが酸性領域であっても安定であり，成分の損失は認められなかった．

e. イヌリンの安全性

本節冒頭にも述べたように，われわれ人間は，古来より長年それと知らずに，タマネギ，ニンニク，ニラ，ゴボウなどの根菜類を通してイヌリンを食してきており，長年の食経験から本質的には安全な野菜成分の一つと考えられる．その裏づけとして，単回経口投与の毒性試験（ラット），および90日間の反復経口投与の毒性試験（ラット）を行った結果，異常がまったく認められないことが確認されており，イヌリンは安全な物質であると考えられる[19,20]．

f. おわりに

イヌリンは，鎖長の異なるものの集合体であり，どのような鎖長構成になっているかが性質を決定する重要な因子となる．水溶性については，鎖長が長くなるにつれて低下する．平均鎖長が20以上のイヌリンは加温しなければ溶けないようになる．40％溶液となるように加温溶解させ，冷却した場合には不溶化してクリーム状を呈する．一方，平均鎖長が10付近の短鎖イヌリンの場合，水に対する溶解性はかなり高く，40％濃度の溶液であっても4℃で不溶化せず透明性を維持できる．

イヌリンには脂肪に似た食感があるが，短鎖化するとクリーム化する性能が低下するため，脂肪の食感はあまり感じられなくなる．

甘味については，鎖長が短くなるにつれて増加し，平均鎖長20付近のイヌリンは対砂糖17％であるが，平均鎖長10付近のイヌリンの甘味度は30％に上がる．

短鎖イヌリンは食物繊維との性質のほかにオリゴ糖としての性質が加わってくる.

このように, 同じイヌリンであっても鎖長の違いによって性質が異なってくるため, 用途に応じて使い分ける必要があろう. 鎖長の違いが食品物性や生理機能に及ぼす影響について現在検討を重ねているところではあるが, イヌリンがより多くの研究者によって扱われ, 新たな機能や使い方が開発されることを願っている.

〔和田　正〕

文　献

1) Loo J. V. et al. (1995). On the presence of inulin and oligofructose as natural ingredients in the Western diet, Crit. Rev. Food Sci. Nutr., **35**, 525–552.
2) Wada T. et al. (2003). A novel enzyme of Bacillus sp. 217C-11 that produces inulin from sucrose, Biosci. Biotechnol. Biochem., **67**, 1327–1334.
3) 和田　正ほか (2002). 第100回精糖技術研究会講演要旨集, p.30.
4) Molis C. et al. (1996). Digestion, excretion, and energy value of fructooligosaccharides in healthy humans, Am. J. Clin. Nutr., **64**, 324–328.
5) Roberfroid M. B. et al. (1993). The biochemistry of oligofructose, a nondigestible fiber : An approach to calculate its caloric value, Nutr. Rev., **51**, 137–146.
6) Roberfroid M. B. (1999). Caloric Value of Inulin and Oligofructose, J. Nutr., **129**, 1436S–1437S.
7) Wada T. et al. (2005). Physicochemical characterization and biological effects of inulin enzymatically synthesized from sucrose, J. Agric. Food Chem., **53**, 1246–1253.
8) Rao A. V. (1999). Dose-response effects of inulin and oligofructose on intestinal bifidogenesis effects, J. Nutr., **129**, 1442–1445.
9) Wang X., Gibson G. R. (1993). Effects of the in vitro fermentation of oligofructose and inulin by bacteria growing in the human large intestine, J. Appl. Bacteriol., **75**, 373–380.
10) Rumessen J. J. et al. (1990). Fructans of Jerusalem artichokes : Intestinal transport, absorption, fermentation, and influence on blood glucose, insulin, and C-peptide responses in healthy subjects, Am. J. Clin. Nutr., **52**, 675–681.
11) Jackson K. G. et al. (1999). The effect of the daily intake of inulin on fasting lipid, insulin and glucose concentrations in middle-aged men and women, Br. J. Nutr., **82**, 23–30.
12) Gibson G. R. et al. (1995). Selective stimulation of bifidobacteria in the human colon by oligofructose and inulin, Gastroenterology, **108**, 975–982.
13) Kleessen B. et al. (1997). Effects of inulin and lactose on fecal microflora, microbial activity, and bowel habit in elderly constipated persons, Am. J. Clin. Nutr., **65**, 1397–1402.
14) Roberfroid M. B. et al.(1998). The bifidogenic nature of chicory inulin and its hydrolysis products, J. Nutr., **128**, 11–19.
15) Yamashita, K. et al. (1984). Effect of fructo-oligosaccharides on blood glucose and serum lipids in diabetic subjects, Nutr. Res., **4**, 961–966.
16) Kok N. et al. (1996). Involvement of lipogenesis in the lower VLDL secretion induced by oligofructose in rats, Br. J. Nutr., **76**, 881–890.
17) Brighenti F. B. et al. (1999). Effect of consumption of a ready-to-eat breakfast cereal containing inulin on the intestinal milieu and blood lipids in healthy male volunteers, Eur. J. Clin. Nutr., **53**,

726-733.
18) Causey J. L. *et al.* (2000). Effects of dietary inulin on serum lipids, blood glucose and the gastrointestinal environment in hypercholesterolemic men, *Nutr. Res.*, **20**, 191-201.
19) 財団法人食品農医薬品安全性評価センター (2004). 急性毒性試験報告書, 試験番号 8024.
20) 財団法人食品農医薬品安全性評価センター (2004). 反復投与毒性試験報告書, 試験番号 8025.

11. その他の甘味料

11.1 概　　　略

　砂糖以外の甘味料は，図11.1に示すように糖質系甘味料と非糖質系甘味料に分けることができる．糖質系甘味料は，天然にも存在するが，食品に利用しているほとんどのものは，天然の素材を原料に用い，酵母などの微生物を利用する発酵法，微生物から取り出した酵素を用いる合成法，化学合成による方法などにより人工的に作られているものが多い．非糖質系甘味料には，糖質系甘味料と同様

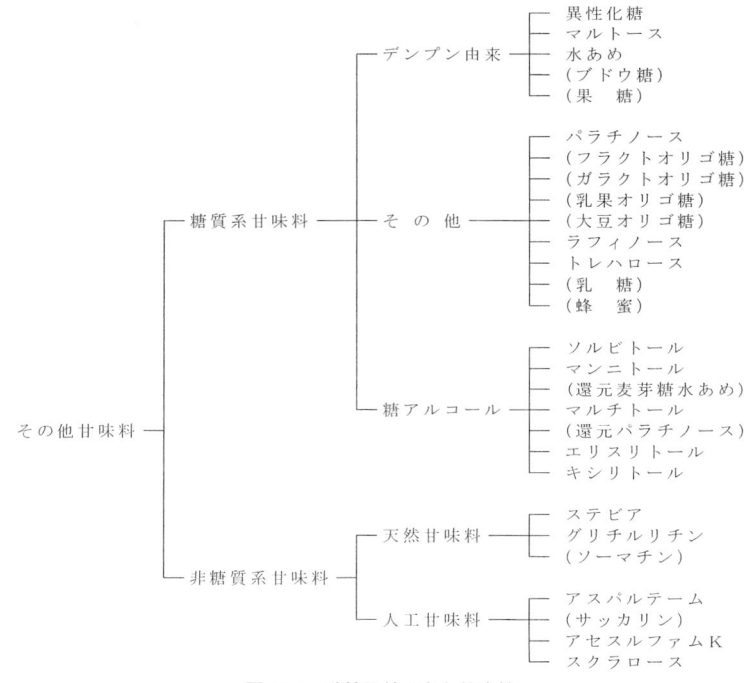

```
                           ┌─ 異性化糖
                           ├─ マルトース
                ┌ デンプン由来 ┼─ 水あめ
                │           ├─（ブドウ糖）
                │           └─（果　糖）
                │
                │           ┌─ パラチノース
                │           ├─（フラクトオリゴ糖）
                │           ├─（ガラクトオリゴ糖）
                │           ├─（乳果オリゴ糖）
     ┌ 糖質系甘味料 ┼ そ の 他 ┼─（大豆オリゴ糖）
     │          │           ├─ ラフィノース
     │          │           ├─ トレハロース
     │          │           ├─（乳　糖）
     │          │           └─（蜂　蜜）
     │          │
     │          │           ┌─ ソルビトール
     │          │           ├─ マンニトール
     │          │           ├─（還元麦芽糖水あめ）
その他甘味料 ┤          └ 糖アルコール ┼─ マルチトール
     │                      ├─（還元パラチノース）
     │                      ├─ エリスリトール
     │                      └─ キシリトール
     │
     │                      ┌─ ステビア
     │          ┌ 天然甘味料 ┼─ グリチルリチン
     │          │           └─（ソーマチン）
     └ 非糖質系甘味料┤
                │           ┌─ アスパルテーム
                │           ├─（サッカリン）
                └ 人工甘味料 ┼─ アセスルファムK
                            └─ スクラロース
```

図11.1　砂糖以外の主な甘味料

に，天然の素材から取り出したもの，原料に天然の素材を用い，人工的な手法で改変することで作ったもの，および化石系の原料をもとに化学合成されたものがある．

ここでは，一般によく知られた砂糖以外の甘味料[1]，たとえば異性化糖，ソルビトール，マンニトール，マルチトール，エリスリトール，キシリトール，ステビア，アスパルテーム，アセスルファムカリウム，スクラロースなどを含む，新たに開発された甘味料について解説する（なお，図11.1中のカッコがついた甘味料については，説明を省略する）．

11.2 糖質系甘味料

a. デンプン由来の甘味料

1) 異性化糖[2,3]

グルコースとフラクトースを主成分とする液状の糖で，この名称はグルコースをフラクトースに異性化することからきている．

製造法としては，デンプンを液化酵素や糖化酵素で加水分解し，グルコース液を製造する．得られたこのグルコース液に異性化酵素（グルコースイソメラーゼ）を作用させ，グルコースの約半分をフラクトースに変えた後，脱色・精製・濃縮して，フラクトース約42%を含有するブドウ糖果糖液糖を製造する．一方，甘味度を砂糖と同程度にするために，フラクトースの濃度を55%に高めた果糖ブドウ糖液糖は，フラクトース42%含有の液糖をイオン交換樹脂でクロマト分離を行い，フラクトースの濃度を高めることにより製造する．さらに，甘味の味質を砂糖に近づけるために，これらの液糖に砂糖を加えた砂糖混合異性化液糖が作られる．

異性化糖には，日本農林規格（JAS）[4]があり，その規格によると糖分は70%以上で，フラクトースの含有率は35%以上とされている．さらにJASでは，フラクトース含有率が50%未満のものをブドウ糖果糖液糖（市販製品の分析値：固形分75～76（重量%），フラクトース42.5～43.5%，グルコース50～52%，その他の糖5.5～6.5%），フラクトース含有率50%以上～90%未満の異性化糖を果糖ブドウ糖液糖（市販製品の分析値：フラクトース55.5～56%，グルコー

ス 39〜40％，その他の糖 4.5〜5％），フラクトース含有率 90％以上を高果糖液糖と定義している．そして，これらの異性化液糖に砂糖を加えたものを砂糖混合ブドウ糖果糖液糖，砂糖混合果糖ブドウ糖液糖，あるいは砂糖混合高果糖液糖と定義している．

　異性糖の甘味度は，通常，ブドウ糖果糖液糖で砂糖の約 0.94，一方，果糖ブドウ糖液糖では 1.03 であるとされている．しかし，異性化糖は構成成分のほとんどが光学異性の単糖類（グルコース，フラクトース）であるため，液状では，温度の変化によって光学異性体の存在比が変わることにより，甘味度は変化する．たとえば，果糖ブドウ糖液糖は，液温が低いとその甘味度は 1.09 であり，液温が高いと 0.96 となる．その他の特徴としては，異性化糖は還元性をもった単糖類の混合液のため，砂糖より着色しやすく，浸透圧や氷点降下は砂糖より大きい．

　用途としては，飲料向けが圧倒的に多く，次いで冷菓，缶詰類となっている．最近になり，漬物，調味料向けも伸びてきている．

2) マルトース[3,5]

　植物などに比較的多く存在する糖で，図 11.2 に示すように，2 分子のグルコースが α-1,4 結合した還元性のあるホモオリゴサッカライドで，α-型と β-型が存在する．

　製造法としては，原料のデンプン溶液に耐熱性の液化アミラーゼを作用させ，液化し，次いで β-アミラーゼとプルラナーゼで 48 時間反応させ，糖化する．得られた反応液を活性炭やイオン交換樹脂で精製し，次いで最初 50℃で順次温度を下げる冷却結晶化法で晶析し，含水結晶マルトースを製造する．一方，無水結晶マルトースの製造は，デンプン液を液化した後，イソアミラーゼや β-アミラーゼで糖化し，反応液を活性炭やイオン交換樹脂で精製して濃縮し，次いで濃縮液に結晶 α-マルトースを添加して，120℃で撹拌して起晶し，

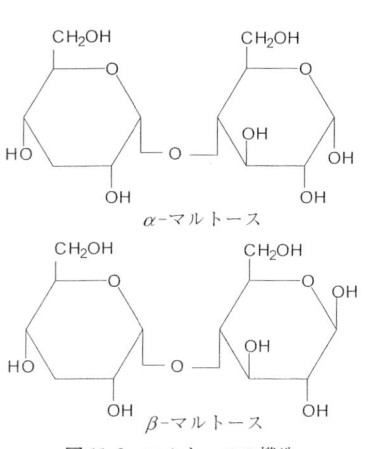

図 11.2　マルトースの構造

さらに70℃で育晶する.

マルトースの甘味度は,砂糖の約40%であるが,甘味質は,クセのない,上品な味をもっている.市販品の一般的な特性は,砂糖より高い吸湿性をもち,耐熱性,耐酸性も砂糖より強いが,メイラード反応による着色は砂糖より大きい.生理的な特徴としては,マルトースは小腸に存在するマルターゼにより分解され,グルコースとなり吸収される.このため,マルトースのエネルギーは4 kcal/gである.また,ボデー効果,粘度,氷点降下,浸透圧,ゼリー強度などの加工特性が砂糖と同じであるので,砂糖と同じように使用することが可能である.

用途としては,食品向けが大半で,砂糖と併用して和菓子,飲料,ジャム,果実缶詰などに使われている.

3) 水 あ め[3]

デンプンを酸あるいは酵素により加水分解して得られた単糖類(グルコース),オリゴ糖類(マルトース,マルトトリオース,イソマルトースなど),多糖類(デキストリンなど)の混合物である.製造方法により,酸糖化水あめ,酵素糖化水あめに分けられる.そのほかに,麦芽水あめや粉あめがある.

酸糖化水あめは,デンプンを酸により加水分解して得られた粘性のある甘味料で,加水分解の程度により異なるが,おおよそデキストリン59%,グルコース24%,マルトース17%の組成で,グルコースの含量が高いため,酵素糖化水あめより着色しやすく,甘味度は砂糖の約40%である.一方,デンプンを酵素により加水分解して得られるのが酵素糖化水あめで,おおよそデキストリン47%,グルコース4%,マルトース49%の組成である.甘味度は,グルコース含量が低いため,砂糖の約35%である.このほかの粉あめは液状の水あめを脱水・乾燥して製造したものであり,麦芽水あめはマルトースの含有率を高めたもので,おおよそマルトースが57%,デキストリン40%,グルコースが3%である.

b. その他の糖由来甘味料

1) トレハロース[5]

トレハロースは図11.3に示した構造を有するライ麦や酵母などの自然界に広く分布する2個のグルコースが結合した二糖のホモオリゴサッカライドで,昆虫

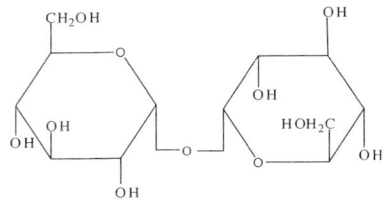

図11.3 トレハロースの構造

類ではエネルギー源として利用されていることが知られている.

工業的に製造する方法としては,現在は次のような方法で行われている.デンプンを耐熱性液化酵素（α-アミラーゼ)で液化し,得られたマルトデキストリンを iso-アミラーゼやα-アミラーゼ存在下で,*Arthrobacter* sp. 由来のマルトオリゴシルトレハロースシンシターゼでマルトオリゴシルトレハロースを生成すると同時に,*Arthrobacter* sp. 由来のマルトオリゴシルトレハローストレハロハイドラーゼでこのマルトオリゴシルトレハロースを加水分解し,トレハロースを含む糖化液を調製する.次いで,活性炭により脱色し,イオン交換樹脂で脱塩して,トレハロースの精製液を得る.精製液を晶析し,分蜜して純度98%以上の結晶を得る.他方,分蜜時に得られた液はトレハロース含有液糖の製品となる.

トレハロースの甘味度は,砂糖の45%で,後味のない爽やかな味である.トレハロースはα1,1 で結合しており,変旋光を起こさないため,温度による甘味度の変化がない.一般的な特性としては,トレハロースの還元基が塞がれており,加熱や酸に対して,砂糖と同様きわめて安定である.メイラード反応による着色も少ない.生理的な特徴としては,腸管にトレハロースの消化酵素トレハラーゼをもっているため,トレハロースは砂糖と同様に 4 kcal/g のエネルギーがある.

トレハロースは,化粧品,輸液,羊羹,飴類,キャンデー,漬物,煮物などへの用途開発が進められている段階である.

2) ラフィノース[6]

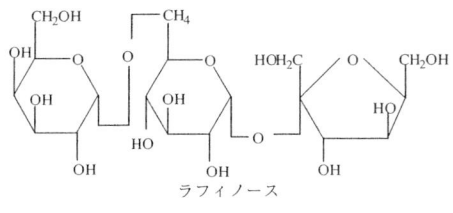

図11.4 ラフィノースの構造

ラフィノースは,図11.4 に示すように砂糖製造の原料となる甜菜に含まれる三糖のオリゴ糖で,スクロースにガラクトースが結合したヘテロオリゴサッカライドである.

収穫時には原料甜菜中のラフィ

ノースは 0.1% 以下ではあるが含まれており，貯蔵中にさらに増加して 0.2～0.3% に達する．この甜菜が砂糖製造過程で処理され，ラフィノースが副産物である糖蜜に移行するときには濃縮されて，ラフィノースの濃度は 10% 以上となる．そこで，工業的には，この糖蜜を希釈し，Na 型の強酸性イオン交換樹脂によるクロマト分離を行い，ラフィノースを含む液を得る．次いで，この液について晶析を行い，ラフィノースの粗結晶を得る．さらに，ラフィノースは温度による溶解度の差が砂糖に比較して大きいので，冷却結晶化法を用いて晶析を行い，純度 99% 以上のラフィノースの精製結晶を製造[3,10]する．

ラフィノースの甘味度は砂糖の 22～23% で，甘味の質は砂糖に近い．市販品の一般的な特性は，加熱や酸に対する安定性は砂糖とほぼ同等であり，メイラード反応による着色も非常に低く，砂糖よりも小さい．ラフィノースは消化管でほとんど消化・吸収されない難消化性の甘味料であるため，エネルギーは砂糖の 1/2 の約 2 kcal/g である．

用途としては，整腸作用があり，難消化性のため，特別用途表示食品のほか，砂糖の析出を防ぐ効果があることから，羊羹などの和菓子，チョコレートなどの洋菓子に使われている．

c. 糖アルコール甘味料[7,8]
1) キシリトール

キシリトールは図 11.5 のような五炭糖の糖アルコールで，野菜や果物などに微量ではあるが含まれている．また，人間などの動物の体内で生合成される代謝中間物でもある．

工業的に生産する方法としては，白樺や藁などに多く含まれるヘミセルロースの中のキシランを酸で加水分解し，キシロースを製造する．このキシロースを高温・高圧下で水素添加して還元し，反応終了後，精製，結晶化して製品を得る．

キシリトールは人の健康に害を及ぼさない化学合成品としての食品添加物であり，そのエネルギーは砂糖の 3/4 程度の 3 kcal/g であるが，甘味度は砂糖と同じくらいである．また，キシリトールは虫歯になりにくいとされているが，これは口腔中でキシリトールを細菌が資化できず, 虫歯の原因となる粘性多糖類や「有

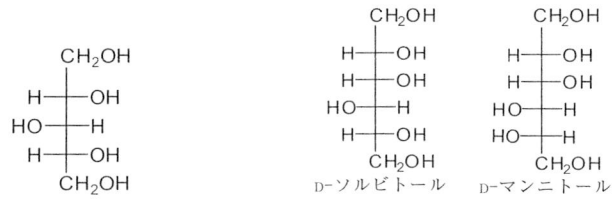

図 11.5 キシリトールの構造　　図 11.6 ソルビトールとマンニトールの構造

機酸」を作ることができないためである．

食品への用途としては，チューインガム，キャンデー類，チョコレートなど，医薬品としての利用には，医薬品のシュガーフリー化，チュアブル錠，シロップなどに使われている．

2) ソルビトール[7,8]

ソルビトールは，バラ科植物である梨，ナナカマドやリンゴ，プルーン，バラ科以外の植物であるブドウ，柿，大豆など，多くの植物の葉，果実，樹皮などに含まれている．図 11.6 に示したような六炭糖の糖アルコールである．

通常，食品に広く使われているソルビトールは，次のような方法で製造する．馬鈴薯やトウモロコシのデンプンを加水分解して得たグルコースを原料にして，ラネーニッケル触媒を用いて高温・高圧下で水素添加して還元し，反応終了後，精製し，結晶化や粉末化して製品を得る．

ソルビトールは人の健康に害を及ぼさない化学合成品としての食品添加物であり，キシリトールと同様，砂糖の 3/4 程度，3 kcal/g のエネルギーをもち，甘味度は砂糖の 60% 程度とされている．用途としては，蒲鉾や竹輪などの原料として用いる冷凍すり身，佃煮，ジャム，餡，甘納豆，チューインガム，キャンデー，カステラなどに多く使われる．

3) マンニトール[7,8]

図 11.6 のように，マンニトールは六炭糖の糖アルコールで，自然界に幅広く存在する．たとえば，乾燥した海藻や干し柿の表面を覆った白い膜はマンニトールの結晶であり，ほかにもキノコ，樹木，花などにも含まれている．

食品に使われているマンニトールは，工業的には通常，スクロースより作られる．スクロース液を加水分解し，得られたグルコースとフラクトースの液をラネー

ニッケル触媒を用いて高温・高圧下で水素添加して還元する．反応終了後の液は，マンニトールとソルビトールが3：1の割合で含まれているので，この液を精製した後，結晶缶で徐々に冷却してマンニトールを結晶化する．結晶を含む液を遠心分離して，マンニトールの結晶だけを取り出し，乾燥して製品とする．

マンニトールのエネルギーは砂糖の1/2程度の2 kcal/gで，甘味度は砂糖の60％程度とされている．マンニトールは人の健康に害を及ぼさない化学合成品として使用基準のある食品添加物で，用途としては，ふりかけ，飴，らくがん，佃煮，チューインガムなどに多く使われている．

4) マルチトール[7]

マルチトールは，糖アルコールの一種，二糖アルコールで，図11.7に示すようにマルトースの還元末端を還元し，水酸基としたものである．マルチトールはまた，還元麦芽糖水飴の主成分でもある．

食品に利用されているマルチトールは，マルトースを主成分とする麦芽糖水飴を高温・高圧下で水素添加して還元し，得られた液を精製・濃縮し，結晶化あるいは粉末化して製品とする．一方，濃縮物も製品となる．

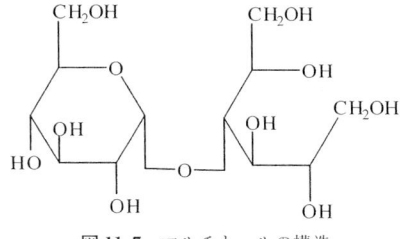

図11.7 マルチトールの構造

マルチトールのエネルギーは砂糖の1/2程度，2 kcal/gで，甘味度は砂糖の80％程度である．甘味の質は糖アルコールの中で最も砂糖に似ているとされている．マルチトールは難発酵性であり，難消化性の糖質のため，「虫歯の軽減」と「カロリー低減」の目的に，特別用途表示食品や栄養表示食品に対して使われている．

5) エリスリトール[7]

多価アルコールと呼ばれる四糖アルコールの一種で，図11.8に示す構造を有している．果実や花の蜜などに含まれているが，現在では，馬鈴薯やトウモロコシのデンプンを加水分解して得たグルコースを原料にして，酵母（*Aureobasidium* sp.）を用いた発酵法により作られる．

図11.8 エリスリトールの構造

甘味度は砂糖の70％程度と低いが，キシリトール，マルチトールといった他の糖アルコールと比較して，エネルギーが1g当たり0 kcal（栄養表示基準）ときわめて低いことが特徴である．

用途は非常に幅広く，食品に対しては，低カロリーの特徴を生かして，菓子類，卓上甘味料，発酵乳，飲料など，カロリー抑制，非う蝕性の特徴を生かした特別用途表示食品として，また食品以外では，医薬品，化粧品，界面活性剤としての工業用品などに使われている．

11.3 非糖質系甘味料

a. 非糖質系天然甘味料

1) ステビア[3,9]

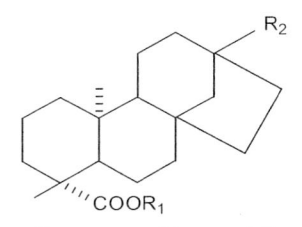

図11.9 ステビオールの骨格

キク科植物ステビア・レバウディナ・ベルトニ（*Stevia rebaudiana* Bertoni）の葉に含まれる甘味物質で，図11.9のステビオール骨格のR_1とR_2に表11.1の残基が結合することにより，ステビオシド，レバウディオサイドA，C，Dおよびズルゴシド A などが存在する．また，図11.9のR_1およびR_2にグルコシル残基をα-グリコシルトランスフェラーゼのような糖転移酵素により結合したグリコシルステビオサイドもある．

ステビア甘味料の製造には，成分の違いにより大別して3つの方法がある．その一つは，原料の葉より熱水で抽出した後，精製して製品化する．第2は成分の一つ，レバウディオサイドAを多量に含む葉より，同様な方法で抽出して精製し，結晶化して製品にする．最後は，ステビアの苦味や味質を改良するために，ステビオシド溶液に砂糖，麦芽糖，デキストランなどを加え，この液にさらにα-グリコシルトランスフェラーゼのような糖転移酵素を加え，ステビオシドの糖とグルコースを交換し，味質を変えて製品（糖転移ステビア）とするものである．

ステビアは熱や酸に対して比較的安定しており，甘味度は，ステビオシドが砂糖の100～150倍，レバウディオサイドAが約150倍，糖転移ステビアは85～

表 11.1 ステビアに含まれる甘味成分

甘味成分		R1	R2	甘味度（倍）
ステビオサイド		β-G	β-G2-β-1G	130〜170
レバウディオサイド	A	β-G	β-G $\begin{smallmatrix}2\\3\end{smallmatrix}$ $\begin{smallmatrix}\beta\text{-1G}\\\beta\text{-1G}\end{smallmatrix}$	180〜220
同	C	β-G	β-G $\begin{smallmatrix}2\\3\end{smallmatrix}$ $\begin{smallmatrix}\beta\text{-1Rham}\\\beta\text{-1G}\end{smallmatrix}$	40〜60
同	D	β-G-G	β-G $\begin{smallmatrix}2\\3\end{smallmatrix}$ $\begin{smallmatrix}\beta\text{-1G}\\\beta\text{-1G}\end{smallmatrix}$	130〜170
同	E	β-G2-β-1G	β-G2-β-1G	130〜220
ズルゴシド	A	β-G	β-G2-β-1Rham	40〜60

125倍である．用途としては，タクアン，福神漬，ラッキョウ漬などの漬物，珍味類，水産練製品，飲料などに多く使われている．

2）グリチルリチン [3, 10, 11]

豆科植物の甘草（*Glycyrrhiza glabra*）に含まれる配糖体で，図11.10のような構造である．グリチルリチン酸ナトリウムは食品衛生法施行規則第3条および別表2による食品添加物として，また，グリチルリチン酸は化学合成品以外の食品添加物として，甘草抽出物，甘草エキス，グリチルリチンなどの形で生産され，販売されている．

グリチルリチンを含む天然甘味料の製造は，甘草の根茎を裁断し，水で甘味成分を抽出，酸析，酸析物を精製して甘草抽出物，甘草エキスなどを製造する．グリチルリチンの純品の製造は，甘草の根茎から水で抽出した液を精製し，乾燥してさらに再溶解し，アルコールで再結晶する．化学合成品としてのグリチルリチン酸二ナトリウムの製造は，甘草の根茎から水で抽出した液を酸析し，酸析物を

図 11.10 グリチルリチンの構造

水酸化ナトリウムで塩化物にして再度酢酸で処理し,グリチルリチン酸一ナトリウムとする.さらに,この一ナトリウム塩を水酸化ナトリウムで処理してグリチルリチン酸二ナトリウムを製造する.

グリチルリチンの甘味は純品で砂糖の106〜225倍であるが,甘味の質が特異的で,甘味の発現が遅れ,後甘味が強いため,味のキレが悪い.しかし,耐熱性で比較的耐酸・耐アルカリであり,メイラード反応による着色はない.

b. 非糖質系人工甘味料

1) アスパルテーム [1,3,11)]

アミノ酸であるL-アスパラギン酸とL-フェニルアラニンのメチルエステルを化学的に合成あるいは酵素的に縮合したアミノ酸系の甘味料である.アスパルテームは図11.11に示したような構造をもち,正式にはα-L-アスパルチル-L-フェニルアラニンメチルエステルである.このアスパルテームは,人の健康に害を及ぼさない化学合成品としての食品添加物として許可されている.

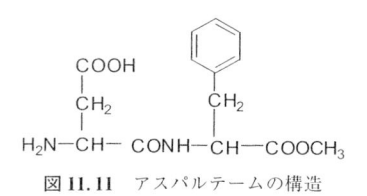

図 11.11 アスパルテームの構造

アスパルテームの製造には,完全な化学合成による方法もあるが,現在は酵素

と化学合成の併用により行われている．すなわち，原料のL-フェニルアラニンをメチルエステル化し，他方，アミノ基を保護したL-アスパラギン酸と酵素により縮合し，縮合した成分を精製・晶析して，アスパルテームを取り出す．アスパルテームの甘味度は砂糖の160〜220倍で，弱酸性からアルカリ性の溶液中では分解されやすい．そのため，食品，たとえばpHの低い飲料などでは，甘味度が時間の経過とともに低下する．エネルギーは砂糖と同程度であるが，甘味度がきわめて高いため，使用量が少なくなるので，結果的に低カロリー甘味料として知られている．甘さにはクセがなく，スッキリとしているため，チューインガム，粉末清涼飲料，氷菓，漬物，水産練製品，醤油，佃煮，海藻加工品，魚介加工品などに使われている．

2) スクラロース[12]

スクラロースは，イギリスの精糖会社，テイト＆ライル社がクイーン・エリザベス大学と協同して1976年に開発した甘味料で，正式名は図11.12に示したように，トリクロロスクロース（1,6-ジクロロ-1,6-ジデオキシ-β-D-フルクトフラノシル-4-クロロ-4-デオキシ-α-D-ガラクトピラノシド）である．

スクロースを原料に，多段階の化学的な合成を繰り返して，スクロース分子の中の3つの水酸基を3個の塩素に置換した甘味物質で，1999年7月に人の健康に害を及ぼさない化学合成品として使用基準のある食品添加物として日本で許可された．

スクラロースの甘味度は砂糖の約600倍で，甘味は砂糖に似てクセのない味質である．スクラロースは，後述するアセスルファムカリウムと同様，使用されている食品は耐熱性に優れているなどの特性のほか，「砂糖から生まれた」とのイメージから徐々に関心が高まってきており，スポーツドリンクをはじめ，飲料，デザート類，キャンデー，冷菓などに使われてきている．なお，使用基準によると，スクラロースの使用量は，生菓子や菓子などには1.8 g/Kg以下，清涼飲料のような飲料については0.48 g/Kg以下，砂糖代替食品では0.58 g/Kg以下となっている．

3) アセスルファムカリウム[13]

アセスルファムカリウム[11]は，正式名，6-メチル-1,2,3-オキサチアジン-4

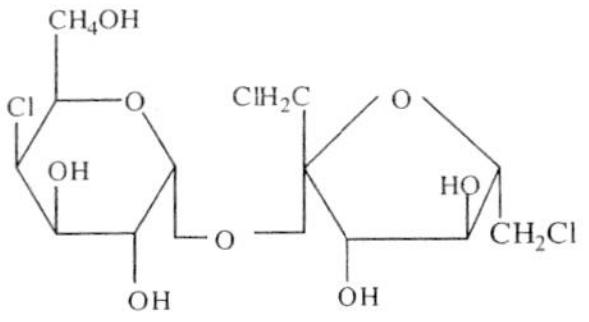

図 11.12 スクラロースの構造 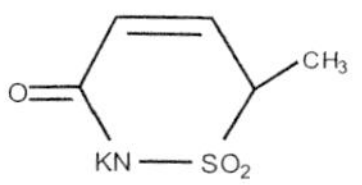　　　　図 11.13 アセスルファムカリウムの構造

(3H)−one−2,2−ジオキサイドで,図 11.13 に示したような構造をもっており,ドイツヘキスト社の一研究者が有機塩化物と他の化合物との化学合成を研究中に,偶然に発見した甘味物質である.食品添加物としては,1983 年にイギリスで最初に使用が認可され,日本でも 2000 年 12 月に人の健康に害を及ぼさない化学合成品として使用基準のある甘味料として許可された.

　アセスルファムカリウムの甘味度は砂糖の 100～250 倍で,甘味はキレが良く,発現が早く,後味のない味質である.使用されている食品はそれほど多くはないが,溶液中では,安定で,水によく溶けるなどの性質上,チューインガム,清涼飲料,氷菓,生菓子,発酵乳などに使われてきている.なお,使用基準によると,アセスルファムカリウムの使用量は,生菓子や菓子などには 2.5 g/Kg 以下,アイスクリーム,ジャム類などには 1.0 g/Kg 以下,砂糖代替食品では 15 g/Kg 以下となっている.

〔斎藤祥治〕

文　　献

1) 食品化学新聞社編 (1990). 別冊フードケミカル (甘味料総覧).
2) 橋本　仁ほか監修 (1990). 甘味料の総覧,精糖工業会.
3) 北海道糖業(株)技術部 (1993). 各種糖類・甘味料の比較.
4) 異性化液糖および砂糖混合異性化液糖の日本農林規格,農林水産省告示第 208 号.
5) 小林昭一監修 (1998). オリゴ糖の新知識,食品化学新聞社.
6) 精糖技術研究会 (1980,1982). 精糖技術研究会誌,Vol.29 および Vol.30.
7) 早川幸男編 (1996). 糖アルコールの新知識,食品化学新聞社.
8) 山根嶽雄編 (1996). 甘味料,光琳.
9) 国際農林業協力協会編 (2000). ステビアの生産と甘味成分抽出・精製・加工及び流通利用.
10) 吉積智司ほか (1986). 甘味の系譜とその科学,光琳.
11) 日本食品添加物協会 (1999). 食品添加物公定書　第 7 版.
12) 厚生省告示第 225 号 (2000). 官報,第 2857 号.
13) 厚生省告示第 167 号 (1999). 官報,第 2678 号.

索　引

欧　文

ADP　26
ATP　26
ATP 合成酵素　26
BMI（body mass index）　120
Brix（Bx）　89
C_3 光合成　30
C_3 植物　30, 46
C_4 光合成　30
C_4 植物　30
DHAP　28
D 型　80
FBPase　32
Fischer 式　82
GLUT2　116
GLUT4　123
GLUT5　116
Haworth 式　82
L 型　80
NADPH　26
NEAT　125
NHANES　120
PEPC　29
PGA　27, 28
PPDK　29
PS I　25
PS II　25
Rubisco　27
RuBP　27
RuBP カルボキシラーゼ / オキシゲナーゼ　27
Schallenberger らの修正説　156
SGLT1　116
Snell の法則　89
SPS　32
SSRI　131
Streptococcus mutans　150
UDP グルコースピロホスファターゼ　32

あ 行

アスパルテーム　151, 224
アセスルファムカリウム　225
圧搾　37
アディポネクチン　123
亜熱帯地域　33
甘辛　174
アマズラ　22
アマズル　22
アミノ-カルボニル反応　97, 108
アミノ基　225
アミノ酸　56, 144
アミノ糖　76
α-アミラーゼ　112
β-アミラーゼ　216
アミロース　102
アミロペクチン　102
飴状　107
アモルファスシュガー　67
アラビノース　118
亜硫酸法　68
アルデヒド基　76
アルドース　78
α-化　102
α 型　84, 155
アルブミン　105
暗反応　26

イオウ糖　76
イオン交換樹脂　52
維管束鞘細胞　28
閾値　154
移植　47

イス型の立体配座　84
異性化酵素　215
異性化糖　11, 215
イソアミラーゼ　216
イソマルターゼ　113
イソマルトース　77, 113
イタヤカエデ　21
一次機能　183
イヌリナーゼ　206
イヌリン　205
インスリン　123, 133, 138
インスリン分泌刺激性糖分　141
インスリン分泌非刺激性　184
インベルターゼ欠損酵母　195

ウエットシュガー　54
う蝕　147
右旋性　80

永久歯　148
栄養改善法　196
栄養機能　183
栄養表示食品　221
栄養補給　138
液化アミラーゼ　216
液化酵素　215
液糖　73
エナメル質　147
エネルギー換算係数　184
遠心分離機　42

オウギヤシ　21
オキザロ酢酸　29
オサゾン　77
汚染　36
オピオイド　127, 163
オリゴサッカライド　76

オリゴ糖　118, 181, 183
温暖化ガス　24

か 行

快感（領域）　159, 161, 164
会合　103
害虫　35
海馬　130
回避　159
解離　99
カエデ糖　12
角砂糖　74
加工糖　74
嵩密度（嵩比重）　88
菓子類　169
加水分解　95, 215
過体重　120
活性炭　69
カップリングシュガー　189
カップリング反応　189
褐変　105
加糖調製品　11
果糖転移酵素　205
果糖ブドウ糖液糖　215
カビ　101, 190
株出　13, 34
過飽和（度）　42, 62
紙筒　47
可溶性無機塩　40
可溶性無窒素物　45
ガラクトース　77
カラメル　203
カラメル化　107
カラメル色素　72
カランドリア缶　43
カリウム　35
顆粒糖　74
カルビン・ベンソン回路　27
カルボニル基　76
灌漑　34
還元基　77
還元性　95
還元糖　35, 96
還元糖分　56
還元麦芽糖水飴　221
還元末端　221

乾式法　52
甘蔗　12, 24, 33
　──の収穫　35
　──の収量　14
環状構造　82
甘蔗茎　36
甘蔗原料糖　55
甘蔗汁　33
甘蔗糖　12
甘水　58
含水炭素　76
乾燥　54
寒天　99
官能基　77
官能検査　154
甘味感受性　155
甘味曲線　155
甘味受容体　156
含蜜糖　66
甘味度　154
甘味の嗜好性　159
甘味料　214

記憶　130
機械刈り　35
偽品　63
キシラン　219
キシリトール　151, 219
キシロース　219
黄双　71
吸湿　93, 94
吸熱反応　105
凝固　91, 105
鏡像異性　78
筋肉　137

クジャクヤシ　21
屈折率　89
グラニュ糖　55, 72
グリコーゲン　138
グリコーゲン・ローディング　146
グリコシルスクロース　188
グリコシルステビオサイド　222
グリセルアルデヒド　79

グリチルリチン　223
グルー　15
グルコシド結合　76
α-グルコシルトランスフェラーゼ　184
グルコース　76, 138
グルコースイソメラーゼ　215
グルコーストランスポーター　115
グルタミン酸　128
黒砂糖　15, 67
クロストリディウム　208
クロロフィル　25

ケイ酸　40
1-ケストース　190
6-ケストース　190
結晶　42, 87
結晶水　103
結晶ニストース　193
結晶乳果オリゴ糖　196
結晶パラチノース　186
結晶フラクトオリゴ糖　193
ケトース　78
ケトン基　76
ゲル　99
健康表示　196
ケンポナシ　22
倹約遺伝子　124
原料糖　15, 43, 55
　──の製造　37

5員環　83
好塩性細菌　101
光化学反応　25
光学異性（体）　80, 157
光合成　23, 24
光合成速度　46
構造異性体　77, 186
酵素的褐変　106
耕地精糖　68
耕地白糖　18, 55, 66
行動異常　133
高糖質食　146
酵母　101, 190
効用缶　40

光リン酸化反応　25
氷砂糖　74
糊化　102
黒糖　15
国民栄養調査結果　168
固形分濃度　89
固結　74, 94
ココヤシ　21
コセット　49
五炭糖　78
固定化酵素　186
粉あめ　217
粉砂糖　74
米消費量　172
コラーゲン　139
コレステロール　209
コロイド　51, 56
根茎　45
混合汁　38
混和槽　49

さ　行

細菌　149
細菌叢　185
サイクロデキストリン合成酵素
　　184, 189
最終産物反応　25
最終糖蜜　43
最初汁　38
裁断　49
差水　63
鎖状構造　82
左旋性　80
サトウカエデ　19, 66
サトウキビ　12, 24, 33, 180
砂糖混合異性化液糖　215
砂糖混合高果糖液糖　216
砂糖消費（量）　122, 168
砂糖スナック　143
砂糖摂取量　171
サトウダイコン　12, 24
サトウナツメヤシ　21
砂糖の起源　1
砂糖プランテーション　2
サトウモロコシ　22
サトウヤシ　21

三温糖　55, 73
三次機能　183
酸性糖　76
三炭糖　78
三糖類　76
三白景気　9

ジアゼパム　163
資化　219
直蒔き　17
色価　58, 68
軸方向　84
歯垢　147, 152
嗜好　159
ジサッカライド　76
歯髄　147
四炭糖　78
シックジュース　53
湿式法　52
四糖類　77
シトクローム　26
ジヒドロキシアセトン　80
ジヒドロキシアセトンリン酸
　　28
脂肪エネルギー比率　171
脂肪酸　56
脂肪酸エステル　104
ジャガリー　15
車糖　72
ジャム　99
集光・光化学反応　25
自由水　100
従属栄養　24
シュガーエステル　181, 201
主石灰添加　51
種糖　42, 62
潤滑作用　203
準結晶水　103
純度　49
純糖率　42
消化　219
蒸気圧力　41
晶析　87
消石灰　58
上双糖　70
小腸刷子縁膜　113

少糖　24
梢頭部　35
少糖類　76
上白糖　55, 72
蒸発缶　40
上物液糖　73
食の外部化率　169
食の洋風化（欧米化）　171
食品添加物　220
食物繊維　205
食料需給表　168
ショ糖　25, 31, 33, 151
　——の合成経路　31
　——の構造　95
ショ糖型液糖　73
ショ糖脂肪酸エステル　201
白砂糖　72
真空結晶缶　42
シンジュース　52
浸出器　49
新植　13, 34
親水コロイド　40
親水性　108, 176
真比重　88
振蜜　45

水酸基　76
膵臓　123
水素供与基　156
水素結合　99
水素受容基　156
水素添加　221
スイートソルガム　22, 66
水分活性　100
水平方向　84
スクラーゼ　113
スクラロース　225
スクロース　32
スクロースリン酸合成酵素　32
スケール　52
裾物　44
裾物液糖　74
スタンダードシロップ　53
ステビア　222
ステビオシド　222
ステビオール骨格　222

ストレッカー分解 98
ストレート煎糖法 63
ストロマ 26
ズルゴシド 222

生育最低水分活性 101
清浄 40, 69
清浄汁 40
精製糖 55
——の種類 70
精糖率 56
生理機能 184
石灰清浄法 40
石灰添加 51
石灰乳 40, 51, 58
セミアセタール結合 82
ゼラチン 99
ゼリー 99
セロトニン 131
繊維 45
旋光度 84, 90
前石灰添加 51
煎糖 42, 53
洗糖 56
洗糖蜜 56
洗蜜 45

象牙質 147
相対湿度 94
増粘剤 158
双目糖 70
疎水基 156
疎水コロイド 40
粗糖 15
ソフトシュガー 72
ゾル 99
ソルガム糖 66
ソルビトール 220

た 行

耐乾性カビ 101
耐浸透性酵母 101
体調調整機能 183
タイトジャンクション 114
代用糖 151
多価アルコール 76

多孔質 74
脱塩 52
脱色 69
脱水性 109
タッピング 48
多糖 24
多糖類 77
多年草植物 33
炭化 107
短鎖脂肪酸 117
炭酸ガス飽充槽 52
炭酸同化反応 25
炭酸法 68
炭酸飽充 51, 58
単斜晶 87
炭水化物 76, 138, 165
単糖 24
単糖類 76
タンパク質 40, 138, 165

窒素 35
着色 106
注加水 37
中国料理 177
中性脂肪 209
中双糖 55, 71
直播 47
貯蔵 48
チラコイド膜 26
沈殿槽 40

ツタ 22
ツタモミジ 21
粒状活性炭 59
つや 175

低う蝕性 184
低カロリー甘味料 225
手刈り 35
デキストラン 181, 200
テクスチャー 109
デザート 177
出島貿易 7
テトラサッカライド 77
テトロース 78
照り 175

転移位置選択性 190
転化型液糖 73
添加槽 51
転化糖 56, 72, 96
甜菜 12, 16, 24, 45, 48
——の収量 18
甜菜原料糖 55, 70
甜菜糖 12, 45
甜菜白糖 48
天然甘味料 223
デンプン 112, 215
——の老化 102
α-デンプン 102
β-デンプン 102

糖 76
——の構造式 82
——の消化 112
——の定義 76
——の分類 76
糖アルコール 76
糖価安定法 10
糖化酵素 215
糖科植物 24
糖価調整法 11
糖吸収 114
凍結 103
糖質系甘味料 154, 215
登熟 34
糖転移酵素 222
糖転移ステビア 222
糖度 55
糖度搾出率 39
糖尿病 122
糖蜜 181
トキワカエデ 21
特定保健用食品 118, 196
特別用途表示食品 219
独立栄養 24
土壌 46
ドーパミン 127, 162
トランスサイトーシス 114
トランスポーター 114
トリオース 78
トリサッカライド 76
トリプトファン 132

トレーニング 138
トレハラーゼ 218
トレハルロース 188
トレハロース 77, 217

な 行

苗移植 17
夏植 13, 35
ナツメヤシ 21
ナトリウムイオン 128
ナトリウム-カリウムポンプ 128
軟化 52
難消化性 219
難消化性オリゴ糖 183
難消化性デキストリン 118, 206
難消化性糖質 117
難発酵性 221

二次機能 183
二糖類 76
日本型食 170
日本農林規格 (JAS) 215
日本料理 176
乳果オリゴ糖 194
乳化作用 203
乳酸 128
乳菌 148
乳糖 151
ニュートンの法則 92

ネオケストース 190
熱凝固性 105
熱帯地域 33
粘度 92
粘度係数 92

濃厚汁 40
濃縮 40, 52

は 行

バイオエタノール 181
バイオマス 180
配糖体 156
ハイドロキシアパタイト 147, 149
灰分 56, 67
バガス 37, 181
白下 42, 53, 63
白双糖 63, 70
バクテロイデス 208
発酵 214
ハッチ・スラック回路 30
ハードシュガー 70
パラチニット 187
パラチノース 186
パラチノースオリゴ糖 187
春植 13, 34
パルスベッド方式 60

非う蝕原性 187
非う蝕性 222
光呼吸 28
非酵素的褐変 106
ビスコ 63, 72
微生物 100
比旋光度 90
ビート 12, 16, 24
非糖質系甘味料 222
非糖質系人工甘味料 224
非糖質系天然甘味料 222
非糖分 49
ビートパルプ 17
ビートピン 48
6-ヒドロキシドーパミン 163
肥培 47
ビフィズス菌 185, 208
肥満 120
ピモジド 162
病害 35
氷点 90, 91
氷点降下 91
ピラノース 83
ピラン 83
ピルビン酸 128
ピルビン酸リン酸ジキナーゼ 29
疲労 138

ファント・ホッフ係数 91
不斉炭素 78

フッ化物 152
沸点 90
沸騰 90
ブドウ糖 76, 128
ブドウ糖果糖液糖 215
歩留まり 35
舟型の立体配座 84
腐敗 48
不溶成分 51
フラクトオリゴ糖 190, 205
フラクトース 76, 193
フラクトース 1,6-ビスホスファターゼ 32
β-フラクトフラノシダーゼ 184
プラストキノン 26
フラノース 83
フラン 83
フランス料理 177
フリューム水 48
プルラナーゼ 216
プレバイオティクス 118
分子間転移反応 188
分子内転移反応 188
粉末活性炭 59
分蜜 42, 54
分蜜糖 66

平衡水分 94
平衡相対湿度 93
ヘキソース 78
ペクチン 99
β/α 比 155
β 型 84, 155
β 細胞 123
ヘテロオリゴ糖 193
ヘテロサッカライド 77
ヘテロ多糖類 77
ペーパーポット 17
ペプチド結合 104
ヘミセルロース 219
偏光 80
変性 105
変旋光 84
ベンゾジアゼピン 164
ペントース 78

ポイズ　92
膨化　111
放湿　94
飽和　86
飽和蒸気圧　90
保健機能食品　196
保水性　109, 176
ホスホエノールピルビン酸カルボキシラーゼ　29
ホスホグリセリン酸　27
ホモサッカライド　77
ホモ多糖類　77
ポリサッカライド　77
ポリデキストロース　206
ポリペプチド　105

ま　行

マグマ　43
摩擦力　92
マスキット　53
マスコバド　15
マルターゼ　113
マルチトール　221
マルトオリゴシルトレハロース　218
マルトオリゴシルトレハロースシンシターゼ　218
マルトース　77, 112, 216
α-マルトース　216
マンニトール　220

味覚機能　183
味覚反応　160
水あめ　217
ミセル構造　102
ミックス煎糖法　63
密度　49, 88
蜜膜　56, 94
ミネラル吸収促進　185

無機成分　72
ムコ多糖類　77
虫歯　147, 219
　　——の予防法　152
　　——を発生させる食生活　150
虫歯菌　150
無性繁殖　34

明反応　25
メイラード反応　97, 108
メチルエステル化　225
メープルシュガー　12
メープルシロップ　20, 66
メリビオース　77

モノアミン酸化酵素　132
モノサッカライド　76
モル凝固点定数　91
モル濃度　91
モル沸点上昇定数　91

や　行

焼かない甘蔗　35
焼き色　175
焼き甘蔗　35
ヤシ糖　12, 66
やせ　120

有機酸　40
融点　87
油脂結晶調節作用　203
溶解（度）　85
溶質　85
溶媒　85
洋風食材　172
葉緑素　24
葉緑体　23

ら　行

ライムミルク　51
ラクターゼ　113
落糖　44
ラクトース　77
ラクトスクロース　194
ラネーニッケル触媒　220
ラフィノース　45, 218
ランゲルハンス島　123
卵白　105

離水　110
立体異性　78
立体配座　82
　　イス型の——　84
　　舟型の——　84
リブロース1,5-二リン酸　27
リン酸　26, 35
リン酸法　68

冷却結晶化法　219
レバウディオサイド　222
レバンスクラーゼ　193
レプチン　124

老化　102
濾過　40
濾過汁　52
濾過助剤　59
6員環　83
六炭糖　78
ロージュース　49
廬粟（ロゾク）　22
ロゾク糖　66
ローリカー　58

わ　行

和三盆糖　67
和風料理　174

編集者略歴

橋本　仁（はしもと　ひとし）
1934年　台湾に生まれる
1959年　東北大学農学部卒業
2002年　株式会社横浜国際バイオ
　　　　研究所会長
現　在　日本応用糖質科学会名誉会員
　　　　社団法人糖業協会理事
　　　　農学博士

高田明和（たかだ　あきかず）
1935年　静岡県に生まれる
1966年　慶應義塾大学大学院
　　　　医学系研究科博士課程修了
現　在　浜松医科大学名誉教授
　　　　医学博士

シリーズ〈食品の科学〉
砂 糖 の 科 学　　　　　　定価はカバーに表示

2006年11月20日　初版第1刷
2019年 7月25日　　　第5刷

編集者　橋　本　　　仁
　　　　高　田　明　和
発行者　朝　倉　誠　造
発行所　株式会社　朝 倉 書 店
　　　　東京都新宿区新小川町6-29
　　　　郵便番号　162-8707
　　　　電　話　03(3260)0141
　　　　ＦＡＸ　03(3260)0180
　　　　http://www.asakura.co.jp

〈検印省略〉

©2006〈無断複写・転載を禁ず〉　　　　　　教文堂・渡辺製本

ISBN 978-4-254-43073-8　C 3061　　Printed in Japan

JCOPY　〈出版者著作権管理機構 委託出版物〉
本書の無断複写は著作権法上での例外を除き禁じられています．複写される場合は，
そのつど事前に，出版者著作権管理機構（電話 03-5244-5088，FAX 03-5244-5089,
e-mail: info@jcopy.or.jp）の許諾を得てください．

好評の事典・辞典・ハンドブック

感染症の事典 　　　　　　　　国立感染症研究所学友会 編
　　　　　　　　　　　　　　　　　B5判 336頁

呼吸の事典 　　　　　　　　　　有田秀穂 編
　　　　　　　　　　　　　　　　　A5判 744頁

咀嚼の事典 　　　　　　　　　　井出吉信 編
　　　　　　　　　　　　　　　　　B5判 368頁

口と歯の事典 　　　　　　　　　高戸 毅ほか 編
　　　　　　　　　　　　　　　　　B5判 436頁

皮膚の事典 　　　　　　　　　　溝口昌子ほか 編
　　　　　　　　　　　　　　　　　B5判 388頁

からだと水の事典 　　　　　　　佐々木成ほか 編
　　　　　　　　　　　　　　　　　B5判 372頁

からだと酸素の事典 　　　　　　酸素ダイナミクス研究会 編
　　　　　　　　　　　　　　　　　B5判 596頁

炎症・再生医学事典 　　　　　　松島綱治ほか 編
　　　　　　　　　　　　　　　　　B5判 584頁

からだと温度の事典 　　　　　　彼末一之 監修
　　　　　　　　　　　　　　　　　B5判 640頁

からだと光の事典 　　　　　　　太陽紫外線防御研究委員会 編
　　　　　　　　　　　　　　　　　B5判 432頁

からだの年齢事典 　　　　　　　鈴木隆雄ほか 編
　　　　　　　　　　　　　　　　　B5判 528頁

看護・介護・福祉の百科事典 　　糸川嘉則 編
　　　　　　　　　　　　　　　　　A5判 676頁

リハビリテーション医療事典 　　三上真弘ほか 編
　　　　　　　　　　　　　　　　　B5判 336頁

食品工学ハンドブック 　　　　　日本食品工学会 編
　　　　　　　　　　　　　　　　　B5判 768頁

機能性食品の事典 　　　　　　　荒井綜一ほか 編
　　　　　　　　　　　　　　　　　B5判 480頁

食品安全の事典 　　　　　　　　日本食品衛生学会 編
　　　　　　　　　　　　　　　　　B5判 660頁

食品技術総合事典 　　　　　　　食品総合研究所 編
　　　　　　　　　　　　　　　　　B5判 616頁

日本の伝統食品事典 　　　　　　日本伝統食品研究会 編
　　　　　　　　　　　　　　　　　A5判 648頁

ミルクの事典 　　　　　　　　　上野川修一ほか 編
　　　　　　　　　　　　　　　　　B5判 580頁

新版 家政学事典 　　　　　　　 日本家政学会 編
　　　　　　　　　　　　　　　　　B5判 984頁

育児の事典 　　　　　　　　　　平山宗宏ほか 編
　　　　　　　　　　　　　　　　　A5判 528頁

価格・概要等は小社ホームページをご覧ください．